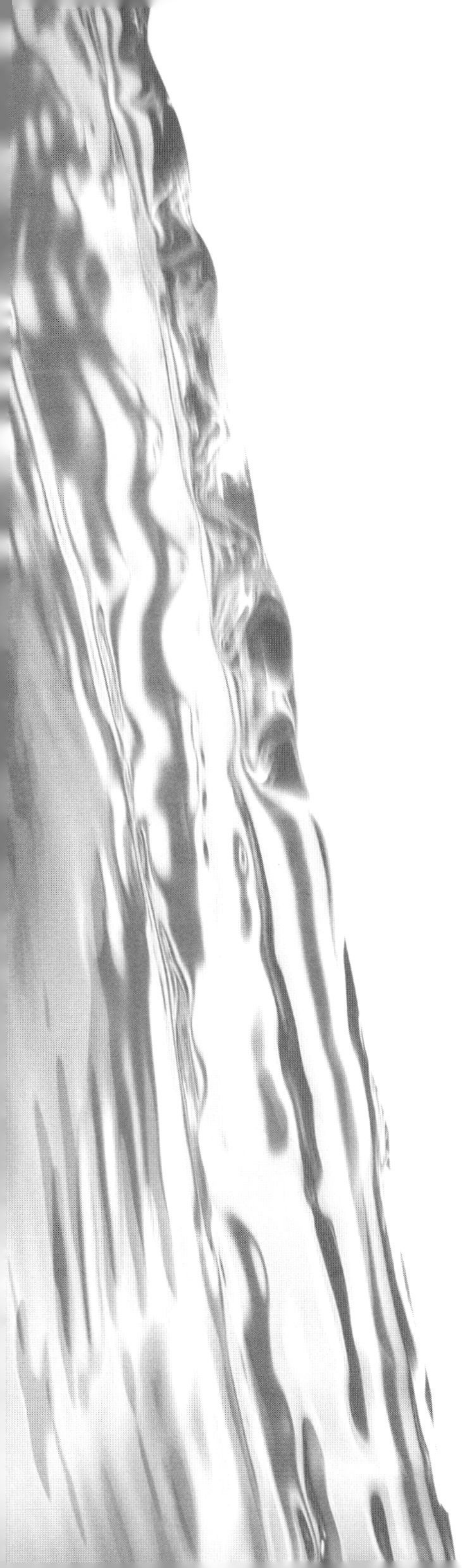

基礎から学ぶ 流体力学

飯田明由・小川隆申・武居昌宏 共著

本書を発行するにあたって，内容に誤りのないようできる限りの注意を払いましたが，本書の内容を適用した結果生じたこと，また，適用できなかった結果について，著者，出版社とも一切の責任を負いませんのでご了承ください．

本書は，「著作権法」によって，著作権等の権利が保護されている著作物です．本書の複製権・翻訳権・上映権・譲渡権・公衆送信権（送信可能化権を含む）は著作権者が保有しています．本書の全部または一部につき，無断で転載，複写複製，電子的装置への入力等をされると，著作権等の権利侵害となる場合があります．また，代行業者等の第三者によるスキャンやデジタル化は，たとえ個人や家庭内での利用であっても著作権法上認められておりませんので，ご注意ください．
　本書の無断複写は，著作権法上の制限事項を除き，禁じられています．本書の複写複製を希望される場合は，そのつど事前に下記へ連絡して許諾を得てください．

出版者著作権管理機構
（電話 03-5244-5088, FAX 03-5244-5089, e-mail: info@jcopy.or.jp）

JCOPY ＜出版者著作権管理機構 委託出版物＞

はしがき

　現在，大学の入学試験では，一般入試の他，AO入試，推薦入試，1から2科目だけや文系科目のみでも受験できる入試などが実施されており，数学や物理などの基礎科目を高等学校で履修していなくても，理工学部に入学する学生が多くなってきました．その結果，入学後の学生が専門科目の授業を非常に困難に感じるケースが後を絶ちません．本書は，主に大学の機械工学などを専攻する理工系の学生が，流れの力学，水力学，および，流体力学をはじめて学ぶために書かれた教科書です．しかしながら，このような大学入試の現状を踏まえて，本書は大学の教科書としての格調を保ちつつも，学生の学習意欲を喚起できるような新しいコンセプトのもと，既存の難解な教科書との差別化を図りました．そのコンセプトとは，次の通りです．

(1) 各項目の冒頭にはキャッチフレーズとワンポイントの重点項目を配置し，重要な点をイメージとしてとらえられるようにしました．
(2) 全体的に図やイラストを多く入れ，特に第0章では，実際の産業や社会で流体力学がどこに使われているかが，直感的にわかるようにしました．
(3) 数式が延々と続くのを避けるため，数式を図の中に盛り込み，さらに，数式の展開を図として表すなどビジュアル化に努めました．
(4) 可能な限り立体的な図を描くことで，読者のイメージを手助けするようにし，イメージしにくい概念を説明する際には，身近な具体例を用いて解説することにしました．
(5) 暗記すべき項目，あるいは，高校の復習レベルのワンポイント解説として「覚えよう！」，大学レベルの知識を必要とする数式の展開として「理解しよう！」，および，本文の関連事項のコラム「coffee break」という囲み記事を配置しました．

　本書により，高校のときに物理を苦手としていた学生であっても，流体力学に興味を持ち，流体力学が産業や実社会に欠かせない科目であることを認識していただければ幸いです．

　本書を出版するにあたり，早稲田大学山本勝弘教授には，原稿の査読をしていただき，詳細にわたるまでご助言をいただきました．心より感謝申し上げます．

☐☐ はしがき ☐☐

　第 0 章～第 2 章の執筆には，日本大学理工学部機械工学科武居研究室のスタッフ市川容子氏，および長田裕行氏に，第 5 章および第 6 章の執筆には工学院大学大学院機械工学専攻の福山恵理氏に多大なるご協力をいただきました．ここに記して感謝の意を表します．

　また，株式会社オーム社出版局の方々には，本書の全般にわたって，大変お世話になりました．ここに御礼申し上げます．

2007 年 8 月

執筆者を代表して　武居昌宏

目　次

第0章　「流体力学」が応用されている工学分野
- 0.1　輸送機械　　2
- 0.2　流体機械　　3
- 0.3　家電機器　　4
- 0.4　医療・バイオ　　5
- 0.5　土木建築　　6
- 0.6　プラント　　7
- 0.7　気象・海洋学　　8
- 0.8　スポーツ　　9
- 0.9　音　　10

第1章　流体の物理的性質
- 1.1　流体と固体　　12
- 1.2　圧力と圧縮性　　14
- 1.3　力と質量　　17
- 1.4　密度と比重　　19
- 章末問題　　21

第2章　流体の静力学
- 2.1　パスカルの原理　　24
- 2.2　圧力と高さの基礎式　　27
  - 2.2.1　圧力と高さの基礎式　　27
  - 2.2.2　密度が高さに対して変化するときの圧力と高さの関係　　28
- 2.3　圧力と高さの関係　　31
- 2.4　絶対圧力とゲージ圧力　　34
- 2.5　圧力の測定　　36
  - 2.5.1　液柱計（マノメータ）　　36
  - 2.5.2　示差圧力計　　39

目次

- 2.6　平面壁に作用する全圧力 ……………………………………………… 42
- 2.7　圧力の中心 ……………………………………………………………… 46
  - 2.7.1　圧力の中心の Y 座標　46
  - 2.7.2　圧力の中心の X 座標　48
- 2.8　曲面に作用する全圧力 ………………………………………………… 51
  - 2.8.1　微小曲面に作用する全圧力　51
  - 2.8.2　有限の曲面に作用する全圧力　52
- 2.9　浮　力 ………………………………………………………………… 55
  - 2.9.1　浮　力　55
  - 2.9.2　浮力の着力点　57
  - 2.9.3　浮力から体積，質量および比重の求め方　58
- 2.10　加速運動する容器内の流体 ………………………………………… 61
  - 2.10.1　水平加速度を持つ場合　61
  - 2.10.2　鉛直加速度を持つ場合　62
- 2.11　回転する容器内の流体 ……………………………………………… 64
- 章末問題 ……………………………………………………………………… 68

第3章　流れの基礎式

- 3.1　流体に作用する力 ……………………………………………………… 72
  - 3.1.1　物体に作用する力　72
  - 3.1.2　流体に作用する力　72
- 3.2　流体力学の用語 ………………………………………………………… 74
  - 3.2.1　定常流，非定常流　74
  - 3.2.2　流　速　75
  - 3.2.3　一様な流れ　76
  - 3.2.4　流　量　76
  - 3.2.5　質量流量　76
  - 3.2.6　流　線　77
  - 3.2.7　流　管　78
  - 3.2.8　流跡線，流脈線　78
  - 3.2.9　応　力　79
  - 3.2.10　検査領域　80

◻◻ 目　次 ◻◻

- 3.3　連続の式 …………………………………………………… 82
  - 3.3.1　質量保存法則　82
  - 3.3.2　連続の式　84
- 3.4　流体粒子の加速度 …………………………………………… 86
  - 3.4.1　運動する物体の加速度　86
  - 3.4.2　流体運動の観測方法　87
  - 3.4.3　流体粒子の加速度　89
- 3.5　流線に沿う運動方程式（オイラーの式）………………… 91
  - 3.5.1　物体の運動方程式　91
  - 3.5.2　流体の運動方程式　91
- 3.6　流線に沿うエネルギーの式（ベルヌーイの定理）……… 95
  - 3.6.1　物体運動のエネルギー保存法則　95
  - 3.6.2　流体のエネルギー保存法則　96
  - 3.6.3　ベルヌーイの定理の適用例　98
  - 3.6.4　静圧，動圧　99
  - 3.6.5　水頭（ヘッド）　101
- 3.7　ベルヌーイの定理の応用 ………………………………… 104
  - 3.7.1　トリチェリの定理　104
  - 3.7.2　ベンチュリ管　105
  - 3.7.3　ピトー管　106
- 3.8　運動量の式 ………………………………………………… 111
  - 3.8.1　物体運動の運動量保存法則　111
  - 3.8.2　流体の運動量保存法則　111
  - 3.8.3　運動量保存法則の適用例　114
- 章末問題 ………………………………………………………… 117

第4章　層　流

- 4.1　粘　性 ……………………………………………………… 120
  - 4.1.1　粘性とは　120
  - 4.1.2　粘性応力　121
  - 4.1.3　粘性係数　122
  - 4.1.4　ニュートン流体，非ニュートン流体　123

□□ 目　次 □□

　　　　4.1.5　動粘性係数　124
　　4.2　粘性のある流れ　126
　　　　4.2.1　粘性流体の壁面流速　126
　　　　4.2.2　レイノルズ数　126
　　　　4.2.3　レイノルズ数による流れの変化　127
　　4.3　円管内の層流　129
　　　　4.3.1　円管内粘性流れの特徴　129
　　　　4.3.2　円管内の層流流速分布の理論解　130
　　　　4.3.3　管内流れの流量，平均流速　132
　　　　4.3.4　摩擦損失　133
　　　　4.3.5　層流の管摩擦係数　135
　　4.4　平行壁の間の層流　137
　　　　4.4.1　平行壁間流れの流速分布　137
　　　　4.4.2　圧力こう配がない場合（$\alpha = 0$）　138
　　　　4.4.3　上方の壁が静止している場合（$U = 0$）　139
　　　　4.4.4　圧力こう配と上方壁速度がある場合　139
　　4.5　球の層流抵抗（ストークスの法則）　142
　　　　4.5.1　ストークス近似　142
　　　　4.5.2　沈降速度　142
　　章末問題　144

第5章　管内の乱流

　　5.1　乱　流　146
　　　　5.1.1　層流と乱流　146
　　　　5.1.2　管の中の乱流　149
　　5.2　滑らかな管と粗い管　150
　　　　5.2.1　プラントルの壁法則　150
　　　　5.2.2　壁面の粗さ　155
　　5.3　滑らかな管と粗い管の管摩擦係数　158
　　　　5.3.1　乱流場における摩擦損失　158
　　　　5.3.2　滑らかな管と粗い管の管摩擦係数　160
　　5.4　非円形断面の管　166

□□ 目　次 □□

　　　　5.4.1　流体平均深さ　166
　　　　5.4.2　長方形配管の設計　168
　　5.5　入口部や弁による圧力損失 ……………………………………… 170
　　　　5.5.1　損失係数　170
　　　　5.5.2　弁とコック　172
　　5.6　断面積が変化する管の損失 ……………………………………… 174
　　　　5.6.1　断面積が急に広くなる場合　174
　　　　5.6.2　断面積が緩やかに広くなる場合（ディフューザー）　174
　　　　5.6.3　断面積が急に狭くなる場合　176
　　5.7　曲がり管の損失 …………………………………………………… 178
　　5.8　管路で失われる全損失 …………………………………………… 181
　　5.9　損失を考慮したベルヌーイの式 ………………………………… 184
　　章末問題 ………………………………………………………………… 190

第6章　揚力と抗力

　　6.1　物体に働く抵抗と揚力 …………………………………………… 192
　　6.2　物体の抗力係数 …………………………………………………… 195
　　6.3　流れのはく離 ……………………………………………………… 198
　　　　6.3.1　はく離と境界層　198
　　　　6.3.2　流線形と鈍頭物体　202
　　6.4　カルマン渦とストローハル数 …………………………………… 206
　　　　6.4.1　カルマン渦　206
　　　　6.4.2　ストローハル数　208
　　6.5　翼　型 ……………………………………………………………… 210
　　　　6.5.1　揚　力　210
　　　　6.5.2　翼　210
　　6.6　相似則 ……………………………………………………………… 217
　　　　6.6.1　レイノルズ数　217
　　　　6.6.2　相似則　219
　　章末問題 ………………………………………………………………… 222

目 次

章末問題の解答 223
付　録 236
索　引 243

第0章
「流体力学」が応用されている工学分野

　私たちの身のまわりには，さまざまな流れが存在する．日常の生活において起こっている現象に目を向けてみると，水の流れ，空気の流れ，その他多くの流れが発見できるだろう．
　その流れはいったいどのように変化するのか，どのような力が働いているのか，といった疑問に対して答えるのが「流体力学」である．さまざまな産業において流れの性質が利用されている．流体力学の本質に入る前に，本章で，この流体力学がどんな産業分野で使われているかを見てみよう．

0-1 輸送機械

流体力学がなければ飛行機は飛ばない！？

▶ポイント◀
- 航空機では，空を飛ぶために流体力学が用いられている．
- 自動車・鉄道では，燃費の向上などに流体力学が貢献している．

　航空機は，非常に空気の流れの影響を受けやすい．では，航空機はなぜ空を飛ぶことができるのか．航空機では，主に機体を制御する翼のまわりの流れが重要になる．翼の形状によって，そのまわりの流れ方が大きく変化することがわかっており，その翼のまわりの流れによって機体を浮かせる揚力（aerodynamic lift）を発生させている．つまり，流体力学がなければ航空機を飛ばすことはできなかっただろう．私たちの普段の生活で最もよく目にする輸送機械は，自動車であろう．自動車といっても，乗用車，トラック，バスなど種類はさまざまであるが，それぞれの用途に応じて種々の形状に設計されている．たとえば，乗用車の中でもスポーツカーは，ユーザーが主に加速性能を求めることから，より**空気抵抗**（air resistance）が少ない形状になっている．長距離トラックなどでは高速走行時の空気抵抗を考慮して，キャブ（乗車部）上方に図0.1に示すエアディフレクターを設置し，燃費の向上に役立てている．さらに鉄道においては，図0.2に示す新幹線の先頭部分の形状に流体力学を用いている．新幹線は時速300 kmにも及ぶ高速で走行するため，空気抵抗が大きくなる．また，トンネルに出入りすることによって非常に大きな騒音を発生する．それらを解決するために，このような非常に長い先頭部分を持つ形状になっている．逆に，この大きな空気抵抗を利用して，減速時に翼のようなものを車両上部に出して空気抵抗を増加させ，より短い距離で停止できる新型車両の実験も行われている．

図0.1　エアディフレクター
[写真提供] いすゞ自動車株式会社

図0.2　新幹線（500系）
[写真提供] 西日本旅客鉄道株式会社

0-2 流体機械

快適生活は流体力学から！！

▶ポイント◀
- ポンプは，家庭生活には欠かせない．
- ファンとブロワは，その圧力上昇によって名前が分けられている．

　流体機械の一つである**ポンプ**（pump）は，モータから機械的なエネルギーを受け取って羽根車を回転させ，流体にエネルギーを与えることによって流体を高い場所や遠方に運ぶ機器である．その用途はさまざまで，家庭の水道やトイレに水を送るために使用する小さなものから，台風や集中豪雨時の排水に使われる大きなものまである．その歴史は大変古く，**アルキメデス**（Archimedes）がBC250年頃に考案したとされているスクリューポンプがある（図0.3）．このポンプは，らせん状の軸が回転して，らせん階段を上るように，すくわれた水が低い場所から高い場所へと汲み上げられる．**ファン**（fan）と**ブロワ**（blower）はどちらも送風機で，吐出し圧力と吸込み圧力（通常は大気圧）の差（**圧力上昇**（pressure increase））が10 kPa未満のものをファン，10 kPa以上100 kPa未満のものをブロワという．ファンのうち身近なものとしては，サーキュレータや扇風機，パーソナルコンピュータ内のPCファンなどがある．またブロワ（図0.4）は，粉体の集じん，除じん，吸引，冷却，乾燥などに用いられる小型や，下水処理時の送風に使用される大型のものまである．作動原理はポンプと同じであるが，ポンプの**作動流体**（working fluid）が液体であるのに対して，ファンやブロワの作動流体は気体である．

　流体機械は私たちが快適に生活するうえで欠かせないものとなっている．

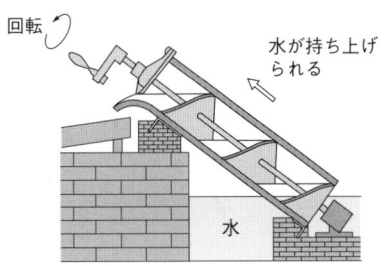

図0.3　アルキメデスのスクリューポンプ
［出典］門田和雄・長谷川大和：「もの創りのためのはじめての流体工学」，技術評論社，2005

図0.4　小型ブロワ
［写真提供］株式会社日立産機システム

0-3 家電機器

流体力学で清潔な生活を!!

▶ポイント◀
- 洗濯機は,水流によって洗濯物の汚れを落とす.
- エアコンは,部屋の空気の流れを考えて作動している.

私たちの日常生活に欠かせない家電機器の中にも,流体力学が応用されている機器は非常に多い.

たとえば,家庭には必ずあるといってもよい洗濯機がある.洗濯機は,洗濯槽の底にある羽根を回転させて**水流**(water flow)を起こすことによって,洗濯物の汚れを落とす.現在では洗濯槽全体を回転させるドラム式洗濯機(図0.5)が市場に出ており,低騒音,節水,省エネ化が進んできている.同じくほとんどの家庭にもあるものとしてエアコン(図0.6)がある.より効率良く調節するために,室内の風の流れ方を考慮して風向や風量を設定できるようになっている.さらに最近では,通常の温度調節の機能に加えて除湿・加湿,フィルタのオートクリーン機能なども加えられている.エアコンの室外機にはファンが取り付けられており,エアコン内部で発生した熱を外部に放出している.

図0.5　ドラム式洗濯乾燥機
[写真提供] シャープ株式会社

また,家庭での掃除には欠かせない掃除機は,ブロワによりごみを吸引する機器である.モータの改良とともに低騒音化,省エネ化が進んできている.これまでの紙パック式クリーナに加えて,より強力でしかも手入れが簡単なサイクロン式掃除機が開発されている.

このように,生活に欠かせない家電機器においても,さまざまなところで流体力学が用いられている.

図0.6　ルームエアコン
[写真提供] 三菱電機株式会社

0-4 医療・バイオ

もしものときに役立つ流体力学

▶ポイント◀
- 人工心臓は，ポンプの働きで血液を循環させる．

病院で使用している医療機器の中にも，流体力学が応用されている機器がある．

たとえば人工心臓（図0.7）は，ポンプの原理を利用している．人間の体内にある心臓は，ポンプのような働きをして血液を体内に送り出す機能を持つ．何らかの原因でこの機能が著しく低下してしまった場合に用いるのが人工心臓である．羽根車によって発生する流れにより血液にエネルギーを与えることによって，体内に血液を循環させることができる．その血液ポンプには，人の心臓同様「ドクッ，ドクッ」と脈を打ちながら血液を送り出す拍動流ポンプと，水道水が流れるように，拍動がないまま血液を送り出す無拍動流ポンプとがある．

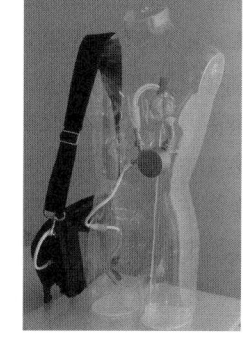

図0.7 左心補助人工心臓
［写真提供］テルモ株式会社

バイオの分野においても，流体力学が利用されている．たとえば，地球温暖化解消に向けて微生物を利用した，バイオリアクターの研究が行われている．微生物は光合成によって酸素を作り出すが，その効率を上げるためには光，二酸化炭素，培養液が均一に混ざるような流れが必要であるため，そのシステムについて研究されている．図0.8は，容易で安定かつ穏やかな，かくはん力を持つテイラー渦を用いた装置である．

図0.8 バイオリアクター
［写真提供］室蘭工業大学

さらに，屈折率の異なる2種類の流体を使い，自由に焦点距離を変えることができる流体レンズがある．容器の中に導電性水溶液と，不導体の流体を封入し，電圧を加えることで凹凸レンズ形状を変化させることができる．デジタルカメラ，内視鏡，ホームセキュリティシステムなどに応用が期待されている．

0-5 土木建築

流れで快適環境を作る

▶ポイント◀
- コンクリート補修作業にウォータージェットが用いられる．
- ビル風を防ぐために，流体シミュレーションが行われる．

私たちが土木建設機械に直接触れることはあまりないかもしれないが，それによってできた機械を利用する機会は多い．

たとえば，図 0.9 は**ウォータージェット**（water jet）を用いたハツリ作業のようすを示している．ハツリ作業とは，道路などのコンクリート構造物の補修方法で，近年では劣化部分の除去のためにコンクリートなどをカットすることができる高圧のウォータージェットを使用し，劣化部分を除去する新しい工法が開発されている．非常に効率的で振動や粉じんもなく，人体にやさしいことから，幅広く用いられている．ウォータージェットとは，水を勢いよく当てて物体を削り取る方法で，ここでは供給する高圧水を，ポンプを用いて発生させている．

土木建設にかかわるものとして，ビルのまわりに強い風が吹くビル風がある．ビル風は，ビルに風が当たってそのまわりをすり抜けることによって発生するが，これを防ぐために植樹などを行っている．その植樹をするために，流体シミュレーション（図 0.10）が行われている．これによって，どこに植樹をすればよいかを判断することができる．

図 0.9　ウォータージェットによるハツリ作業
　　　［写真提供］ガデリウス株式会社

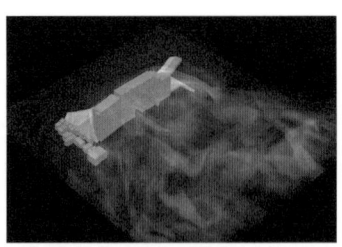

図 0.10　流体シミュレーション
　　　［写真提供］有限会社流体物理研究所

0-6 プラント

化学工場や発電所プラントに流体力学は欠かせない

▶ポイント◀
- プラントにおける管路の設計には，流体力学を用いた設計が必要である．

図 0.11 は，プロパンなどの原料から水素を製造する**プラント**（plant）である．写真を見てわかるように，このような化学プラントは，多くの**輸送管路**（pipeline），輸送する物質の特性や製造過程の環境に応じて設計がなされている．

図 0.11 水素を製造する化学プラント
［写真提供］三菱化工機株式会社

たとえば，原料からある物質を取り出す際に圧力を加えたり，温度を高温に上昇させたりすると，管路内の環境や物質の流れ方が変化するので，あらかじめそれを考慮して設計する必要がある．また，物質を輸送する際に物質が最も効率の良い流れ方をするように設計することによって，むだなエネルギーを使用することなく輸送することができ，コスト削減やさらには環境浄化にもつながる．

図 0.12 は，福井県にある敦賀原子力発電所の仕組みを示している．沸とう水型軽水炉では，核分裂によって発生した熱により原子炉内の水を沸とうさせ，その蒸気でタービン発電機を回し電気を発生させる．その蒸気は復水器を通り，海水で冷やされ水に戻り，再び原子炉内に送られる．

このようなサイクルにおいても，特に安全性の確保という点で輸送管路の設計が重要な要素となってくる．

流れを考慮した輸送管路の設計は，プラントや原子力発電所において欠かせないものであるといえる．

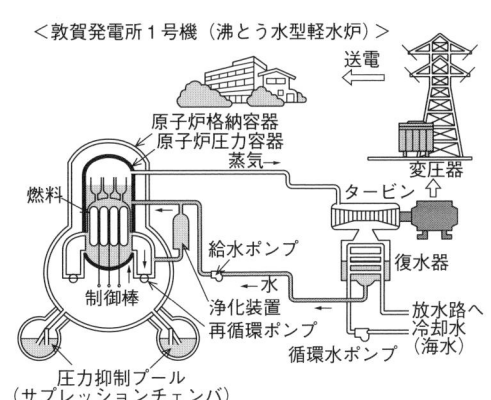

図 0.12 沸とう水型軽水炉の仕組み
［日本原子力発電株式会社資料より］

0-7 気象・海洋学

天気予報は流体力学の延長か？

▶ポイント◀
- 流体力学を用いた海洋の流れの分析が，天気予報に役立っている．
- 圧力を示した天気図には，天気に関する情報が詰まっている．

　私たちは普段，よく天気予報を見て次の日の準備をする．それでは，どうやって天気を予測しているのだろうか？

　たとえば雨の予想は，主に雲の流れを見て予測する．雲は，主に海から発生する水蒸気によってできるので，海の流れを観測することがとても重要になってくる．図 0.13 は，海水の流れとその温度を示している．

　このような観測によって，現在海で起きている現象を分析して天気を予測したり，また船舶などの輸送機関に情報を提供したりしている．さらに，黒潮などの生物に与える影響も予測することができ，天気予報にとどまらず多方面に情報提供する役割を果たしている．また，これらの情報をもとに作成されるのが天気図（図 0.14）である．この中の等圧線が示すように，その地点での圧力が示されている．これを見ることにより，たとえば「等圧線の間隔が狭いときは風が強い」などの知識があれば，素人でもある程度の予測ができる．

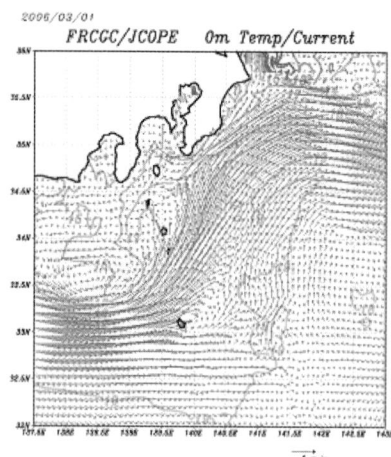

図 0.13　海洋における水温と流れ
[海洋研究開発機構資料より]

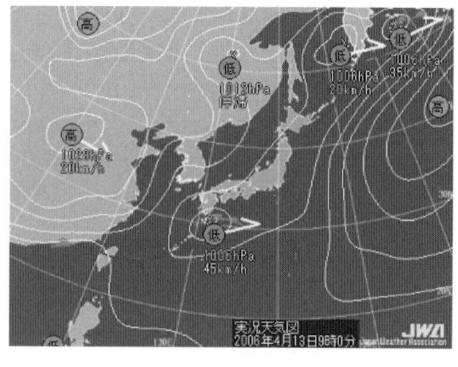

図 0.14　天気図
[tenki.jp (http://www.tenki.jp より)]

0-8 スポーツ

流体力学の研究でスポーツ選手も世界一になれる!!

▶ポイント◀
- ゴルフボールの表面の凹みは,空気抵抗を減らすためにある.
- スキージャンプのスタイルは,流体力学的な根拠から決定している.
- 競泳用水着の機能は,空気抵抗を減らす研究により進化している.

流体力学はさまざまなスポーツにも貢献する.

ゴルフボールの表面には凹みがついている(図0.15).これをディンプルというが,ただの飾りではなく,ゴルフの勝負を決めるともいえる飛距離を決定づける大きな役割を持っている.ディンプルには,ボールを上方に上げる揚力の増加や空気抵抗の軽減があり,ボールの飛距離を増加させたり軌道を安定させたりする効果がある.

図 0.15 ゴルフボール
[写真提供] ブリヂストン
　　　　　スポーツ株式会社

流体力学が応用されているスポーツとして,スキージャンプがある.これも,飛距離を伸ばすことが目的で,その研究は以前から行われている.たとえば,選手がジャンプをするときに両腕を腰の横に固定するスタイル(フィンランドスタイル)が有利か,それとも水泳のスタートで飛び込むときのように両腕を頭の横に固定するスタイル(レックナーゲルスタイル)が有利かという研究では,風洞実験を用いて空気力学的に実験された.その結果,フィンランドスタイルのほうがやや有利であることがわかり,現在でも採用されている(図0.16).また,オリンピックの水泳選手が,多くの研究によって完成した水着を着用した結果,世界のトップ選手になったことは有名である.図0.17に示すように,水着表面を細かくデコボコさせて,水の抵抗を減らすことができた結果である.

図 0.16 スキージャンプ
[写真提供] 雪印乳業株式会社

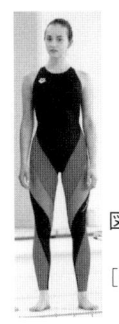

図 0.17 競泳用水着
　　　　（スパイラル）
[写真提供] 株式会社
　　　　　デサント

0-9 音

空気の流れは芸術ともなる．

▶ポイント◀
- 尺八の音色は，流体振動によって発せられる．
- 電線から発生するエオリアントーンを，渦を乱すことで防いでいる．

われわれが耳にする音は，さまざまなものから発せられていて，その中には流体力学を応用して音が発生されているものがある．

たとえば，日本の楽器の代表ともいえる尺八（図 0.18）の音色は，**流体音**（aerodynamic sound）あるいは**流体振動**（fluid oscillation）という原理によっている．似たような仕組みの楽器としては，小学校の音楽で使用されているリコーダーや，フルートなどの管楽器がある．また，エオリアンハープ（図 0.19）は風を利用して音を出す楽器で，屋外においておくと中央の柱とハープの隙間に風が入って弦を鳴らし，それが共振してすべての弦が鳴り出すという仕組みである．

これらの楽器は音を発生させるためのものであるが，それとは逆に音の発生を防いでいるものもある．たとえば太い電線には，細い電線がらせん状に巻きつけてあるが，これは電線から発生するエオリアントーン（うなり音）を防止するためのものである．電線は，滑らかな表面を持つ円柱であり，しかもその長さが長いため，強風時にはエオリアントーンが発生して騒音となってしまう．そこで，音を誘起する周期的な**渦**（vortex）が発生しないようにするために，細い電線をらせん状に巻きつけている．

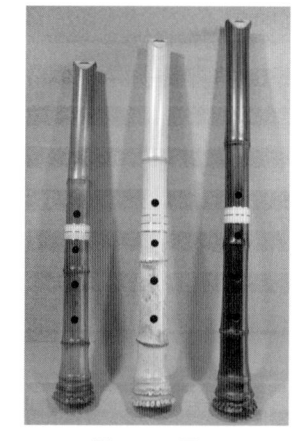

図 0.18　尺八
[写真提供] 遍山銘尺八

図 0.19　エオリアンハープ

第1章
流体の物理的性質

　第0章では，流体力学がわれわれの日常生活に大きくかかわっていることを見てきた．
　本章からは流体力学の本質に入っていきたい．その前に流体力学の主役である「流体」とは何であるか，そして流体はどのような性質を持っていて，その性質をどのように扱うのか，などといった基本的な事項を見ていく．
　本章から先は，すべて流体力学において基本となるものばかりなので，しっかり把握しておこう．

1-1 流体と固体

そもそも流体とはなんだろう．固体か液体か．それとも気体か？

▶ポイント◀
- 流体と固体は分子の相互距離と分子運動とによって区別される．
- 流体は圧縮が可能か不可能かによって気体と液体に区別される．

物質は，**固体**（solid），**気体**（gas），**液体**（liquid）の三つの形態をとる．**流体**（fluid）とは，これらの形態のうち，簡単に形状を変えることができる気体と液体の総称である．たとえば，気体である水蒸気と液体である水は流体であるが，固体である氷は流体ではない．

図 1.1 に示すように，流体は固体よりも，分子間の距離が長く分子の運動する範囲が大きい．したがって，流体に**せん断力**（shear force）を加えると容易に変形を起こす．

図 1.2 に示すように，さらに流体は液体と気体とに区別され，液体は容易に圧縮できない流体，気体は容易に圧縮できる流体である．

流体をミクロ的に見ると，その性質は分子運動に関係がある．分子どうしが衝突する間に移動する分子の平均距離を**平均自由行程**（mean free path）と呼ぶ．大気圧の空気の平均自由行程は 10^{-5} cm 程度である．このように平均自由行程は非常に小さいのでこれを無視し，ミクロ的に流体を取り扱うのではなく，連続した等方性の物質として取り扱う．

高等学校の物理では，ある物体の運動を考えるとき，物体を速度 v と質量 m の質点として考え，ニュートンの運動方程式によって表している．

図 1.3 に示すように，流体力学における流体の運動を考えるとき，流体を質量が連続的に分布していると仮定した連続体として考える．連続体は物体における質点と同じような役割を持ち，質量の代わりに密度を使う．連続体の運動を考えるときは，連続体が持つ場，すなわち流れ場について考える必要がある．

1-1 流体と固体

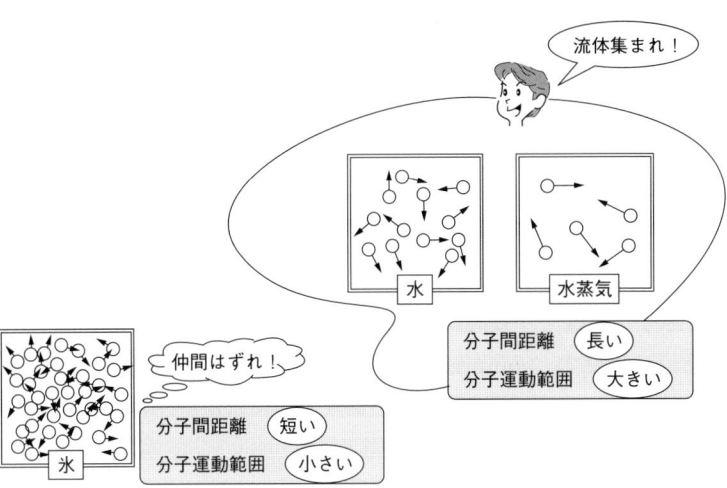

図 1.1 流体と固体の特徴

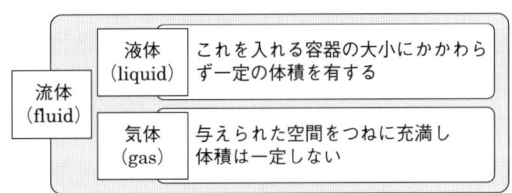

図 1.2 流体の分類

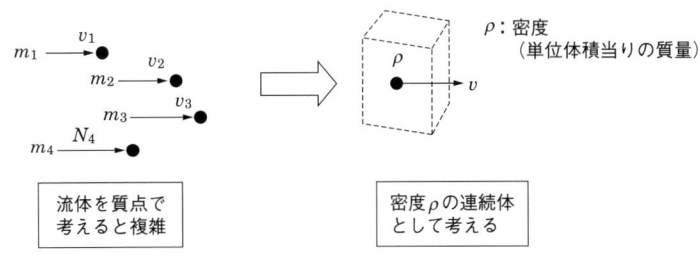

図 1.3 連続体

1-2 圧力と圧縮性

圧力は上からだけでなく，横からも下からもかかる．

▶ポイント◀
- 流体における圧力とは単位面積における圧縮力である．
- 圧力の単位はパスカル〔Pa〕で〔N/m²〕に等しい．

図 1.4 に示すように，一般的に物体にかかる力には，**せん断力**（shear），**引張力**（tension），**圧縮力**（compression）の 3 種類がある．**圧力**（pressure）は，その圧縮力に対する抵抗に相当する力であり，単位面積当りの面への垂直方向の力である．

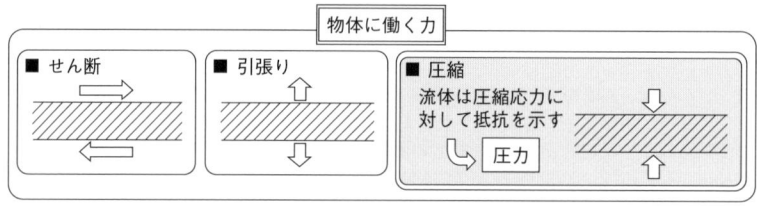

図 1.4　物体に働く力

面積 A に力 F が垂直にかかるとき，その圧力 p は，

$$p = \frac{F}{A} \tag{1.1}$$

となる．図 1.5 に示すように，たとえば密閉容器内の圧力 p は，あらゆる方向にかかる．圧力の単位は〔Pa〕（パスカル）で，力の単位〔N〕（ニュートン）で表すと〔N/m²〕となる．地球規模の圧力として**大気圧**（atmosphere pressure）がある．これは地球表面上の空気の重さを単位面積当りで表した力であり，1.0 気圧〔atm〕は 101.3〔kPa〕= 760〔mmHg〕で，図 1.6 に示すように水銀柱で 76 cm に相当する．

流体が運動すると，流れの状況によって圧力が変化する．このような流体の自分自身の運動による圧力変化でも，流体の体積（または密度）は変化する．このような性質を流体の**圧縮性**（compressibility）という．流体の圧縮性の度合いは，その流体の音速と流速の比によって決まる．

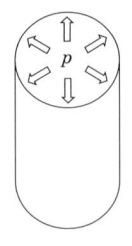
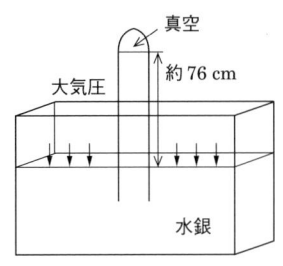

図 1.5　容器内の圧力　　　　　図 1.6　標準大気圧

$$M = \frac{v}{a} \qquad (1.2)$$

　この無次元数を**マッハ数**（Mach number）という．一般的な目安として，マッハ数が 0.3 以上になると圧縮性の影響が無視できなくなる．そして，そのような流れを**圧縮性流れ**（compressible flow）という．また，マッハ数が小さい流れでは流体の圧縮性を無視することができる．その極限，すなわちマッハ数が限りなく 0 に近い状態にある流れを**非圧縮性流れ**（incompressible flow）という．非圧縮性とは，流体自身の運動に伴う圧力変化によって流体の体積が変化しないことを意味している．このとき，ある流体の塊に着目すると，その流体塊は流れに沿って密度が一定となる．多くの場合，液体は圧縮できないものとして取り扱うことができる．気体は圧縮性であるが，その圧力変化が非常に小さければ非圧縮性として扱うことができる．非圧縮性流体では，単位体積の流体の質量すなわち密度 ρ は p に対して変化しない．

　ここで，「流れに沿って密度一定」は「密度が空間的に変化しない」，あるいは「時間的に変化しない」という意味ではないことに注意しよう．たとえば，容器に水と油を入れ，かき混ぜた状況について考えてみる．水や油など液体の音速は約 1 500 m/s で，手でかき混ぜた程度の流速であれば容器内流体運動のマッハ数は 0 に近く，流れは非圧縮性であるとみなせる．すなわち，流れに沿って密度は変化していないことになる．しかし，水と油では密度が異なるので，容器内の密度は空間的にも時間的にも変化する．

　「流れに沿った変化」が数学的にどのように表されるかについては，3.4.3「流体粒子の加速度」で改めて学ぶ．

● 例 題

図 1.7 に示すように，$10\,\mathrm{m}^2$ の床に $100\,\mathrm{N}$ の力が作用しているとき，床に作用する圧力を求めよ．

◆ 解 答 ◆

床に作用する圧力は，式 (1.1) による．

$$\frac{100\,[\mathrm{N}]}{10\,[\mathrm{m}^2]} = 10\,[\mathrm{Pa}]$$

［答］ $10\,[\mathrm{Pa}]$

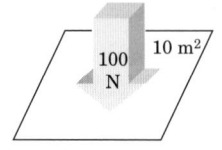

図 1.7 床に作用する圧力

理解しよう！

空気の入ったピストンを押すと，ピストン内部の圧力が上昇し，体積の変化に逆らってピストンを押し返そうとする．逆にピストンを引っ張れば圧力が減少し，ピストンを引き戻そうとする．

このように，流体，特に気体は体積変化に逆らって圧力が増減する．逆に，圧力が変化すると，体積もそれに応じて増減し，ひいては密度も変化することになる．この，圧力変化に応じた密度の変化量は，気体の場合は非常に大きく，逆に液体の場合は小さい．

＜気体だから圧縮性？＞

ピストンの中に水を入れて押しても，なかなか縮まない（図参照）．だから，「空気は水より圧縮性が大きい」といえるだろうか？

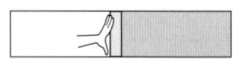

圧縮性は「自分自身の運動によって圧縮されるかどうか」であり，マッハ数の定義にあるように，圧縮性の度合いは，その流体の流速が音速に比べて速いかどうかで決まる．仮に同じ流速の水と空気の流れがある場合には，空気は水に比べて音速（すなわちマッハ数の分母）が低いので，空気の流れのほうが圧縮性が大きいということになる．

1-3 力と質量

「力」と「力の大きさ」って違うものなのか？

▶ポイント◀
- 力とは大きさと方向を持つベクトル量である．
- 力は質量と加速度を掛けあわせたものである．

図1.8に示すように，**大きさ**（magnitude）と**方向**（direction）とを有する量を**ベクトル量**（vector quantity）という．これに対して大きさのみを有する量を**スカラー量**（scalar quantity）という．単位時間の変位 x を時間 t で微分したものを**速度**（velocity）と呼び，$v = dx/dt$ と書ける．速度は大きさと方向とを持つベクトル量である．速度の時間に対する変化率を**加速度**（acceleration）と呼び，$a = dv/dt = d^2x/dt^2$ と書ける．

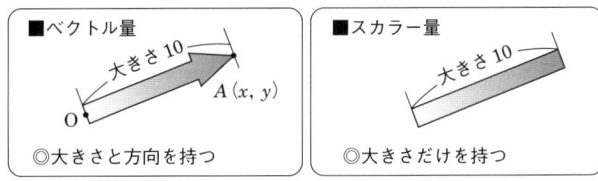

図1.8 ベクトル量とスカラー量

本書では x, n, a などの太字はベクトル量を表し，t や m などの細字はスカラー量を表す．外力により速度が変化すれば，運動する物質が流体であっても，運動方程式 F ＜力＞ $= m$ ＜質量＞ $\times a$ ＜加速度＞が成り立つ．これは**力**（force）の定義式であり，力の単位はニュートン〔N〕である．すなわち1〔N〕の力とは，1〔kg〕の**質量**（mass）に 1〔m/s^2〕の加速度を生じさせる力である．これを用いて，質量 m の物体が地面に作用する力 F を，重力加速度 g を用いて表すと，

$$F = mg \tag{1.3}$$

となる．

● 例　題

（1）体重 60 kg の人が，7 kg の荷物を持って台の上に乗っているとき，この人が台に及ぼす力を求めよ（図 1.9）．

図 1.9　台に及ぼす力

◆ 解　答 ◆

台の上に乗っている体重 60 kg の人が，7 kg の荷物を持っているので，この人が台に及ぼす力 F は，$F = 67 \, [\text{kg}] \times 9.81 \, [\text{m/s}^2] = 657.27 \, [\text{N}]$ である．

［答］$F = 657.27 \, [\text{N}]$

（2）図 1.10 に示すクレーンが，質量 2.5 t のコンテナをつり下げているとき，ロープにかかる引張力を求めよ．

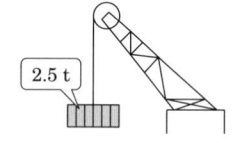

図 1.10　クレーンの引張力

◆ 解　答 ◆

ロープにかかる引張力 F は，$F = 2\,500 \, [\text{kg}] \times 9.81 \, [\text{m/s}^2] = 24\,525 \, [\text{N}]$ である．

［答］$F = 24\,525 \, [\text{N}]$

1-4 密度と比重

形の定まらない流体の質量を示すにはどうすればいいのだろう．

▶ポイント◀
- 単位体積当りの質量を密度という．
- 水の密度に対する流体の密度を比重という．
- 密度は単位があるが，比重には単位はない．

流体の単位体積当りの質量を**密度**（density）といい，一般的に密度はギリシャ文字 ρ（ロー）を用いて表す．質量 m，体積 V の物体の密度 ρ は，

$$\rho = \frac{m}{V} \tag{1.4}$$

であり，単位は〔kg/m³〕である．

密度は物質によって異なる値をとり，同じ物質でも温度，圧力によって変化する．例として，表1.1 に標準状態（圧力 = 1.033×10^5〔atm〕，温度 = 25〔℃〕）における各種流体の密度を示す．また，温度変化による水の密度変化を表1.2 に示す．この表より，水の密度は4℃で最大値をとり，温度の上昇につれて密度が下がっていくようすがわかる．

表1.1 各種流体の密度

物 質	密度 ρ〔kg/m³〕
水	1.00×10^3
海 水	$1.01 \sim 1.05 \times 10^3$
牛 乳	$1.03 \sim 1.04 \times 10^3$
空 気	1.293
酸 素	1.429
水 素	0.0899
二酸化炭素	1.977

表1.2 各温度における水の密度

温度〔℃〕	密度〔kg/m³〕
0	0.99984×10^3
4	0.99997×10^3
10	0.99970×10^3
20	0.99820×10^3

単位質量の占める体積を**比体積**（specific volume）〔m³/kg〕といい，一般的に v を用いて表す．v と ρ との関係は，

$$v = \frac{1}{\rho} \tag{1.5}$$

である．

図 1.11 に示すように，4℃のとき，水の密度は 1 000 kg/m³ であり，温度 20℃，圧力 101.3 kPa のとき，空気の密度は 1.2 kg/m³ である．流体は形が定まらないので，単位体積当りの質量（密度）で表す場合が多い．流体の**比重**（specific gravity）s は，

$$比重 (s) = \frac{流体の密度（\rho）}{4℃における水の密度（\rho_w）=1\ 000\ [kg/m^3]} \tag{1.6}$$

で表し，流体の密度 ρ はその比重 s がわかれば $\rho = 1\ 000\ s$ より求められる．

各種液体の比重を表 1.3 に示す．ここで，密度には単位 [kg/m³] があり，比重には単位がないことに注意する．

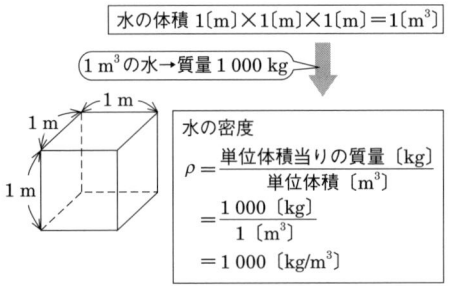

図 1.11 水の密度

表 1.3 各種液体の比重

液体	比重	温度 [℃]
エチルアルコール	0.807	0
ベンゼン	0.899	0
グリセリン	1.260	0
水銀	13.546	20
ひまし油	0.969	15
亜麻仁油	0.942	15
テレピン油	0.873	16

● 例 題

表 1.3 の値を用いて，エチルアルコールと水銀の密度を求めよ．

◆ 解 答 ◆

エチルアルコールの密度は，

$1\ 000\ [kg/m^3] \times 0.807 = 807\ [kg/m^3]$

同様にして，水銀の密度は次式で求められる．

$1\ 000\ [kg/m^3] \times 13.546 = 13.546 \times 10^3\ [kg/m^3]$

[答] エチルアルコールの密度：807 kg/m³
　　　水銀の密度：13.546 × 10³ kg/m³

章末問題

(1) 棚の上に 5 kg の箱をおくために，その箱を持って台の上に乗った．このとき，持っている手にかかる力はいくらか．また，この箱を台の上においたとき，箱の底にかかる圧力はいくらか．ただし，箱の底の面積を 0.25 m² とする．

(2) 4℃の水に対する水銀の比重が 13.55 であるとき，水銀の密度を求めよ．

(3) 質量が 80 kg の鉄骨をクレーンで吊り上げるとき，そのロープにかかる引張力を求めよ．

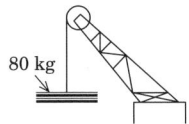

(4) 質量 1.5 t の自動車が 20 台，カーフェリーに積んである．これらの自動車全体がフェリーの床に及ぼす力を求めよ．

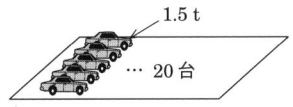

(5) 360 m³ の水が入ったプールの底にかかる圧力を求めよ．ただし，水の密度を 1 000 kg/m³，プールの底面積を 300 m² とする．

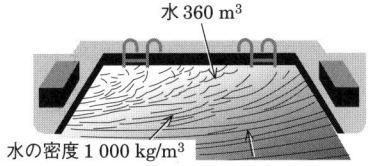

第 2 章
流体の静力学

　第1章においては，流体を扱うために必要な項目として，圧力，力，密度，比重などの基礎的な物理量の定義や性質を確認した．本章ではそれらを利用して，いよいよ流体力学の本質に入っていきたい．

　そして，その力学の中でも，静止の状態にある質点あるいは物体の力学的条件について調べる「静力学」を流体に適用して，圧力測定や流体容器などに及ぼす力を計算することに役立てていこう．

2-1 パスカルの原理

満員電車の中では動かなくても，まわりから押されている？

▶ポイント◀
- 静止している流体中の一点における圧力の強さはあらゆる方向に等しい．

　容器中の流体が静止状態にあるとき，流体の単位面積における圧縮力が流体の圧力である．

　「静止している流体中の一点における圧力の大きさは，あらゆる方向に等しい」ことを**パスカルの原理**（Pascal's Principle）という．このことを，力の釣合いから証明してみよう．

　図2.1に示すように，流体中にx, yおよびz軸座標を定め，底辺の長さdx，高さdy，斜辺ds，厚さ1の直角プリズムABCを考え，プリズムの自重は無視する．このプリズムはdxとdyを0に近づければ，体積も0に近づき，流体中の一つの質点となる．プリズムの周囲の流体がプリズムの三つの面AB×1，BC×1，CA×1に及ぼす圧力をそれぞれp_1, p_2およびp_3とする．図に示すとおり，流体の圧力は着目する面に直角に作用する．圧力に面積を掛けたものを全圧力と呼び，力の一種である．

　図2.2に示すように，AB面における全圧力は，圧力p_1に面積（$ds×1$）を掛けて式（2.1）で表す．斜辺dsがx軸方向となす角をθとすれば，式（2.1）の全圧力のx方向における分力は$p_1 ds \sin\theta$，y方向における分力は$p_1 ds \cos\theta$である．そして，流体は静止しているので，これらxとy方向における力の和はそれぞれ0でなければならないから，式（2.2）と式（2.3）の力の釣合い式が成立する．また，直角プリズムであるので，$dx = ds \cos\theta$, $dy = ds \sin\theta$であり，式（2.2）と式（2.3）は，式（2.4）となる．

　座標軸x, yおよびzは任意の方向にとってもよいので，式（2.4）の3方向の圧力p_1, p_2およびp_3が等しいということは，流体中の一点における圧力があらゆる方向に等しいということになる．つまり流体が静止しているということは，流体にかかる圧力が釣り合っているということである．

2-1 パスカルの原理

全圧力：圧力の大きさに着目する面積を乗じたもの

流体の圧力は着目する面に直角に作用する

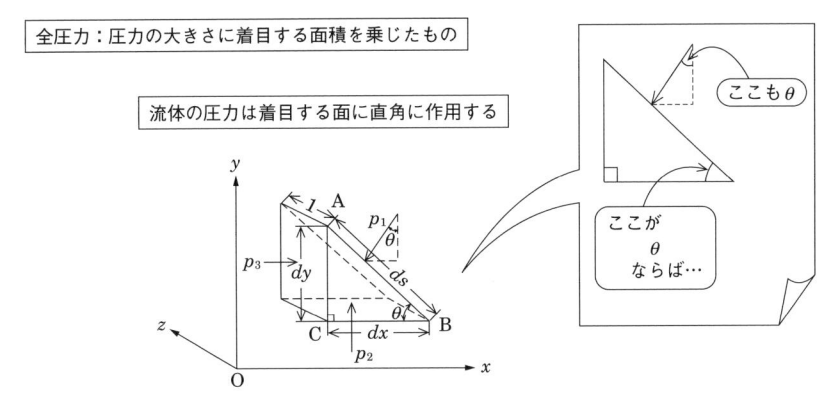

ここもθ

ここがθならば…

流体（プリズム）は静止している ⇒ x, y 方向の圧力に基づく力は釣り合わなければならない

図2.1 静止している流体中の直角プリズム

AB面における全圧力
全圧力 $= p_1 \times (ds \times 1)$　　(2.1)

全圧力の x, y 方向における分力
　x 方向における分力：$p_1 ds \sin\theta$
　y 方向における分力：$p_1 ds \cos\theta$

$p_1 \sin\theta$
$p_1 \cos\theta$
p_1
θ

流体は静止 $= x$ と y 方向における力の和は 0

x 方向の釣合い式
$$p_3(dy \times 1) - p_1(ds \times 1)\sin\theta = 0 \quad (2.2)$$
y 方向の釣合い式
$$p_2(dx \times 1) - p_1(ds \times 1)\cos\theta = 0 \quad (2.3)$$

釣合い式
$\Sigma F = 0$
釣り合っていれば右辺は 0
プラスマイナスを考えて力を左辺に書く

運動方程式
$\Sigma F = ma$
運動していれば右辺は ma
m は質量, a は加速度

$dy = ds \sin\theta$　　$dx = ds \cos\theta$

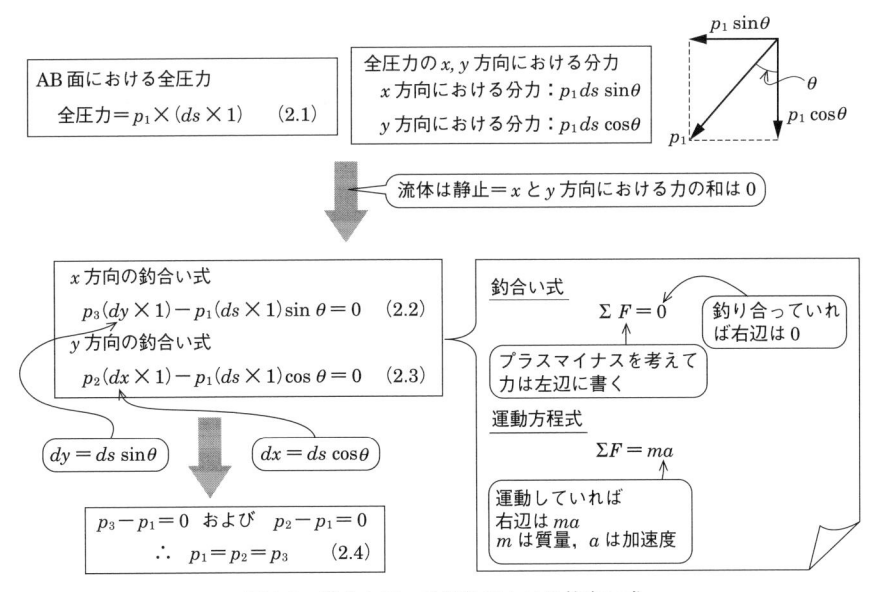

$p_3 - p_1 = 0$ および $p_2 - p_1 = 0$
∴ $p_1 = p_2 = p_3$　　(2.4)

図2.2 静止している流体における釣合い式

第2章　流体の静力学

=== 覚えよう！ ===

＜釣合い式のたて方＞

① すべての力を矢印で図の中に書く．

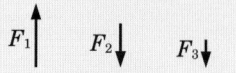

$F_1 \uparrow \quad F_2 \downarrow \quad F_3 \downarrow$

② プラスの方向を決める．

$+ \quad F_1 \uparrow \quad F_2 \downarrow \quad F_3 \downarrow$

③ プラスマイナスを考えて，力はすべて左辺に書く．
$+F_1 - F_2 - F_3$

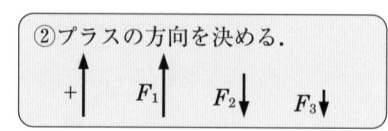

④ 釣り合っているので，右辺は0．つまり，$\Sigma F = 0$．
$+F_1 - F_2 - F_3 = 0$

● 例　題

図 2.3 に示す水圧機において，直径 $d_A = 20$ cm の円柱のピストン A に質量 10 kg のおもりが乗っている．これと釣り合うように，直径 $d_B = 50$ cm の円柱のピストン B 上におもりを乗せるとき，そのおもりの質量はいくらか．

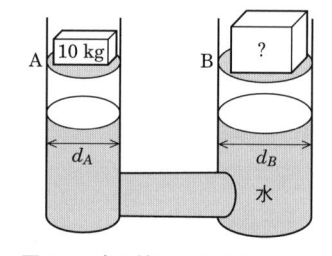

◆ 解　答 ◆

ピストン A，B の直径 d_A，d_B がそれぞれ 0.2 m，0.5 m，おもり A の質量 m_A が 10 kg であり，おもり B の質量を m_B，水圧機内の圧力を p とする．パスカルの原理より，ピストン A では，

$$m_A g - p\left(\frac{d_A}{2}\right)^2 \pi = 0 \quad \therefore \quad p = \frac{m_A g}{\left(\frac{d_A}{2}\right)^2 \pi} \quad ①$$

図 2.3　水圧機における力の釣合い

である．一方，ピストン B では，

$$m_B g - p\left(\frac{d_B}{2}\right)^2 \pi = 0 \quad \therefore \quad p = \frac{m_B g}{\left(\frac{d_B}{2}\right)^2 \pi} \quad ②$$

である．式①と②は等しい．

$$\frac{m_B g}{\left(\frac{d_B}{2}\right)^2 \pi} = \frac{m_A g}{\left(\frac{d_A}{2}\right)^2 \pi}$$

$$\therefore \quad m_B = m_A \left(\frac{d_B}{d_A}\right)^2 = 10 \times \left(\frac{0.5}{0.2}\right)^2 = 62.5 \text{ [kg]}$$

［答］　62.5 kg

2-2 圧力と高さの基礎式

山に登ると菓子の袋が膨らむのはなぜ？

▶ポイント◀
- 圧力は上方に向かって減少する．
- 密度が高さに対して変化するとき圧力は上方に向かって e^{-z} の関係で減少する．

2.2.1 圧力と高さの基礎式

図 2.4 に示すように，地上で買った菓子の袋は，高い山では膨らんでしまう．これは袋中の圧力は地上と山頂と同じであるが，外から加わる力すなわち気圧は山頂では低くなるために，山頂では相対的に袋を外部に押す力が大きくなるからである．なぜ，この現象が起こるのか．

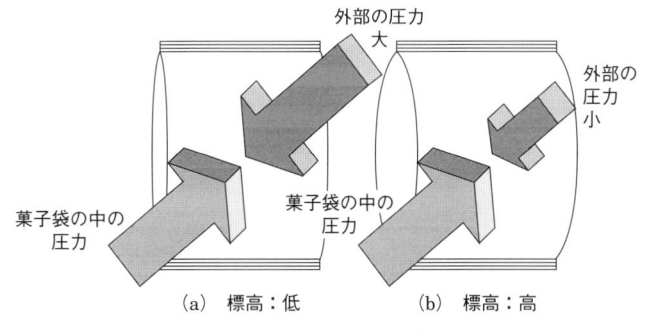

図 2.4 標高が高くなると膨らむ菓子袋

図 2.5 に示すように，密度 ρ の静止流体中に底面積 dA，高さ dz の微小円柱を仮想する．z は鉛直上向きを正とする．いま，微小円柱の下面における圧力を p とすると，上面の圧力の大きさは $p+dp$ と表せる．ここで微小円柱の側面に作用する圧力は釣り合うので考える必要はない．この円柱の重力は $\rho g\,dz\,dA$ となる．

図 2.6 のように，鉛直方向の釣合い式はすべての力を左辺に記述し釣り合っているので右辺を 0 とすると，圧力と高さの基礎式（2.5）が得られる．これより，dz が正であれば dp は負なので，圧力は上方に向かって減少することを意味する．

■■ 第2章　流体の静力学 ■■

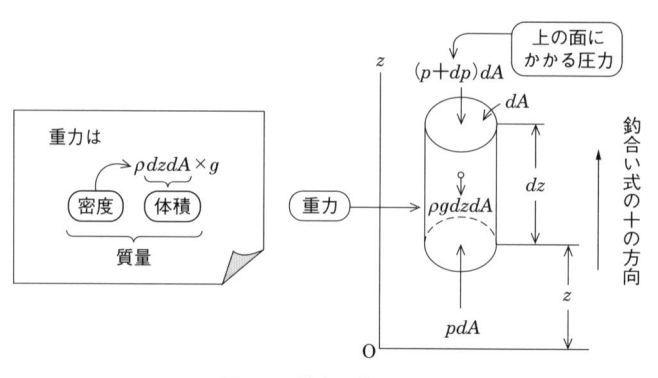

図2.5　微小円柱にかかる力

鉛直方向の釣合い式
$pdA - (p+dp)dA - \rho g dz dA = 0$
$\therefore \ -dpdA - \rho g dz dA = 0$
$\therefore \ dp = -\rho g dz \qquad (2.5)$

図2.6　圧力と高さの関係式

2.2.2　密度が高さに対して変化するときの圧力と高さの関係

次に，海面上の空気を例にとり，空気密度 ρ が高さ z の関数であるとすると，海面上 $z=0$ の圧力を $p=p_0$，空気密度を $\rho=\rho_0$ とする．

大気が等温変化をすると仮定すると，**ボイルの法則**より，$\rho/p = \rho_0/p_0$ より，

$$\rho = \frac{p\rho_0}{p_0} \qquad (2.6)$$

となる．これを式（2.5）に代入して ρ を消去すると，

$$dp = -p\frac{\rho_0}{p_0}gdz \qquad (2.7)$$

となる．両辺を p で割り，左辺を p_0 から p まで，右辺を 0 から z まで積分すると，

$$\int_{p_0}^{p} \frac{dp}{p} = -\frac{\rho_0 g}{p_0}z \qquad (2.8)$$

となる．ここで，

$$\int \frac{dp}{p} = \ln p + C \quad （C は積分定数）$$

2-2 圧力と高さとの基礎式

なので，式 (2.8) より次式となる．

$$\ln p - \ln p_0 = \ln\left(\frac{p}{p_0}\right) = -\frac{\rho_0 g}{p_0} z \tag{2.9}$$

よって，

$$p = p_0 e^{-\left(\frac{\rho_0 g}{p_0}\right)z} \tag{2.10}$$

となる．この式より圧力 p は高さ z に対して指数的に減少していくことがわかる（次の「覚えよう」参照）．

== 覚えよう！ ==

<対数関数の表し方>　　$\log_e$　→　$\ln$ ── 自然対数
　　　　　　　　　　　　$\log_{10}$　→　$\log$ ── 常用対数

<分数の積分は対数>

$$\int \frac{dx}{x} = \ln x + C$$

<指数のグラフ>

<対数の引き算>

$$\ln x - \ln y = \ln\left(\frac{x}{y}\right)$$

<対数の指数>

$$\log_e y = x \;\;\rightarrow\;\; y = e^x$$

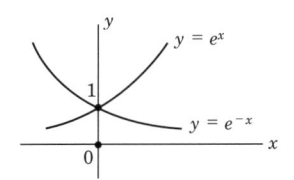

== 覚えよう！ ==

<下面が p でなぜ上面は $p + dp$ と表現できるのか？>

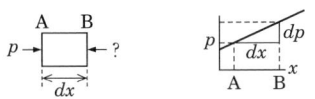

・右側にかかる圧力はいくらなのか？

「微小」とは，線形的に変形することを意味する

B 点の圧力は

$$p_B = p + \underbrace{\frac{dp}{dx}}_{\text{直線の傾き}} \times \underbrace{dx}_{x\text{方向の距離}} = p + dp$$

● 例 題

標高 100 m の登山口から，標高 950 m の山頂に登った（図 2.7）．大気が等温変化すると仮定するとき，山頂の気圧は登山口の気圧に対してどのように変化したか．ただし，標高 0m の気圧を 101.3×10^3 Pa，その空気密度を 1.293 kg/m² とする．

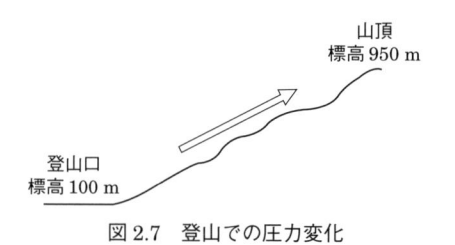

図 2.7　登山での圧力変化

◆ 解　答 ◆

登山口の標高 z_1 が 100 m，山頂の標高 z_2 が 950 m であり，標高 0 m の海面上での圧力を p_0，その空気の密度を ρ_0 とする．まず式 (2.10) より，標高 z_1 のときの圧力 p_1 は，

$$p_1 = p_0 e^{-\left(\frac{\rho_0 g}{p_0}\right)z_1}$$

同様に，標高 z_2 のときの圧力 p_2 は，

$$p_2 = p_0 e^{-\left(\frac{\rho_0 g}{p_0}\right)z_2}$$

よって，標高 z_2 と z_1 の圧力差は，

$$p_2 - p_1 = p_0 e^{-\left(\frac{\rho_0 g}{p_0}\right)z_2} - p_0 e^{-\left(\frac{\rho_0 g}{p_0}\right)z_1}$$

$p_0 = 101.3\times10^3$ 〔Pa〕，$\rho_0 = 1.293$ 〔kg/m²〕とすると，

$p_2 - p_1 = 10101$ 〔Pa〕

〔答〕 山頂の圧力は登山口の圧力に対して 10 101〔Pa〕下がった．

2-3 圧力と高さの関係

エレベータで急に上がると耳が痛くなる理由は．

▶ポイント◀
- 密度が高さに無関係のとき，圧力は密度と重力加速度と高さの積で表される．

　エレベータに乗って急に上層階に昇ると，耳が痛くなった経験はないだろうか．図 2.8 に示すように，上層階に昇るということは高さが増加することであり，よって圧力が減少する．耳の鼓膜の内側の圧力は地上の圧力のままで，鼓膜の外側の圧力が減少し，鼓膜が耳の外側に押し出されるので，このような現象が起こる．この現象は，次の式 (2.13)（図 2.9）を用いて説明することができる．

　図 2.9 に示すように，密度 ρ が高さ z に無関係とすると，ρ は積分記号の外に出すことができ，式 (2.5) の左辺を p_1 から p_2 まで，右辺を z_1 から z_2 まで積分すれば式 (2.11) が得られる．ここで，Δp は圧力差 $p_2 - p_1$，h は高さの差 $z_2 - z_1$ と表すと，式 (2.13) のように変形することができる．ここで注意することは $p_1 > p_2$ なので，Δp は負となり，あくまでも Δp は p_2 を基準とし，h も z_2 を基準としている．ρ の単位は〔kg/m³〕，h の単位は〔m〕であるので，Δp の単位は〔Pa〕=〔N/m²〕である．この h を**圧力ヘッド**（pressure head）と呼び，圧力の差 Δp は長さの次元を持つ圧力ヘッド h で表すことができる．

式 (2.13) より
$$p_2 - p_0 = -\rho g(h + H)$$
$$\therefore \quad p_2 = p_0 - \rho g(h + H)$$

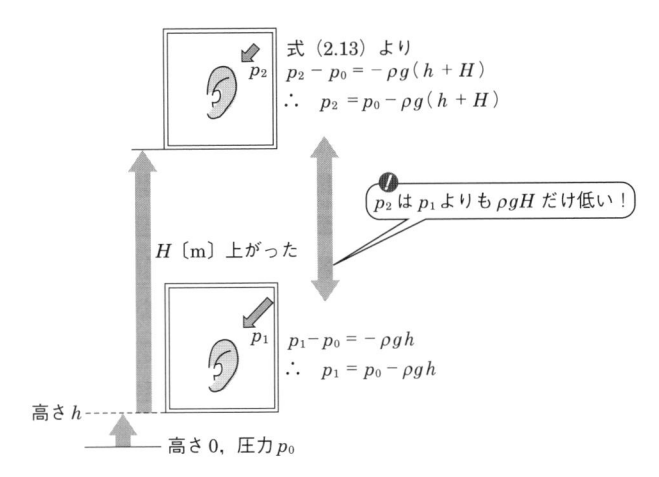

p_2 は p_1 よりも $\rho g H$ だけ低い！

H〔m〕上がった

$$p_1 - p_0 = -\rho g h$$
$$\therefore \quad p_1 = p_0 - \rho g h$$

高さ h

高さ 0，圧力 p_0

図 2.8　エレベータで上がったときの圧力減少

第2章 流体の静力学

$$dp = -\rho g\, dz \quad (2.5)$$

（密度 ρ は p に対して変わらないとして積分）

$$\int_{p_1}^{p_2} dp = -\rho g(z_2 - z_1) \quad (2.11)$$

$$p_2 - p_1 = -\rho g(z_2 - z_1) \quad (2.12)$$
$\Delta p = p_2 - p_1$ および $h = z_2 - z_1$ とおく
$$\Delta p = -\rho g h \quad (2.13)$$

Δp：圧力差
h：高さの差

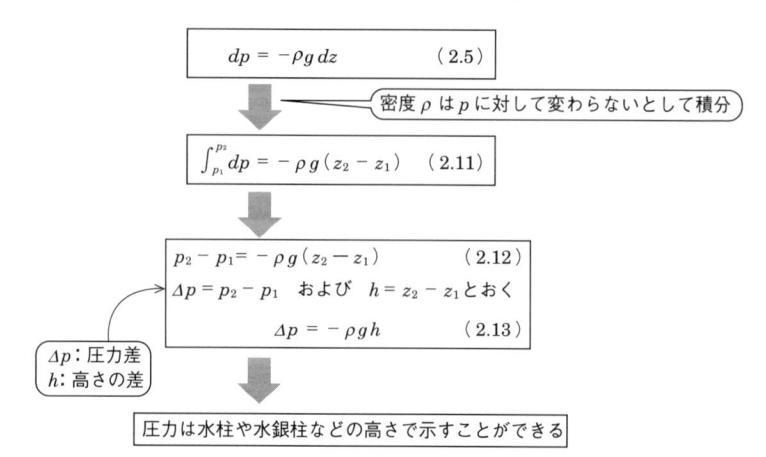

圧力は水柱や水銀柱などの高さで示すことができる

図 2.9 非圧縮性流体における圧力と高さの関係解説図

---

coffee break ◀ 山とごはんの話 ◀

皆さんも一度はやったことがあるでしょう．キャンプ場では飯ごうを使ってお米を炊く．標高が高い山頂で飯ごう炊飯をすると，山頂では圧力が低くなるために水が 100℃ より低い温度で沸騰してしまう．たとえば富士山の頂上では，水は約 80℃ で沸騰する．実は山頂ではごはんがあまりおいしく炊けない．また，この逆の性質を利用したものが圧力釜や圧力鍋であり，高い圧力下では水の沸点が 100℃ より高くなるために，ごはんもおいしく炊けたり，魚の骨もやわらかくなる．

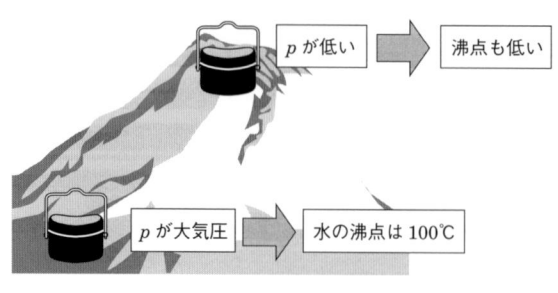

p が低い → 沸点も低い

p が大気圧 → 水の沸点は 100℃

山と飯ごう

□□ 2-3　圧力と高さの関係 □□

● 例　題

(1)　地上からエレベータに乗って，$h = 100$ m の高さにある屋上まで上がった．このとき，屋上の圧力は地上の圧力に対して，どれだけ変化したか．ただし，空気は非圧縮性とし，重力加速度 g が 9.81 m/s^2，空気の密度 ρ_a が 1.2 kg/m^3 である．

◆ 解　答 ◆

重力加速度 g が 9.81 m/s^2，空気の密度 ρ_a が 1.2 kg/m^3，高さ h が 100 m であり，圧力変化を Δp とする．式 (2.13) より，

$$\Delta p = p_2 - p_1 = -\rho_a gh$$
$$= -1.2 \times 9.81 \times 100 = -1\,177.2 \fallingdotseq -1.18 \times 10^3 \,[\text{Pa}] = -1.18\,[\text{kPa}]$$
$$\therefore \quad p_2 = p_1 - 1.18\,[\text{kPa}]$$

図 2.10　エレベータでの圧力減少

[答]　屋上の圧力は地上に対して 1.18 [kPa] 下がった．

(2)　図 2.11 に示す液柱計において，**標準大気圧** 760 mmHg（0℃）すなわち 1 気圧 [atm] は何 kPa か．また，水銀柱 1 mm に相当する圧力を求めよ．ただし，水銀の密度 ρ を 13.595×10^3 kg/m^3 とする．

◆ 解　答 ◆

1 気圧 [atm] は，

$$1\,[\text{atm}] = 13.595 \times 10^3 \times 9.81 \times 760 \times 10^{-3} = 101\,300\,[\text{kg} \cdot \text{m}]/[\text{m}^2 \cdot \text{s}^2]$$
$$= 101\,300\,[\text{N/m}^2] = 101.3\,[\text{kPa}]$$

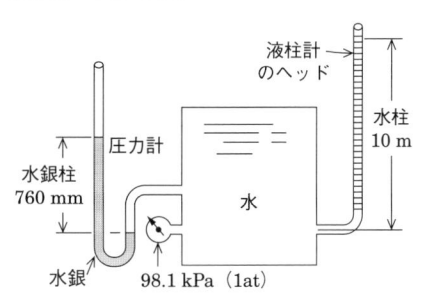

図 2.11　液柱計圧力ヘッド

水銀柱 1 mm に相当する圧力 Δp は，$\Delta p = \rho gh = 13.595 \times 10^3 \times 9.81 \times 10^{-3} = 133.37$ [Pa]．

[答]　1 [atm] $= 101.3$ [kPa]，$\Delta p = 133.37$ [Pa]

2-4 絶対圧力とゲージ圧力

天気図の気圧とは，何を基準にしているのか？

▶ポイント◀
- 圧力の表し方には，真空を基準とした絶対圧力と大気圧を基準としたゲージ圧力の二つがある．

自動車の運転席には図2.12に示すように，タイヤの空気圧が記されている．この空気圧は，大気圧を基準にしたゲージ圧力という圧力で示されている．すなわち，このタイヤの場合，前輪はゲージ圧で230 kPa（2.3 kg/cm^2）にしなさいという意味である．図2.13に示すように，圧力には，その基準の取り方によって，**絶対圧力**（absolute pressure）と**ゲージ圧力**（gage pressure）の2種類がある．絶対圧力は，真空を0 Paとして基準にした圧力である．たとえば，水銀柱760 mmに相当する標準大気圧は，絶対圧力で表記すると101.3 kPaである．大気圧は気象条件によって変化するので，この大気圧を0 Paとして基準にして圧力を測定するほうがよい場合がある．

ゲージ圧力は，その大気圧を基準にした圧力である．

図2.12 自動車のタイヤの空気圧

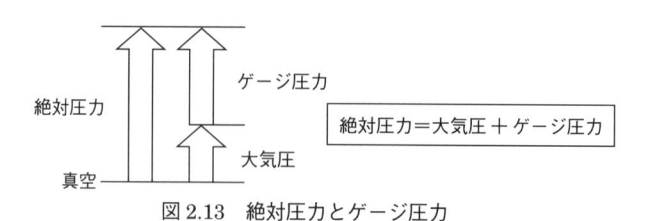

絶対圧力＝大気圧＋ゲージ圧力

図2.13 絶対圧力とゲージ圧力

2-4　絶対圧力とゲージ圧力

● 例　題

（1）圧力 p，体積 V，気体質量 m，絶対温度 T との関係は気体定数 R を用いて $pV = mRT$ の**状態方程式**で表される．図 2.14 のとおり，温度 20℃の酸素 2.0 kg が 0.8 m^3 のガスタンクに充てんされているとき，タンク内の絶対圧力とゲージ圧力はいくらか．ただし，酸素の気体定数 R は 2.598×10^2 J/(kg·K)，大気圧は 101.3×10^3 Pa である．

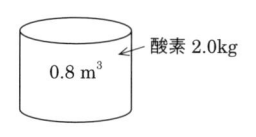

図 2.14　タンク内の圧力

（2）翌日タンク内のゲージ圧力を測定したら，25.0×10^3 Pa となっていた．このタンクから漏れた酸素容量はいくらか．ただし，温度は前日と同じとし，酸素の空気に対する比重は 1.105 で，空気の密度は 1.21 kg/m^3 である．

◆ 解　答 ◆

（1）絶対圧力を p_{abs} とすると，状態方程式より，

$$p_{abs} = \frac{mRT}{V} = \frac{2.0 \times 2.598 \times 10^2 \times (20 + 273.15)}{0.8} \fallingdotseq 190.4 \times 10^3 \text{ [Pa]}$$

となる．またゲージ圧力を p_{gage} とすると，

$$p_{gage} = (190.4 - 101.3) \times 10^3 = 89.1 \times 10^3 \text{ [Pa]}$$

［答］絶対圧力：190.4×10^3 [Pa]，ゲージ圧力：89.1×10^3 [Pa]

（2）翌日のタンク内の酸素の質量 m は，

$$m = \frac{pV}{RT} = \frac{(25.0 + 101.3) \times 10^3 \times 0.8}{2.598 \times 10^2 \times (20 + 273.15)} \fallingdotseq 1.327 \text{ [kg]}$$

である．したがって，漏れた酸素質量 m_{leak} は，$2.0 - 1.327 = 0.673$ [kg]，その容量 V_{leak} は，酸素の比重 s，空気密度 ρ_a とすると，

$$V_{leak} = \frac{m_{leak}}{s \cdot \rho_a} = \frac{0.673}{1.105 \times 1.21} \fallingdotseq 0.504 \text{ [m}^3\text{]}$$

である．

［答］　0.504 [m^3]

2-5 圧力の測定

ストローでジュースを飲んだら液柱計を思いだしてほしい．

▶ポイント◀
- 圧力の測定には液柱計（マノメータ）や示差圧力計が使用される．
- 液柱計と示差圧力計は水圧が水深に比例する性質を利用している．

2.5.1 液柱計（マノメータ）

ジュースの入った紙パックを手で少しつぶすとストロー内をジュースが上昇する（図2.15）．だんだんつぶしていくとジュースはさらに上昇する．**液柱計（マノメータ（manometer））**は，測定対象となる流体の圧力を，静止している液体の細管内の高さを測ることによって求める圧力計である．

図2.16に示すように，圧力を測定したい密度 ρ_1 の流体が入った管路にU字管を接続し，その左の管路内A点の圧力を p_A，U字管内の流体の密度を ρ_2 とし，U字管の他端は大気圧 p_0 中に開放されている．この状態においての管路内A点の圧力 p_A を求める．

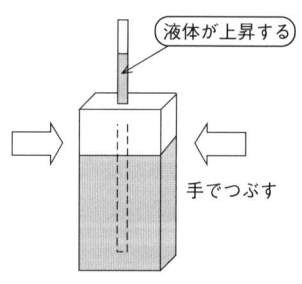

図2.15 紙パックジュースを手でつぶす

p_A は p_0 より高いので，測定したい流体はU字管内に入りこむ．U字管内の流体との境界をB点とする．B点における圧力を考えると，B点では，管路内にA点の圧力 p_A，および，ρ_1 の流体の高さ h_1 に相当する圧力 $\rho_1 g h_1$ が下向きにかかっている．このB点では，流体が静止しているので，上向きの圧力 p_B によって $p_1 + \rho_1 g h_1$ の圧力を支えていると考える．ここで，B点と同じ高さで右側のU字管路のC点を考えることが重要で，このC点では，大気圧 p_0，および，ρ_2 の液体の高さ h_2 に相当する圧力 $\rho_2 g h_2$ が下向きにかかっている．このC点でも流体が静止しているので，上向きの圧力 p_C が $p_0 + \rho_2 g h_2$ を支えていると考える．

上向きを正にとると図2.17に示すように，B点における圧力 $p_B, -\rho_1 g h_1, -p_A$ が釣り合うので，その釣合い式は式（2.14）で表される．同様にC点における圧力の釣合い式は式（2.15）で表される．ここで，B点とC点では高さが等し

■■ 2-5 圧力の測定 ■■

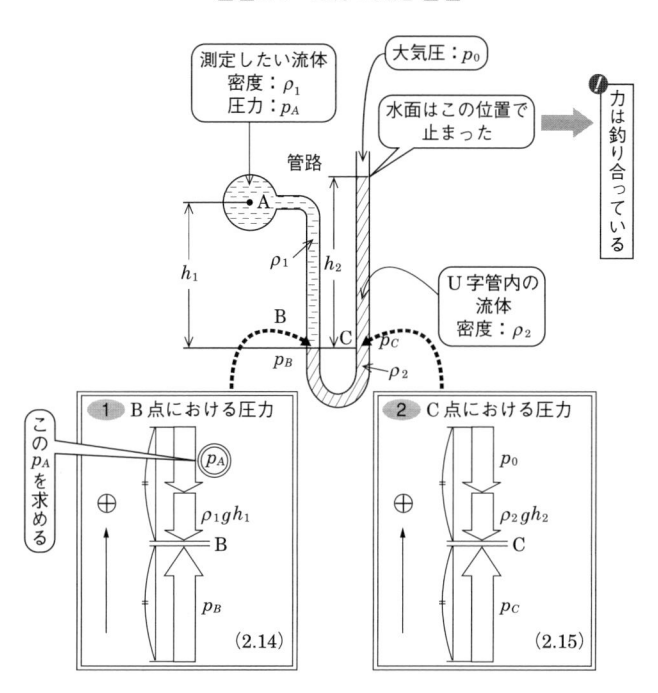

図 2.16 U 字管液柱計の各点の圧力

測定したい流体
密度：ρ_1
圧力：p_A

大気圧：p_0

水面はこの位置で止まった

力は釣り合っている

管路

U 字管内の流体
密度：ρ_2

① B 点における圧力

この p_A を求める

$\rho_1 g h_1$

p_B (2.14)

② C 点における圧力

p_0

$\rho_2 g h_2$

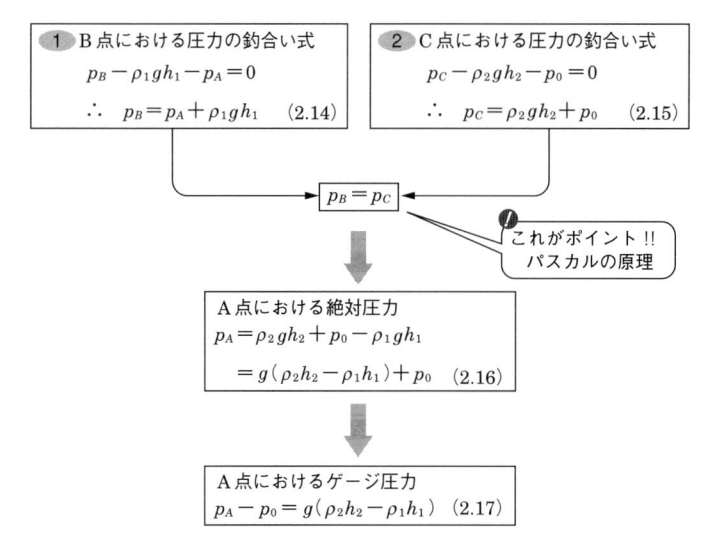

p_C (2.15)

図 2.17 液柱計を用いた圧力の求め方

① B 点における圧力の釣合い式
$$p_B - \rho_1 g h_1 - p_A = 0$$
$$\therefore\ p_B = p_A + \rho_1 g h_1 \quad (2.14)$$

② C 点における圧力の釣合い式
$$p_C - \rho_2 g h_2 - p_0 = 0$$
$$\therefore\ p_C = \rho_2 g h_2 + p_0 \quad (2.15)$$

$$p_B = p_C$$

これがポイント!!
パスカルの原理

A 点における絶対圧力
$$p_A = \rho_2 g h_2 + p_0 - \rho_1 g h_1$$
$$= g(\rho_2 h_2 - \rho_1 h_1) + p_0 \quad (2.16)$$

A 点におけるゲージ圧力
$$p_A - p_0 = g(\rho_2 h_2 - \rho_1 h_1) \quad (2.17)$$

いので圧力も等しく，絶対圧力 $p_B = p_C$ である．したがって式（2.14）と式（2.15）を整理すると，A点の絶対圧力 p_A は式（2.16）となる．

また，A点のゲージ圧力は，式（2.16）の右辺の p_0 を左辺に移項し，式（2.17）のように表すことができる．

● 例 題

図2.18に示す液柱計において，管路内に密度 ρ_1 の水が入っているとき，U字管内に密度 ρ_2 の水銀を用いて，管路内A点における絶対圧力 p_A を求めよ．ただし，重力加速度 g は $9.81\,\mathrm{m/s^2}$，大気圧 p_0 は $101\,\mathrm{kPa}$，水の密度 ρ_1 は $1.00\times 10^3\,\mathrm{kg/m^3}$，水銀の密度 ρ_2 は $13.55\times 10^3\,\mathrm{kg/m^3}$ である．

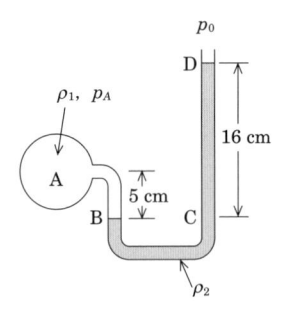

図2.18 液柱計

◆ 解 答 ◆

B点とC点の圧力をそれぞれ p_B, p_C とし，A点とB点間，C点とD点間の高さをそれぞれ h_1, h_2 とする．式（2.14）より，B点での圧力 p_B は $p_B - p_A - \rho_1 g h_1 = 0$，式（2.15）よりC点での圧力 p_C は $p_C - p_0 - \rho_2 g h_2 = 0$ である．$p_B = p_C$ であるので，式（2.16）よりA点での圧力 p_A は，次式で表される．

$$p_A = p_0 + \rho_2 g h_2 - \rho_1 g h_1$$
$$= 101.3 \times 10^3 + (13.55 \times 10^3) \times 9.81 \times (16 \times 10^{-2}) - 1.00 \times 10^3 \times 9.81 \times (5 \times 10^{-2})$$
$$\fallingdotseq 122.1 \times 10^3 \,[\mathrm{Pa}] = 122.1\,[\mathrm{kPa}]$$

［答］ $p_A = 122.1\,[\mathrm{kPa}]$

2.5.2 示差圧力計

示差圧力計（multiple-fluid manometer）は液柱計と同様の原理を用いて，図 2.19 に示すように，密度 ρ_1 の流体が入った管路 A と密度 ρ_3 の流体が入った管路 B 内の 2 点間の圧力差 $p_A - p_B$ を，U 字管内の密度 ρ_2 の流体の高さを用いて測定する計器である．$p_A > p_B$ とすると，密度 ρ_1 の流体は U 字管に入り込み，密度 ρ_2 の U 字管内の流体を押し下げて釣り合った状態で静止する．左側の U 字管内の境界を C 点，右側の U 字管内の境界を D 点および C 点と同じ高さの右側の U 字管の位置を E 点とし，図 2.19 に各点おける圧力を図示する．

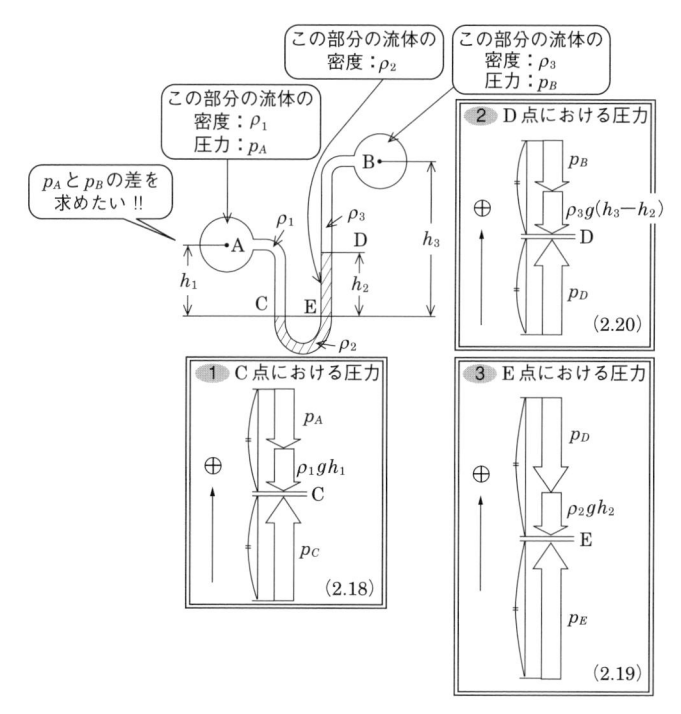

図 2.19　示差圧力計の各点の圧力

図 2.20 に示すように，C 点における圧力の釣合い式は式 (2.18) となり，E 点における圧力の釣合い式は式 (2.19)，D 点における圧力の釣合い式は式 (2.20) となる．ここで，C 点と E 点における圧力は等しく，$p_C = p_E$ なので式 (2.18) と式 (2.19) を等しいとおくと式 (2.21) が得られる．式 (2.21) において式

(2.20) を代入し p_D を消去すると，式 (2.22) が得られる．圧力差 $p_A - p_B$ は，流体の密度 ρ_1, ρ_2, ρ_3 および高さ h_1, h_2, h_3 を用いて求めることができる．

① C点における圧力の釣合い式
$$p_C - \rho_1 g h_1 - p_A = 0 \quad (2.18)$$
$$\therefore \quad p_C = p_A + \rho_1 g h_1$$

③ E点における圧力の釣合い式
$$p_E - \rho_2 g h_2 - p_D = 0 \quad (2.19)$$
$$\therefore \quad p_E = p_D + \rho_2 g h_2$$

p_D であって p_B でないことに注意！

② D点における圧力の釣合い式
$$p_D - \rho_3 g (h_3 - h_2) - p_B = 0 \quad (2.20)$$
$$\therefore \quad p_D = p_B + \rho_3 g (h_3 - h_2)$$

$p_C = p_E$

これがポイント!!
パスカルの原理

$$p_A + \rho_1 g h_1 = p_D + \rho_2 g h_2 \quad (2.21)$$

AB間の圧力差
$$p_A - p_B = \rho_3 g (h_3 - h_2) + \rho_2 g h_2 - \rho_1 g h_1 \quad (2.22)$$

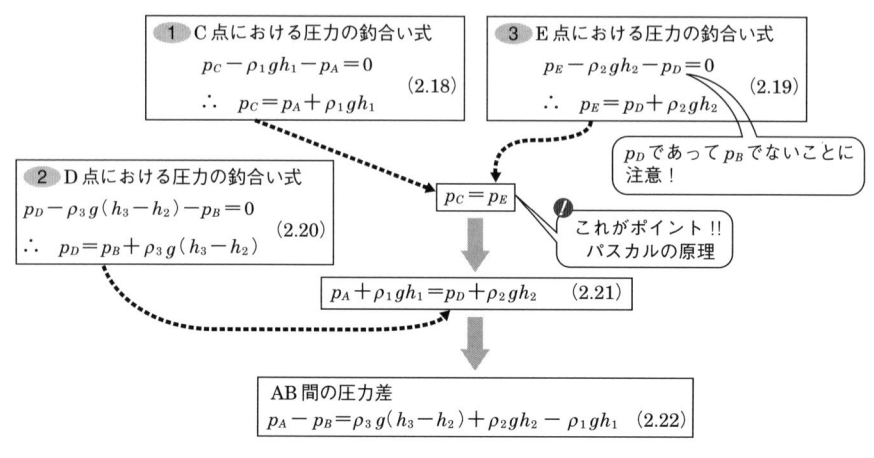

図 2.20 示差圧力計を用いた圧力差の求め方

● 例 題

図 2.21 に示す示差圧力計において，容器Aには密度 ρ_1，圧力 p_A の空気，容器Bには密度 ρ_2，圧力 p_B の炭酸ガスが入っており，U字管には水銀が入っている．$h_1 = 400$ mm, $h_2 = 300$ mm, $h_3 = 700$ mm のとき，両容器内の圧力差 $p_A - p_B$ を求めよ．ただし，空気の密度 ρ_1 は 1.25 kg/m³，水銀の密度 ρ_2 は 13.55×10^3 kg/m³，炭酸ガスの密度 ρ_3 は 1.90 kg/m³，重力加速度 g は 9.81 m/s² とする．

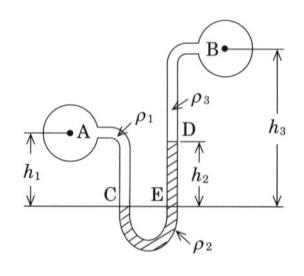

図 2.21 示差圧力計

◆ 解 答 ◆

圧力差 $p_A - p_B$ を求める．まず，C点における釣合い式は，

$$p_C - p_A - \rho_1 g h_1 = 0$$
$$\therefore \quad p_C = p_A + \rho_1 g h_1 \qquad ①$$

となる．次に，E 点における釣合い式は，
$$p_E - p_D - \rho_2 g h_2 = 0$$
$$\therefore \quad p_E = p_D + \rho_2 g h_2 \qquad ②$$

となる．さらに，D 点における釣合い式は，
$$p_D - p_B - \rho_3 g (h_3 - h_2) = 0$$
$$\therefore \quad p_D = p_B + \rho_3 g (h_3 - h_2) \qquad ③$$

となる．ここで，$p_C = p_E$ なので，式①と式②より，
$$p_A + \rho_1 g h_1 = p_D + \rho_2 g h_2 \qquad ④$$

式③を式④に代入して p_D を消去すると，
$$p_A + \rho_1 g h_1 = p_B + \rho_3 g (h_3 - h_2) + \rho_2 g h_2$$
$$\begin{aligned}\therefore \quad p_A - p_B &= \rho_2 g h_2 + \rho_3 g (h_3 - h_2) - \rho_1 g h_1 \\ &= 13.55 \times 10^3 \times 9.81 \times 300 \times 10^{-3} + 1.90 \times 9.81 \\ &\quad \times (700 - 300) \times 10^{-3} - 1.25 \times 9.81 \times 400 \times 10^{-3} \\ &= 39880.20 \,[\text{Pa}] \fallingdotseq 39.9 \times 10^3 \,[\text{Pa}] = 39.9 \,[\text{kPa}]\end{aligned}$$

[答] 39.9 [kPa]

2-6 平面壁に作用する全圧力

水族館の水槽って，どうして厚いの？

▶ポイント◀
- 微小面積に作用する全圧力から，壁全体に作用する全圧力を求める．
- 液中の平面壁にかかる全圧力は ρg に図心（重心）までの深さと面積とを掛けた量で表す．

　水族館にある水槽は，厚みが数十 cm にもなり，強度と透明度の高いアクリル系樹脂でできている．小さい水槽（図 2.22）であれば薄い壁でも壊れないが，水族館の水槽は大きいため，水槽の壁面にかかる全圧力 P が大きくなり，その圧力に耐えるために厚く作られている．

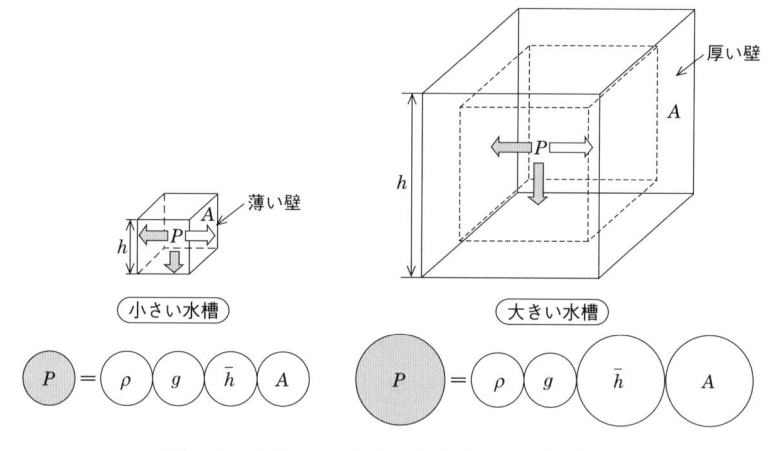

図 2.22　水槽の大小による圧力のかかり方の違い

　図 2.23 に示すように，液体表面と α の傾きをなして液中に存在する平面壁 BD に着目し，その上面側に作用する全圧力 P を求める．まずはじめに，深さ h の点における圧力を p とし，その微小面積 dA にかかる全圧力 dP は $dP = pdA$ （式 (2.23)）であり，深さ h における圧力 $p = \rho g h = \rho g y \sin \alpha$ なので，式 (2.23) は $dP = \rho g (y \sin \alpha) dA$ （式 (2.23')）となる．図 2.24 に示すように，平面壁の全面積 A に作用する全圧力 P は，dP を積分すればよいので，式 (2.24) に示すように $P = \int dP$ となる．式 (2.23') の dP を式 (2.24) の dP に代入して，式

◻◻ 2-6　平面壁に作用する全圧力 ◻◻

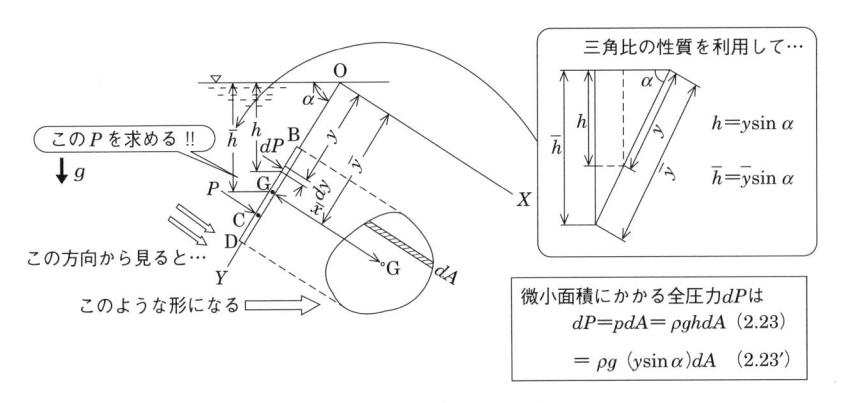

三角比の性質を利用して…

$h = y\sin\alpha$
$\bar{h} = \bar{y}\sin\alpha$

このPを求める!!

この方向から見ると…

このような形になる

微小面積にかかる全圧力 dP は
$dP = p\,dA = \rho g h\,dA$ （2.23）
$= \rho g\,(y\sin\alpha)\,dA$ （2.23′）

図 2.23　平面壁にかかる力

全面積 A に作用する全圧力
$P = \int dP$　（2.24）

dP を積分すると P が求められる

微小面積 dA に作用する全圧力 dP
$dP = p\,dA = \rho g h\,dA$
$= \rho g\,(y\sin\alpha)\,dA$　（2.23′）

$P = \int dP$
$\quad = \rho g \sin\alpha \int y\,dA$　（2.25）

$P = \rho g \sin\alpha\,\bar{y}A$
$\quad = \rho g\,\bar{h}A$　（2.27）

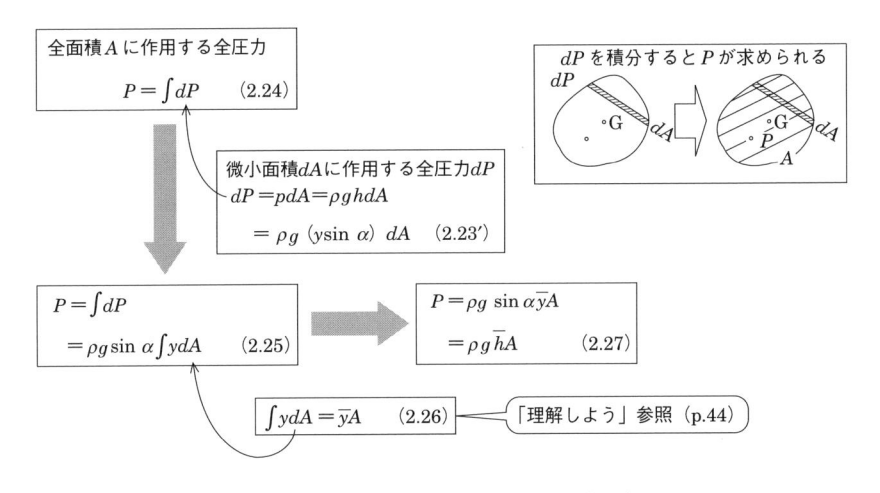

$\int y\,dA = \bar{y}A$　（2.26）　「理解しよう」参照（p.44）

図 2.24　平面壁に作用する全圧力の求め方

（2.25）に示すように，$\rho g\sin\alpha$ は積分の外に出して，$P = \rho g\sin\alpha\int y\,dA$ が得られる．ここで式（2.25）内の $\int y\,dA$ に着目する．

「理解しよう」（p.44）を見てほしい．距離 y にその微小面積 dA を掛けて積分したものは，平面壁の図心までの距離 $\bar{y}$ に全面積 A を掛けたものに等しい．すなわち，このことは式（2.26）のとおり $\int y\,dA = \bar{y}A$ で表すことができる．式（2.26）を式（2.25）の $\int y\,dA$ に代入すると，式（2.27）に示すように，$P = \rho g\sin\alpha\,\bar{y}A = \rho g\,\bar{h}A$ が得られる．すなわち，全圧力 P は平板の図心までの深さ $\bar{h}$，平板の全面積 A に ρg を掛けて表される．

□□ 第2章　流体の静力学 □□

― 理解しよう！ ―

$\int y dA = \bar{y} A$ を簡単に証明しよう．この式を $\bar{y} = \dfrac{\int y dA}{A}$ に変形する．

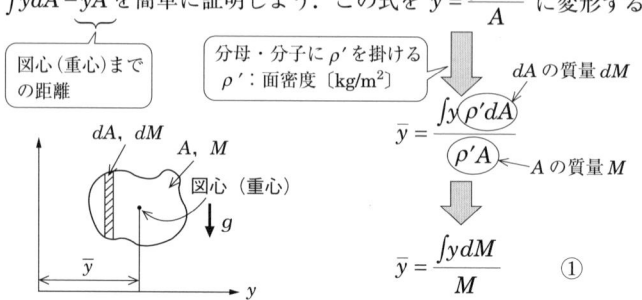

- 図心（重心）までの距離
- 分母・分子に ρ' を掛ける　ρ'：面密度 $[kg/m^2]$
- dA の質量 dM

$$\bar{y} = \frac{\int y \rho' dA}{\rho' A}$$

A の質量 M

dA, dM　A, M　図心（重心）　g

$$\bar{y} = \frac{\int y dM}{M} \quad ①$$

式①を証明する代わりに，二つの物体の原点O点のまわりのモーメントを考える．

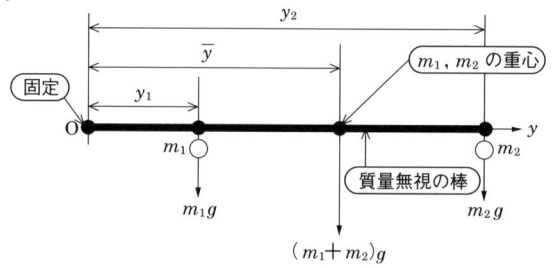

固定　O　m_1　m_1, m_2 の重心　m_2　y
y_1　$\bar{y}$　y_2
質量無視の棒
$m_1 g$　$(m_1 + m_2) g$　$m_2 g$

O点から距離 y_1 の位置に質量 m_1，y_2 の位置に質量 m_2 の物体が，質量無視の棒につながれている．図心（重心）までの距離を $\bar{y}$ とすると，定義よりO点のまわりのモーメントが等しいので

$$\underbrace{y_1 m_1 g + y_2 m_2 g}_{\text{個々の物体のモーメント}} = \underbrace{\bar{y}(m_1 + m_2) g}_{\text{図心のモーメント}}$$

$$\bar{y} = \frac{y_1 m_1 + y_2 m_2}{m_1 + m_2} \quad ②$$

多数の m を考えれば式①と式②は同じになる！！

― 覚えよう！ ―

・圧力（pressure）は単位面積当りの力（force）で単位は $[N/m^2]$
・全圧力（total pressure force）は圧力に面積を掛けたもので単位は $[N]$
・全圧（total pressure）については p.101 を参照

◻◻ 2-6　平面壁に作用する全圧力 ◻◻

● 例　題

図 2.25 に示す水槽に，水が満たされている．このとき，面積 A の手前側の壁にかかる圧力を求めよ．ただし，重力加速度 g は 9.81 m/s^2，水の密度 ρ は 1.00×10^3 kg/m^3 とする．

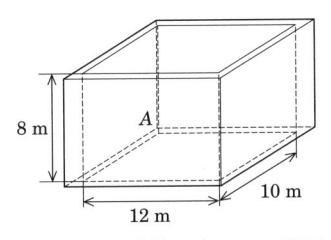

図 2.25　水槽の壁にかかる圧力

◆ 解　答 ◆

壁 A の図心の深さを $\bar{h}$ とすると，壁 A は長方形なので，$\bar{h} = 4$ 〔m〕よって，式 (2.27) より壁 A にかかる圧力は，次式で求められる．

$$P = \rho g \bar{h} A = 1\,000 \times 9.81 \times 4 \times (8 \times 12) = 3\,767\,040 \,〔\mathrm{N}〕$$
$$\fallingdotseq 3\,767 \times 10^3 \,〔\mathrm{N}〕 = 3\,767 \,〔\mathrm{kN}〕$$

〔答〕　3 767〔kN〕

2-7 圧力の中心

圧力を受けるリーダー的存在

▶ポイント◀
- 全圧力のモーメントの釣合い式から，圧力の中心を求める．
- 圧力の中心は図心（重心）とは限らない．

2.7.1 圧力の中心の Y 座標

2.6「平面壁に作用する全圧力」で求めた平面壁に作用する全圧力 P が，その平面壁のどの点に作用するかについて調べてみよう．

この圧力がかかる点を**圧力の中心**（center of pressure）という．この圧力の中心は必ずしも図心（重心）であるとは限らない．圧力は平面壁に垂直に作用するから，壁に垂直な多くの力の合力の着力点が圧力の中心となる．

図 2.26 に示すように，液中に角度 α で存在する平面壁を考え OX 軸，OY 軸をとる．微小面積 dA に作用する全圧力 dP の OX 軸のまわりの力のモーメントは ydP であるから（「覚えよう」（p.48）参照），面積 A の平面壁全体についての力のモーメントは，ydP を積分して $\int ydP$ となる．いま，図 2.27 のように，全圧力 P の着力点 C の OX 軸からの距離を η とすれば，この全圧力 P の OX 軸まわりの力のモーメント $P\eta$ は，個々の全圧力 dP の力のモーメント ydP の和に等しいので，図 2.27 に示すように，式（2.28）の $P\eta = \int ydP$ が得られる．ここで，前述の dP と dA との関係式（2.24）$dP = \rho g(y\sin\alpha)dA$ を，式（2.28）の右辺の dP に代入すると式（2.29）に変形できる．

一方，前述の P と dA との関係式（2.25）$P = \rho g\sin\alpha \int ydA$ を，式（2.29）の左辺の P に代入して整理すると，式（2.30）のとおり $\eta = \int y^2 dA / \int ydA$ となり，η を y と dA で表すことができる．ここで，式（2.30）は慣性モーメントを使うとさらに簡単な式となる（「覚えよう」（p.48）参照）．面積 A の図形の OX 軸まわりの慣性モーメントを I とおく．

図 2.28 のとおり，図形の図心 G を通り OX 軸に平行な軸（ここでは G 軸とする）に対する図形の慣性モーメントを I_G とすれば，平行軸の定理より，

$$I = I_G + A\bar{y}^2$$

の関係がある．これを使って式（2.30）を式（2.31）のように書き換えられる．

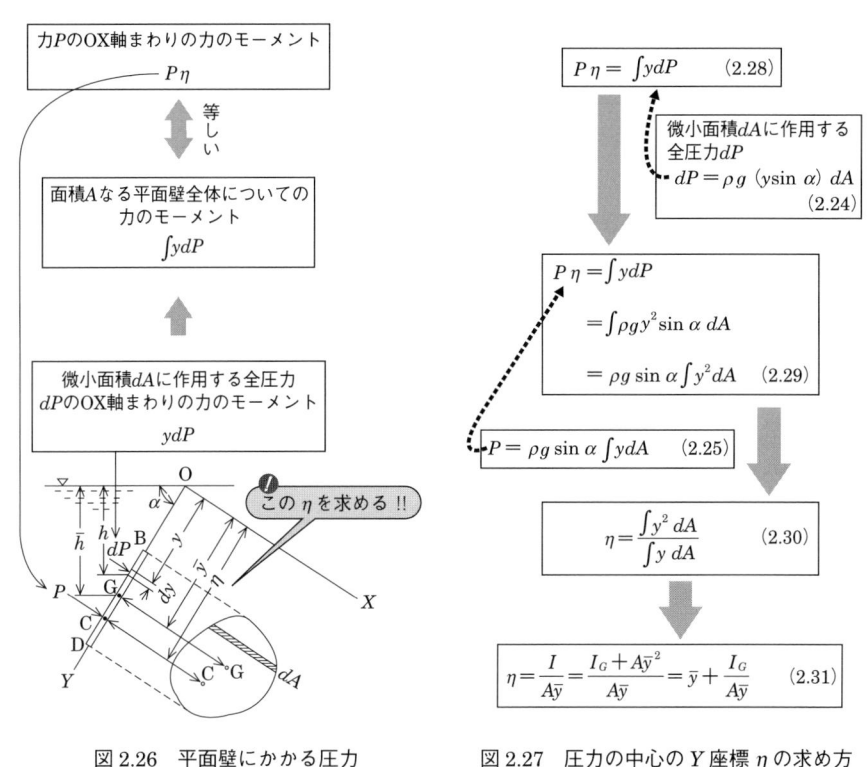

2-7 圧力の中心

力 P のOX軸まわりの力のモーメント
$P\eta$

↕ 等しい

面積 A なる平面壁全体についての力のモーメント
$\int y dP$

↑

微小面積 dA に作用する全圧力 dP のOX軸まわりの力のモーメント
$y dP$

$P\eta = \int y dP$ (2.28)

微小面積 dA に作用する全圧力 dP
$dP = \rho g (y\sin\alpha) dA$ (2.24)

$$P\eta = \int y dP$$
$$= \int \rho g y^2 \sin\alpha \, dA$$
$$= \rho g \sin\alpha \int y^2 dA \quad (2.29)$$

$P = \rho g \sin\alpha \int y dA$ (2.25)

$$\eta = \frac{\int y^2 dA}{\int y dA} \quad (2.30)$$

$$\eta = \frac{I}{A\bar{y}} = \frac{I_G + A\bar{y}^2}{A\bar{y}} = \bar{y} + \frac{I_G}{A\bar{y}} \quad (2.31)$$

このηを求める!!

図 2.26　平面壁にかかる圧力 図 2.27　圧力の中心の Y 座標 η の求め方

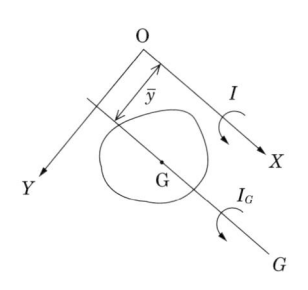

図 2.28　図形の二次モーメント

これより，全圧力 P は図心 G より OY 軸に沿って距離 $I_G/A\bar{y}$ だけ下方の点 C に作用することがわかる．

= 覚えよう！ =

<力のモーメントと慣性モーメント>

■力のモーメント

原点 O から点 C へ向かう位置ベクトル y と，点 C における力 P との外積（ベクトル積）$y \times P$ を，O 点まわりの力のモーメントという．普通，扉のノブは回転軸から遠い（y の値が大きい）ところについている．力が小さくてもモーメントをかせげるためである．

■慣性モーメント

物体の回転のしにくさを表す量 I（回転中心からの距離の 2 乗×質量）で表す．つまり，回転運動の変化（回り始める，止まる）のしにくさを表すもので，たとえば，回しにくいが一度回り始めるとなかなか止まらないコマは，慣性モーメントが大きいという．

2.7.2　圧力の中心の X 座標

同様にして，図 2.29 のとおり，OY 軸から点 C までの距離 ξ を求める．全圧力 P の OY 軸まわりの力のモーメント $P\xi$ は，個々の全圧力 dP の力のモーメント xdP の和に等しい．したがって，この式の左辺の P に前述の式（2.27）を代入し，右辺の dP に前述の式（2.24）を代入すると，式（2.32）が得られる．ここで，$dA = dxdy$ であるので二重積分を用い，式（2.32）より ξ を求めると式（2.33）が得られる．

以上により，点 C の座標は，

$$\left(\frac{\iint xydxdy}{A\bar{y}}, \frac{I}{A\bar{y}} \right)$$

と表すことができる．

❑❑ 2-7 圧力の中心 ❑❑

OY軸から圧力中心Cまでの距離 ξ を求める

[図：傾斜した円板に働く水圧の分布。O点から軸に沿って ȳ、h̄、dP、B、G、P、C、D、Y、X、ξ、dA、G などを示す]

| 力 P の OY 軸まわりの力のモーメント $P\xi$ | ⇔ 等しい ⇔ | 個々の力 dP の OY 軸に対する力のモーメントの和 $\int x dP$ |

$P = \rho g (\bar{y}\sin\alpha) A$ （2.27）　　　$dP = \rho g (y\sin\alpha) dA$ （2.24）

⬇

$(\rho g \bar{y}\sin\alpha A)\xi = \int x(\rho g y\sin\alpha dA)$ （2.32）

$dA = dxdy$ なので二重積分

⬇

$\bar{y}A\xi = \iint xy\,dx\,dy$

$\therefore \xi = \dfrac{\iint xy\,dx\,dy}{A\bar{y}}$ （2.33）

⬇

式（2.31）と式（2.33）より，圧力の中心点 C の座標は

$$\left(\dfrac{\iint xy\,dx\,dy}{A\bar{y}},\ \dfrac{I}{A\bar{y}} \right)$$

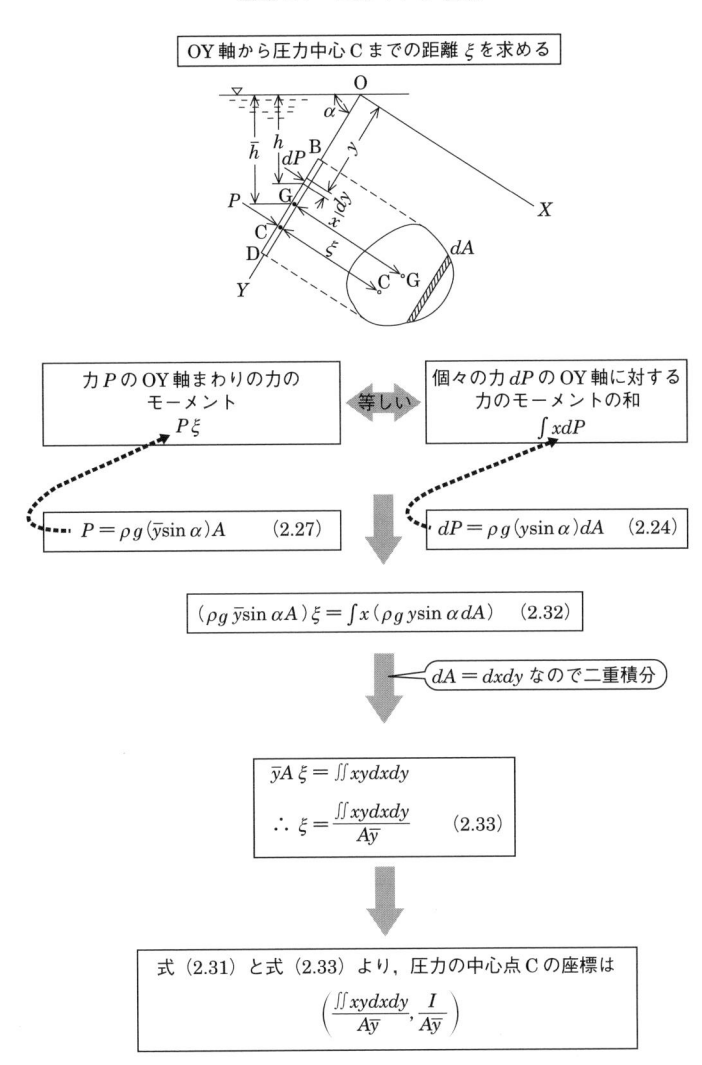

図 2.29　圧力の中心の X 座標 ξ の求め方

● 例 題

図 2.30 に示す円形の水門が，水平面と $\alpha = 45°$ の傾斜をなす平面内に取り付けられている．水門の図心の水深を $\bar{h} = 4$ m としたとき，この水門にかかる全圧力とその圧力の中心点を求めよ．ただし，直径 d（= 5 m）の円板の慣性モーメントを $I_G = \dfrac{\pi}{64}d^4$ で表せるとし，重力加速度 g は 9.81 m/s^2，水の密度 ρ は 1.00×10^3 kg/m^3 である．

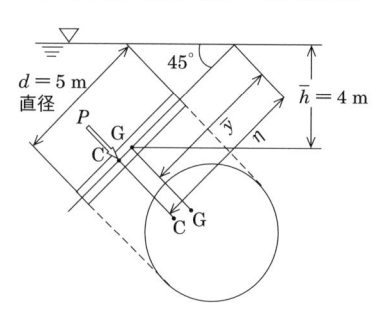

図 2.30　水門にかかる圧力

◆ 解 答 ◆

重力加速度 g が 9.81 m/s^2，水門の図心の深さ $\bar{h}$ が 4 m，水の密度 ρ が 1.00×10^3 kg/m^3 であり，水門の面積を A とする．式（2.27）より水門にかかる全圧力 P は，

$$P = \rho g \bar{h} A = 1000 \times 9.81 \times 4 \times \left(\frac{5}{2}\right)^2 \pi \ \mathrm{[N]}$$
$$\fallingdotseq 770 \times 10^3 \ \mathrm{[N]} = 770 \ \mathrm{[kN]}$$

となる．次に，圧力の中心点を求める．まず，水門の面積 A，図心まわりの慣性モーメント I_G と，$\bar{y}$ の値を求めると，

$$A = \frac{\pi}{4}d^2 = \frac{\pi}{4} \times 5^2 \fallingdotseq 19.6 \ \mathrm{[m^2]}$$
$$I_G = \frac{\pi}{64}d^4 = \frac{\pi}{64} \times 5^4 \fallingdotseq 30.7 \ \mathrm{[m^4]}$$
$$\bar{y} = \frac{h}{\sin \alpha} = \frac{4}{\sin 45°} \fallingdotseq 5.66 \ \mathrm{[m]}$$

以上より，式（2.31）を用いて，

$$\eta = \bar{y} + \frac{I_G}{A\bar{y}} = 5.66 + \frac{30.7}{19.6 \times 5.66} \fallingdotseq 5.93 \ \mathrm{[m]}$$

[答] $P = 770$ [kN]，$\eta = 5.93$ [m]

2-8 曲面に作用する全圧力

魚はつねに水からの圧力を受け続けている．

▶ポイント◀
- 微小曲面に作用する全圧力を分解する．
- 全圧力の x 成分は yz 平面に投影した面積にかかる全圧力になる．
- 微小曲面に作用する全圧力を積分して，曲面に作用する全圧力を求める．

2.8.1 微小曲面に作用する全圧力

　深海魚はとても深いところで生活しているが，実は水からの非常に大きな圧力を受けながら泳いでいる．つねに深いところにいるので圧力変化を受けないため，圧力によってつぶれたりせずに生活できる．

　流体中に存在する壁が曲面をなすとき，この曲面に作用する全圧力は，2.6「平面壁に作用する全圧力」で述べた $P = \int pdA$ にはならない．曲面の場合，微小面積 dA に垂直に作用する力 pdA は，各点でその方向が異なるので，この全圧力 pdA を直角座標 x, y の方向に分解して考える必要がある．

　図 2.31 に示すとおり，壁面 ABCD は流体中に存在する微小面積 dA の曲面であり，この曲面の xy 平面に平行な平面内の曲率半径を r とする．そして r が y 軸と平行な軸となす角を θ とする．この微小面積 dA に流体圧 p が作用すれば，全圧力は $dP = pdA$ で，その力の方向は曲率半径 r の方向である．さらに，この全圧力の x 方向成分 dP_x および y 方向成分 dP_y は，$dP = pdA$ に $\sin\theta$ または $\cos\theta$ を掛けてそれぞれ式（2.34）と式（2.35）で表される．

　ここで，式（2.34）中の $dA\sin\theta$ は，図 2.31 からわかるように，微小面積 dA の yz 平面への投影面積 dA_{yz} である．同様に，式（2.35）中の $dA\cos\theta$ は，微小面積 dA の xz 平面への投影面積 dA_{zx} となる．したがって，式（2.34）と式（2.35）は，式（2.36）と式（2.37）のとおり，$dP_x = pdA_{yz}$，および $dP_y = pdA_{zx}$ となる．さらに，$p = \rho gh$ なので式（2.36′）と式（2.37′）のとおり，p の代わりに h でも書ける．

　これらの式より，微小曲面に作用する全圧力の x 方向成分は，yz 平面に微小曲面を投影した面積にかかる全圧力に等しい．p が一様であれば微小面積に限らず任意の大きさの面積に対しても成立する．同様に y 方向成分は xz 平面に投影

図中:

$dA_{yz} = dA\sin\theta$
$dA_{zx} = dA\cos\theta$

微小面積 dA に作用する全圧力の x 方向成分
$$dP_x = pdA\sin\theta \quad (2.34)$$

$dA\sin\theta = dA_{yz}$

DCは微小なので直線と考えてよい

微小面積 dA に作用する全圧力の y 方向成分
$$dP_y = pdA\cos\theta \quad (2.35)$$

$dA\cos\theta = dA_{zx}$

$$dP_x = pdA_{yz} \quad (2.36)$$
$$= \rho gh\,dA_{yz} \quad (2.36')$$

$$dP_y = pdA_{zx} \quad (2.37)$$
$$= \rho gh\,dA_{zx} \quad (2.37')$$

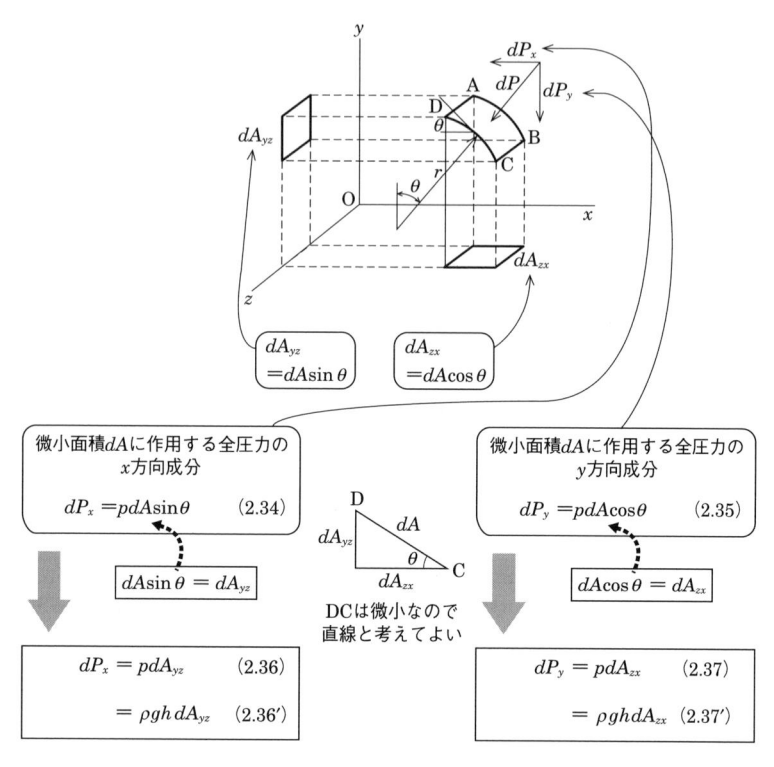

図 2.31 微小面積の曲面に作用する全圧力の求め方

した面積にかかる全圧力に等しい．

2.8.2　有限の曲面に作用する全圧力

　有限の曲面に作用する全圧力 P は微小な曲面に作用する圧力 dP の各成分を積分して求める．まず x 方向成分の P_x から求めよう．式（2.38）に示したとおり，有限の曲面に作用する全圧力 P の x 方向成分 P_x は，dP_x を積分すればよい．図2.32 に示すように，式（2.36'）の dP の x 方向成分 dP_x を式（2.38）の右辺に代入して積分して，式（2.39）のとおり $P_x = \rho g\bar{h}A_{yz}$ で表される．ここで $\int h\,dA_{yz}$ は「理解しよう！」（p.44）に示したとおり $\bar{h}A_{yz}$ となることに注意しよう．ここで，$\bar{h}$ は投影面積 A_{yz} の図心におけるヘッドである．すなわち全圧力 P の x 方向成分 P_x は，この曲面の yz 平面への投影面積にかかる全圧力に等しい．その大きさと圧力の中心点とは平面壁の場合と同様にして求められる．

2-8 曲面に作用する全圧力

曲面に作用する全圧力の x 方向成分
$$P_x = \int dP_x \quad (2.38)$$

$dP_x = \rho g h dA \sin\theta$
$\quad = \rho g h dA_{yz} \quad (2.36')$

$P_x = \int \rho g h dA_{yz} = \rho g \int h dA_{yz}$
$\quad = \rho g \bar{h} A_{yz} \quad (2.39)$

曲面に作用する全圧力の y 方向成分
$$P_y = \int dP_y \quad (2.40)$$

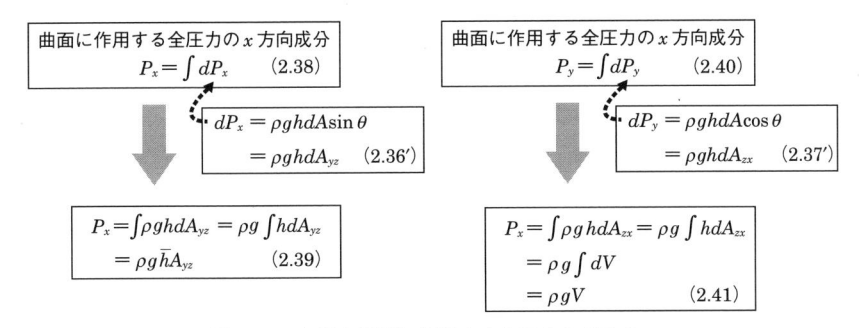

$dP_y = \rho g h dA \cos\theta$
$\quad = \rho g h dA_{zx} \quad (2.37')$

$P_x = \int \rho g h dA_{zx} = \rho g \int h dA_{zx}$
$\quad = \rho g \int dV$
$\quad = \rho g V \quad (2.41)$

図2.32　有限な曲面に作用する全圧力の求め方

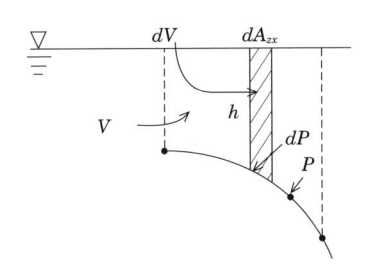

図2.33　微小な曲面

　同様に式 (2.40) に示したとおり, dP_y を積分すれば P_y を求められる. 前述のとおり, dP_y は式 (2.37') であり, 図2.33 に示したとおり, この式の中で hdA_{zx} は底面積 dA_{zx}, 高さ h の直方体の体積にあたるから, これを dV とおき, かつ V を曲面上の液体の全体積とする. 式 (2.40) の右辺に式 (3.37') を代入して整理すると, 全圧力 P の y 方向成分は式 (2.41) となる. ここに, $\rho g V$ は曲面上に存在する体積で示される流体の全重量である. この力は, この体積の重心に作用するのは当然である.

● 例　題

　図2.34 に示すような, 水が入った深さ h の容器の角にある半径 $r = 1$ m の円弧状の部分にかかる水平方向の全圧力 P_x と鉛直方向の全圧力 P_y を求めよ. ただし, 容器の奥行き l は 1 m, 重力加速度 g は 9.81 m/s^2, 水の密度 ρ は 1.00×10^3 kg/m^3 とする.

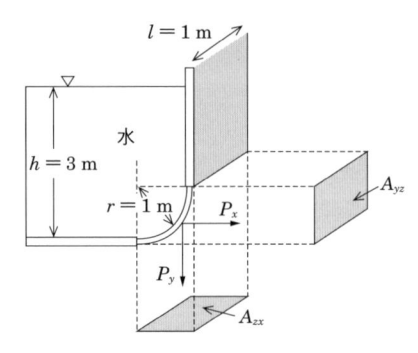

図 2.34　曲面にかかる圧力

◆ 解　答 ◆

曲面にかかる圧力の中心点におけるヘッド $\bar{h}$ が 2.5 m，曲面の yz 平面への投影面積 A_{yz} が 1 m²，曲面の zx 平面への投影面積 A_{zx} が 1 m² である．曲面の上部に存在する水の体積 V は，

$$V = \frac{r^2 \pi l}{4} + r \cdot l(h-r) = 1^2 \times \pi \times 1 \div 4 + 1 \times 1 \times 2 \fallingdotseq 2.79 \ [\text{m}^2]$$

である．曲面にかかる圧力の水平方向成分 P_x は，式 (2.37) より，

$$P_x = \rho g \bar{h} A_{yz} = 1\,000 \times 9.81 \times 2.5 \times 1 = 24\,525 \ [\text{N}] \fallingdotseq 24.5 \ [\text{kN}]$$

曲面にかかる圧力の鉛直方向成分 P_y は，式 (2.39) より，

$$P_y = \rho g V = 1\,000 \times 9.81 \times 2.79 = 27\,369.9 \ [\text{N}] \fallingdotseq 27.4 \ [\text{kN}]$$

〔答〕　$P_x = 24.5 \ [\text{kN}]$，$P_y = 27.4 \ [\text{kN}]$

2-9 浮 力

浮力がなければサーフィンはできない？

▶ポイント◀
- 物体の一部分にかかる圧力から，物体全体にかかる浮力を求める．
- 力のモーメントの釣合い式から，浮力の着力点を求める．
- 浮力の大きさは，押しのけた流体の重力，方向は鉛直上方．

2.9.1 浮 力

サーフボードは密度の小さな発泡ウレタンを材質とし，人がその上に立っても海に沈まないように大きな浮力を持っている．

流体中に存在する物体が流体より受ける合力を**浮力**（buoyant force）という．その浮力の大きさは「物体が押しのけた流体の重力」に等しく，その方向は鉛直上方である．この浮力の原理は，2.8「曲面に作用する全圧力」ですでに述べた，静止した流体の深さと圧力との関係を使って次のように説明することができる．

図 2.35 に示すように，密度 ρ の液体中に任意の形状の物体が静止している場合を考える．この物体上端の微小表面積を dA_1，その上端までの深さを h_1，その上端の dA_1 を物体下端に投影した微小表面積を dA_2，その下端までの深さを h_2 とする．ここで，微小表面積 dA_1 および dA_2 の z 方向（鉛直方向）における液面投影面積 dA_z を考え，これを底面とする鉛直な仮想の柱を考える．液面に作用する圧力を p_0 とすれば，この柱によって貫かれた物体の端面 dA_1 と dA_2 に働く全圧力 P_1 と P_2 は，それぞれ $P_1 = (p_0 + \rho g h_1) dA_1$，$P_2 = (p_0 + \rho g h_2) dA_2$ である．これらの全圧力はそれぞれの表面に垂直に作用するが，その鉛直分力は 2.8 節で述べたように，それぞれ $P_{1z} = (p_0 + \rho g h_1) dA_z$ および $P_{2z} = (p_0 + \rho g h_2) dA_z$ である．この二つの全圧力の差が仮想の柱に働く z 方向の分力である．この仮想の柱の体積を dV とすると，$dV = (h_2 - h_1) dA_z$ であるから z 方向の二つの分力の差 dP は式（2.42）のとおり $\rho g dV$ となる．したがって，物体全体に鉛直方向に作用する全圧力 P は，式（2.42）の dP を積分して式（2.43）のとおり，$P = \rho g \int dV$ となる．ここで，物体の全体積を V とすれば $\int dV = V$ なので，浮力 P は式（2.44）のとおり $\rho g V$ で表される．ρ は流体の密度であって，物体の密度ではないことに注意しよう．

■■ 第2章 流体の静力学 ■■

物体内の仮想の柱

この dA_1 面に作用する全圧力 P_1 による力
$$P_1 = (p_0 + \rho g h_1)\, dA_1$$

↓ 鉛直分力

$$P_{1z} = (p_0 + \rho g h_1)\, dA_z$$
$$P_{2z} = (p_0 + \rho g h_2)\, dA_z$$

↑ 鉛直分力

この dA_2 面に作用する全圧力 P_2 による力
$$P_2 = (p_0 + \rho g h_2)\, dA_2$$

z 方向の2力の差 dP
$$\begin{aligned} dP &= P_{1z} - P_{2z} \\ &= \{(p_0 + \rho g h_2) - (p_0 + \rho g h_1)\}\, dA_z \\ &= \rho g\, (h_2 - h_1)\, dA_z \\ &= \rho g\, dV \end{aligned} \quad (2.42)$$

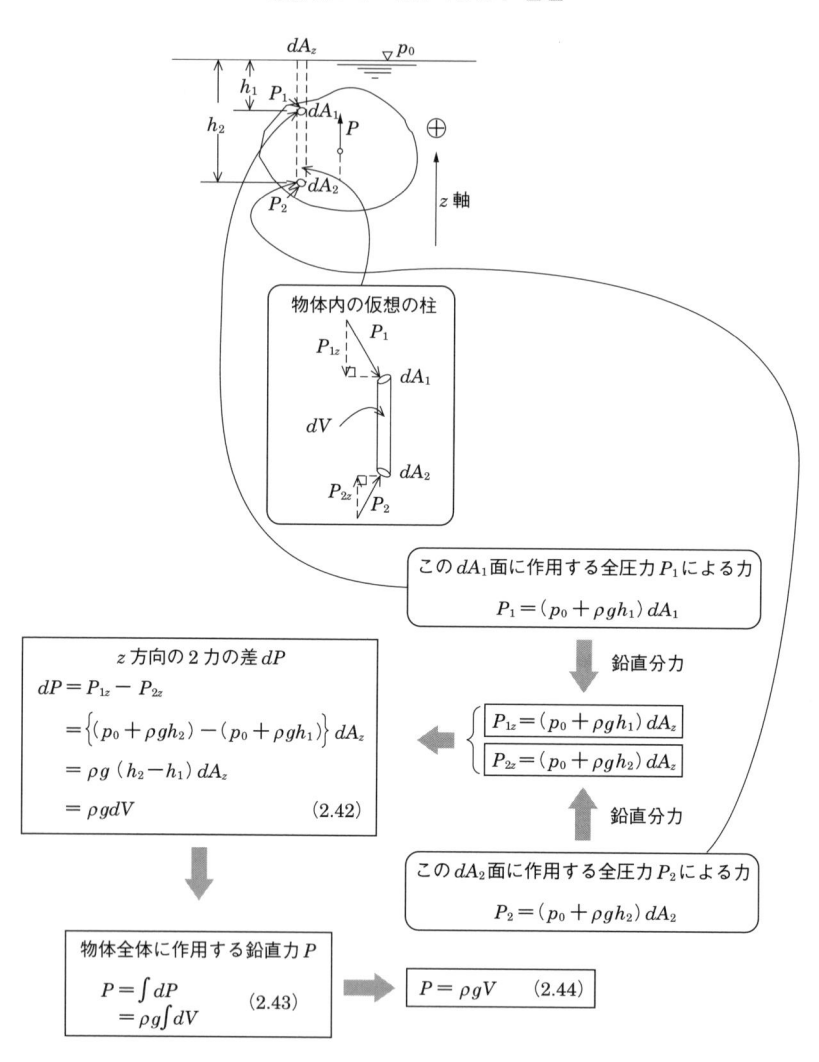

物体全体に作用する鉛直力 P
$$\begin{aligned} P &= \int dP \\ &= \rho g \int dV \end{aligned} \quad (2.43)$$

$$P = \rho g V \quad (2.44)$$

図 2.35 浮力の求め方

◻︎◻︎ 2-9 浮 力 ◻︎◻︎

2.9.2 浮力の着力点

次に，この浮力 P の着力点を求める．ここで，図 2.36 に示すように任意の軸 O のまわりの力のモーメントを考える．軸 O から仮想の柱までの水平距離を x，浮力 P の着力点までの水平距離を $\bar{x}$ とすると，2.6 節の「理解しよう！」（p.44）で示したように，式 (2.45) で表され，各場所の力のモーメント xdP を積分したものは重心の力のモーメント $\bar{x}P$ に等しい．さらに式 (2.42) の $dP = \rho g dV$ を式 (2.45) の左辺に代入し，式 (2.44) の $P = \rho g V$ を式 (2.45) の右辺に代入し，ρg を積分記号の外に出すと式 (2.46) が得られ，さらに，$\bar{x}$ を左辺にすると式 (2.47) となる．この式 (2.47) の $\bar{x}$ は物体の重心までの距離を示している．

すなわち浮力は，物体によって押しのけられた流体部分の重心（物体の重心とは異なる点に注意）に作用する．このことは，液体中に完全に懸垂していなくて浮いている物体に対しても成り立つ．

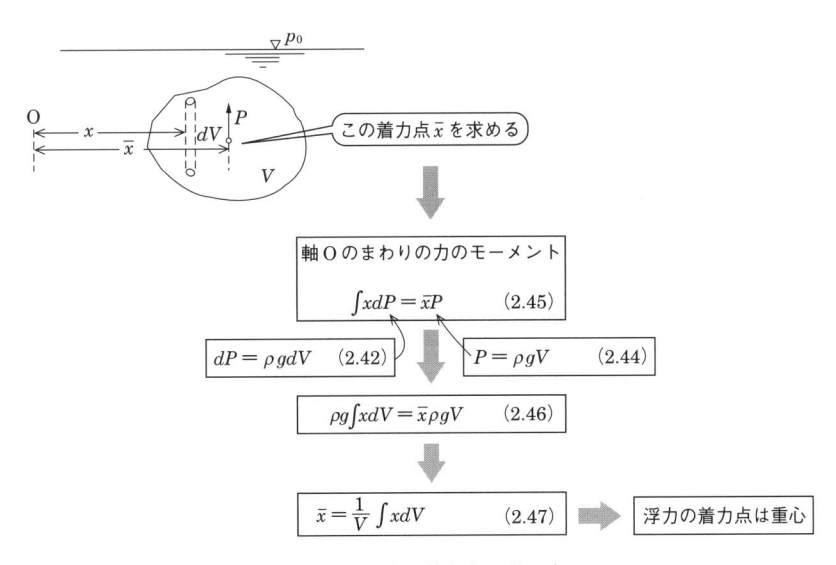

図 2.36 浮力の着力点の求め方

□□ 第2章 流体の静力学 □□

coffee break ◀ アルキメデスの発見 ◀

式(2.44)に示した $P=\rho gV$ はアルキメデス（Archimedes）の原理を数式化したものである．紀元前3世紀のギリシャのヘロン王は，金細工師に金を渡して純金の王冠を作らせた．しかし，金細工師は金に別の物を混ぜたとのうわさが広まった．王の家来であったアルキメデスは金細工師に渡した同じ質量の金塊と王冠とを，ぎりぎりまで水を張った容器に入れた．すると，王冠のほうが，金塊よりも多く水があふれたことを発見した．このことから，アルキメデスは王冠のほうが体積が大きく，別の物が混じっていたことを証明した．

2.9.3 浮力から体積，質量および比重の求め方

浮力の性質を利用して，物体の体積，質量や比重を求めることができる．

図2.37に示す体積 V，質量 M の不規則な物体を，密度 ρ_1 および ρ_2 の流体の中でばねばかりで秤量したときの読み（重量）をそれぞれ F_1 および F_2 とする．力の釣合い式より，密度 ρ_1 の流体に対して式（2.48）が，密度 ρ_2 の流体に対して式（2.49）が得られる．これらの式より M を消去すると，式（2.50）のとおり物体の体積が求められる．また V を消去すると式（2.51）のとおり物体の質量 M が求められる．

また，比重計は浮力の原理を使って液体の比重を測定するものであり（図2.38参照），ガラス球の上部が断面積 a の棒状からなり，その棒状部分に目盛を備えている．いま，質量 M の比重計を密度 ρ_w の水中に入れて釣り合ったとき，比重計が押しのけた水の体積を V_0 とすると，その釣合い式は式（2.52）のとおりである．このときに，水面における棒状の目盛軸に1.00と目盛をつける．次に，これを比重 s の液中に入れて，1.00の目盛が液面より Δh だけ上がった状態で釣り合ったとすれば，その釣合い式は式（2.53）のとおりとなる．

式（2.52）と式（2.53）より Mg を消去し Δh を左辺に整理すると，式（2.54）が得られる．Δh の位置に比重 s の値を刻んでおけば任意の流体の比重を求めることができる．

2-9 浮力

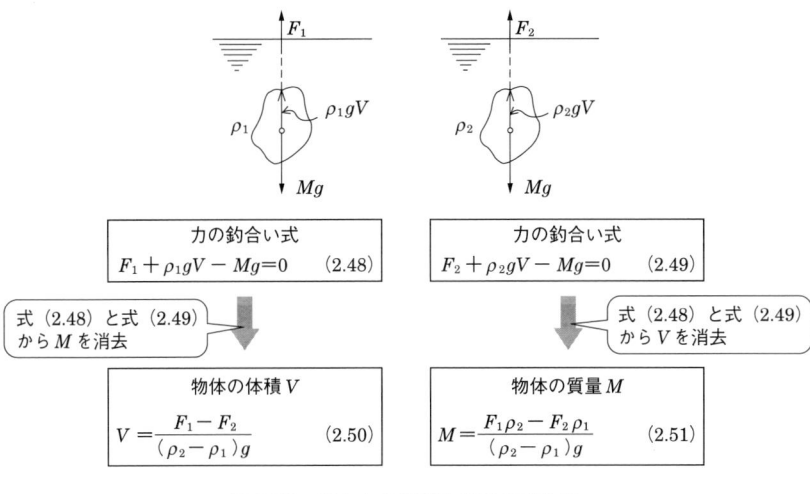

力の釣合い式
$$F_1 + \rho_1 gV - Mg = 0 \quad (2.48)$$

力の釣合い式
$$F_2 + \rho_2 gV - Mg = 0 \quad (2.49)$$

式 (2.48) と式 (2.49) から M を消去

式 (2.48) と式 (2.49) から V を消去

物体の体積 V
$$V = \frac{F_1 - F_2}{(\rho_2 - \rho_1)g} \quad (2.50)$$

物体の質量 M
$$M = \frac{F_1\rho_2 - F_2\rho_1}{(\rho_2 - \rho_1)g} \quad (2.51)$$

図 2.37　浮力から体積と質量の求め方

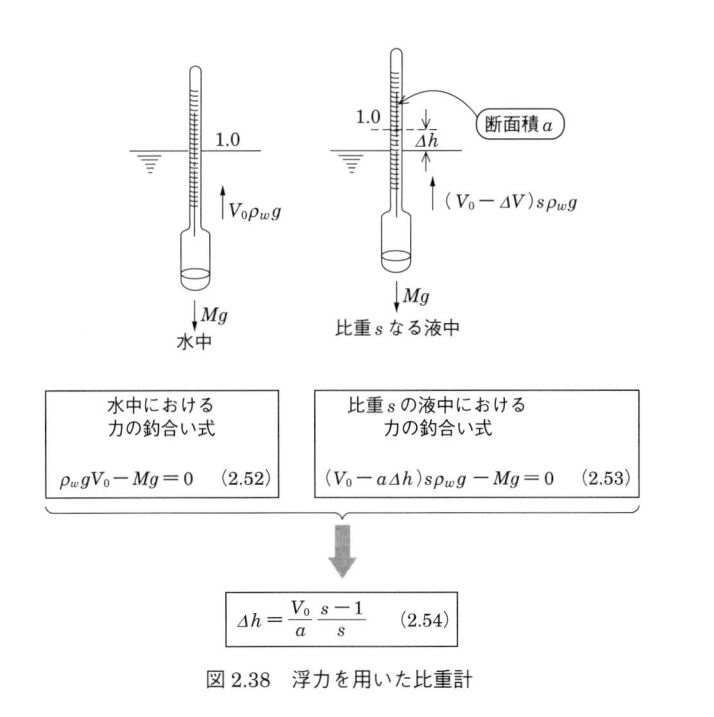

水中における力の釣合い式
$$\rho_w gV_0 - Mg = 0 \quad (2.52)$$

比重 s の液中における力の釣合い式
$$(V_0 - a\Delta h)s\rho_w g - Mg = 0 \quad (2.53)$$

$$\Delta h = \frac{V_0}{a}\frac{s-1}{s} \quad (2.54)$$

図 2.38　浮力を用いた比重計

> **coffee break ◀ ビールの糖度の測り方 ◀**
>
> ビールやワインの糖度を測るときにも，浮力を用いた比重計を用いる．比重計はわが国で最も一般的な糖度測定機器であり，比重の値が直接糖度を表すわけではないが，経験的に，(比重値-1)×1 000÷4 で求められる値が糖度とほぼ同じであるとして用いられる．

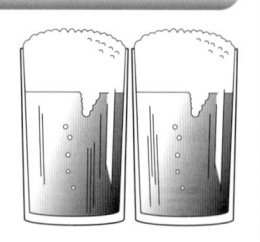

● 例 題

図 2.39 に示す比重計の質量 m は 0.050 kg であり，細い管の部分の断面積 a は 250 mm^2 である．この比重計を水中に入れたときの目盛と比重 0.9 の液体に入れたときの目盛間の距離を計算せよ．ただし，水の密度 ρ は 1.00×10^3 kg/m^3 であるとする．

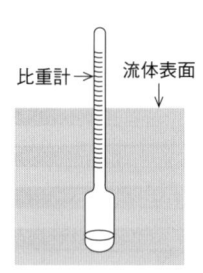

図 2.39 比重計

◆ 解 答 ◆

比重計の質量 m が 0.050 kg，比重計の細い管の部分の断面積 a が 250×10^{-6} m^2 であり，この比重計を水中に入れたときに比重計が押しのける水の体積 V_0 は，$\rho g V_0 - mg = 0$ より，

$$V_0 = \frac{m}{\rho} = \frac{0.050}{1\,000} = 5.0\times10^{-5} \ [\mathrm{m}^3]$$

よって，式 (2.54) より比重 1.00 と 0.90 の目盛間の距離は，

$$\Delta h = \frac{V_0}{a}\frac{s-1}{s} = \frac{5.0\times10^{-5}}{250\times10^{-6}}\cdot\frac{0.9-1.0}{0.9} = -0.02 \ [\mathrm{m}]$$

[答] 0.02 [m]

2-10 加速運動する容器内の流体

スポーツカー内の紙コップのコーヒーにご用心あれ．

▶ポイント◀
- 水平方向で運動方程式を適用し，流体表面のこう配θと加速度との関係を求める．
- 垂直方向で運動方程式を適用し，圧力差と加速度との関係を求める．

2.10.1 水平加速度を持つ場合

スポーツカーのカップホルダーに紙コップに入れたコーヒーをおくと，加速時にこぼれそうになることがある．車が加速することにより，コーヒーのカップも加速し，液面の一部が上昇するからである．

図 2.40 に示すように，密度 ρ の液体の入った容器が，水平方向に一定の加速度 a_x で運動する場合を考える．加速度 a_x に垂直な底面積 A，長さ l の実線部分の円柱に着目する．この実線部分の円柱で $p_1 A$ と $p_2 A$ は左端と右端にかかる力であり，質量は $\rho A l$ である．a_x の加速度を有するから，この方向における運動方程式 $\Sigma f_x = m a_x$ を適用すると，式 (2.55) が得られる．式 (2.55) の両辺を $\rho g l A$ で割ると式 (2.56) となる．一方，$p = \rho g h$ なので式 (2.56) の左辺の p に代入し p を消去すると，式 (2.57) のとおり，式 (2.56) の左辺は $(h_1 - h_2)/l$ となる．ここで，h_1 と h_2 はそれぞれ実線部分の円柱の左端と右端から流体の自

水平方向の力
$$p_1 A - p_2 A = \rho l A a_x \quad (2.55)$$

$$\frac{p_1 - p_2}{\rho g l} = \frac{h_1 - h_2}{l} = \tan\theta \quad (2.57)$$

$$\frac{p_1 - p_2}{\rho g l} = \frac{a_x}{g} \quad (2.56)$$

自由表面のこう配
$$\tan\theta = \frac{a_x}{g} \quad (2.58)$$

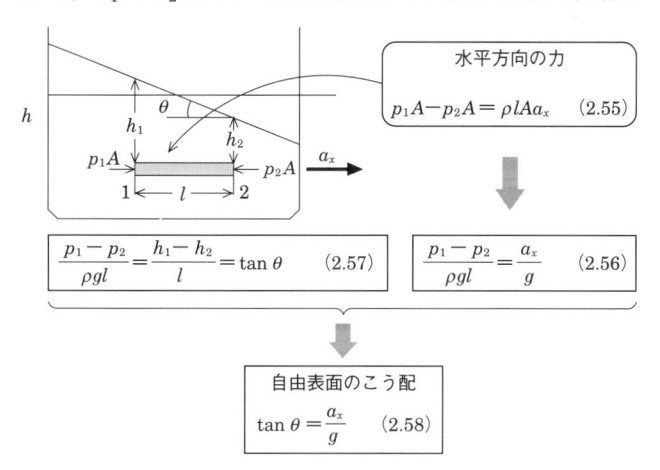

図 2.40 水平に加速運動する流体の表面こう配の求め方

由表面までの高さである．そして $(h_1-h_2)/l$ は自由表面のこう配 $\tan \theta$ であるので結局，式 (2.57) の左辺は $\tan \theta$ となる．そして，式 (2.56) と式 (2.57) は等しいので，式 (2.58) のとおり，$\tan \theta$ は a_x と g の比で表される．a_x が大きくなると液面のこう配 θ も大きくなり，加速度が大きいとコーヒーカップからコーヒーがこぼれそうになる．

> **coffee break ◀ 巨大な波—スロッシング— ◀**
>
> 大きな振動のある物体内の液体は，液面がそれ以上に大きく振動するときがある．この現象をスロッシングという．その他の身近な例としては，自動車のガソリンタンク内のガソリンの揺れなどがある．
>
> スロッシングにかかわる事故として，2003年に発生した十勝沖地震の際に起こった石油タンクの火災がある．石油タンクのスロッシング固有周期は8秒程度で，地震による震動周期がこの周期に重なったため，タンク内の液面は大きくうねってしまった．その結果，原油が漏洩して，摩擦による火花が着火して大惨事となってしまった．

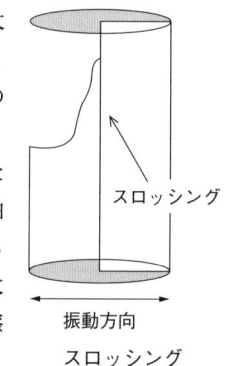

2.10.2 鉛直加速度を持つ場合

図 2.41 に示すように，液体の入った容器が鉛直方向に加速度 a_y をもって運動する場合を考えよう．前項と同様に，液体中の鉛直方向に底面積 A，高さ h の破線部分の円柱を考え鉛直上向きを正とすると，その上端と下端にかかる力は $-p_1A$ と p_2A である．また，この円柱の質量は $m=\rho hA$ であるので，その重力は ρghA である．これらを運動方程式 $\Sigma f_y = ma_y$ に代入すると，式 (2.59) となる．この式 (2.59) を p_2-p_1 を左辺として整理すると式 (2.60) が得られる．

たとえば液体容器を $a_y=-g$ で自由落下させた場合は，式 (2.60) より $p_2-p_1=0$ すなわち $p_2=p_1$ となり，液体の中はどこでも同じ大きさの圧力となる．$a_y=-g$ が体験できるものに遊園地のフリーフォールがある．このフリーフォールでは $p_2=p_1$ であり，容器内の液体は浮遊することになる．フリーフォールでジュースを飲むことが不可能であることがわかるだろう．

2-10 加速運動する容器内の流体

鉛直方向の運動方程式

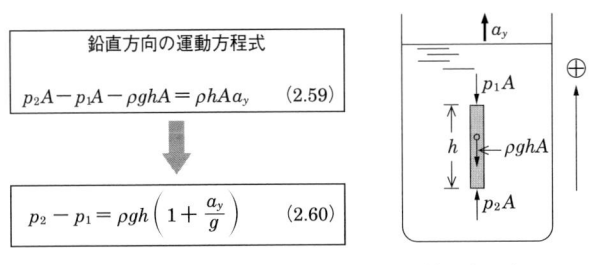

$$p_2 A - p_1 A - \rho g h A = \rho h A a_y \quad (2.59)$$

$$p_2 - p_1 = \rho g h \left(1 + \frac{a_y}{g}\right) \quad (2.60)$$

図 2.41　鉛直に加速運動する液体の圧力差の求め方

● 例　題

加速度 $a = 8.0 \text{ m/s}^2$ の電車の中で，内径 $d = 7.0 \text{ cm}$，高さ $h_c = 12.0 \text{ cm}$ の大きさの紙コップにコーヒーを入れテーブルに載せる（図 2.42）．こぼれないためのコーヒーの最大高さを求めよ．ただし，紙コップは円筒状であるとする．

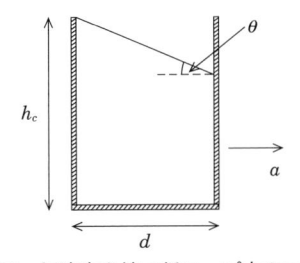

図 2.42　加速度を持つ紙コップ内のコーヒー

◆ 解　答 ◆

重力加速度 g が 9.81 m/s^2，コーヒー表面の水平からの角度を θ とする．式 (2.58) より $a/g = \tan\theta$ の関係がある．したがって，求めるコーヒーの高さは，

$$h_c - \frac{d \tan\theta}{2} = h_c - \frac{da}{2g} = 12 \times 10^{-2} - \frac{7 \times 10^{-2}}{2} \frac{8.0}{9.81} \fallingdotseq 9.15 \times 10^{-2} \text{ [m]}$$

［答］ 9.2 [cm]

2-11 回転する容器内の流体

洗濯機の水の表面は2乗で高くなる!!

▶ポイント◀
- 柱状の自由物体を考え,半径方向の運動方程式をたてる.
- 角速度 ω で回転する流体のヘッド h は半径 r と ω の2乗に比例する.

　洗濯機の中の回転している水の表面の高さをよく見てほしい.それは放物面を形成していることがわかるだろう.

　一定の角速度 ω(オメガ)で回転する容器内の流体内部に作用する加速度は,回転軸に向かう半径方向の加速度(**求心加速度**,centripetal acceleration)と**重力加速度**(gravity acceleration)の二つである.次に半径方向(水平方向)の圧力変化を調べるため,図2.43に示すような,回転軸より半径 r の位置に断面積 A,長さ dr の微小円柱を考え,半径方向の運動方程式をたてる.半径 r の位置にある微小円柱左端の圧力を p とすると,これより dr 隔てた微小円柱右端における圧力は $p+(dp/dr)dr$ である(2-2節「覚えよう」(p.29)参照).

　66ページの「理解しよう」に記述のとおり,求心加速度は $-r\omega^2$ であり,微小円柱の質量は $\rho A dr$ であるので,微小円柱の半径方向の運動方程式は,式(2.61)で表される.単位体積で考えるために,この式(2.61)を Adr で割ると,式(2.62)のとおり半径方向の圧力こう配(dp/dr のこと)を与える式となる.この式(2.62)を r について積分すると式(2.63)のとおり,半径 r と圧力 p との関係が得られる.ここで,C は積分定数であり,境界条件から軸心($r=0$)における圧力を p_0 とすれば $C=p_0$ となり,この式(2.63)は式(2.64)となる.いま,$p_0=0$ の水平面を圧力の基準面にとり,式(2.64)を ρg で除した左辺 $p/\rho g$ はヘッド h であり,式(2.65)となる.式(2.65)は半径 r の位置における液体の高さ(ヘッド)h の関係を示す.これより液体のヘッド h は半径 r と回転角速度 ω の2乗で変化することがわかる.

　式(2.65)は図2.44に示すように,液体表面の微小部分の E 点に着目し,その微小部分の質量を M としたとき,E 点に働く重力 Mg と遠心力 $Mr\omega^2$ との合力 P に対し液面が直角をなすということからも求められる.もし合力 P が液面に対して直角でないとすると,液面の接線方向に力が存在するので,液面上で運動が生じてしまう.すなわち液面が水平方向となす角を θ とすると,合力 P の

2-11 回転する容器内の流体

図中:
- $\dfrac{r_0^2\omega^2}{2g}$
- $Mr\omega^2$, P, Mg, E, h, O
- $\left(p+\dfrac{dp}{dr}dr\right)$
- p, r, dr
- dh, θ, dr, E
- ω

半径方向の運動方程式
$$pA-\left(p+\dfrac{dp}{dr}dr\right)A=\rho Adr(-r\omega^2) \quad (2.61)$$

↓ Adr で除して

$$\dfrac{dp}{dr}=\rho r\omega^2 \quad (2.62)$$

↓ r について積分

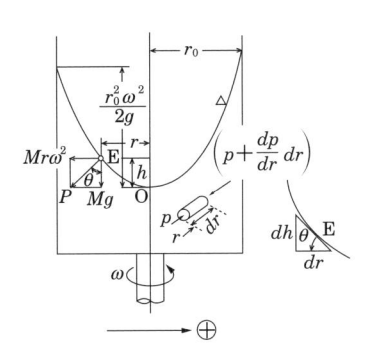

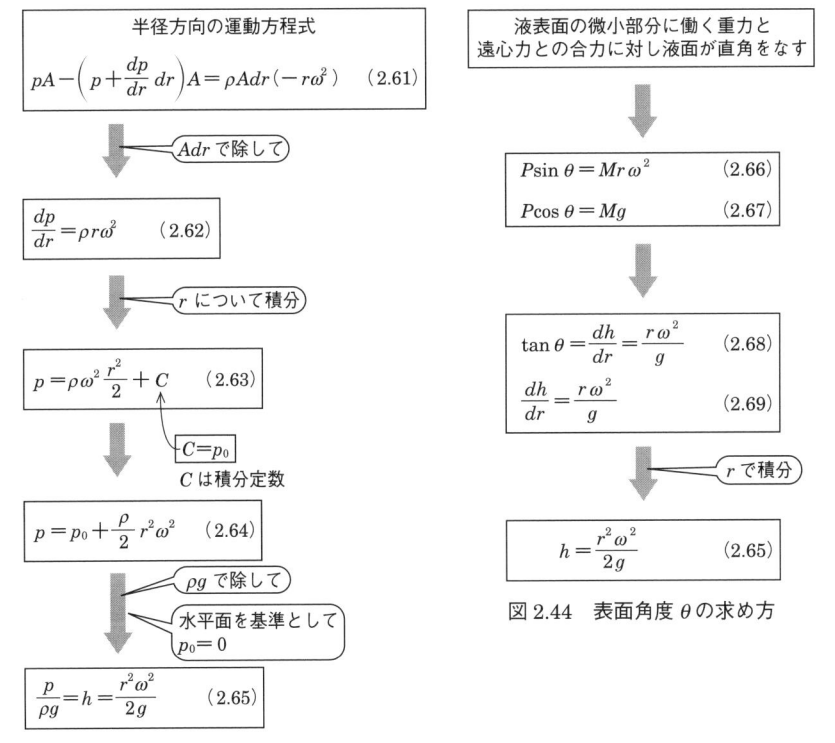

$$p=\rho\omega^2\dfrac{r^2}{2}+C \quad (2.63)$$

$C=p_0$
C は積分定数

$$p=p_0+\dfrac{\rho}{2}r^2\omega^2 \quad (2.64)$$

↓ ρg で除して
水平面を基準として $p_0=0$

$$\dfrac{p}{\rho g}=h=\dfrac{r^2\omega^2}{2g} \quad (2.65)$$

図 2.43 回転容器内の流体表面の高さの求め方

液表面の微小部分に働く重力と遠心力との合力に対し液面が直角をなす

$$P\sin\theta=Mr\omega^2 \quad (2.66)$$
$$P\cos\theta=Mg \quad (2.67)$$

$$\tan\theta=\dfrac{dh}{dr}=\dfrac{r\omega^2}{g} \quad (2.68)$$
$$\dfrac{dh}{dr}=\dfrac{r\omega^2}{g} \quad (2.69)$$

↓ r で積分

$$h=\dfrac{r^2\omega^2}{2g} \quad (2.65)$$

図 2.44 表面角度 θ の求め方

分力は釣り合うので,図 2.43 の力の三角形の関係より,$P\sin\theta$ が遠心力と釣合い,その結果,式 (2.66) が得られる.また $P\cos\theta$ が重力と釣り合い,式 (2.67) が得られる.式 (2.66) を式 (2.67) で割ると,左辺は $\sin\theta/\cos\theta=\tan\theta$ なので式 (2.68) が得られる.ここで,$\tan\theta=dh/dr$ なので式 (2.68) の左辺に代入

して，式（2.69）の dh/dr の関係式が得られる．中心 $r=0$ をヘッドの基準 $h=0$ として式（2.69）を r で積分すると，前述の式（2.65）と同じ式が得られる．

― **理解しよう！** ―

<求心加速度がなぜ $r\omega^2$ か？>

　図（上）に示すように，半径 r〔m〕の円板が点 O を軸として角速度 ω〔rad/s〕で回転しているとすれば，円周上の任意の A 点における周速度 v は，

$$v = r\omega \text{ 〔m/s〕}$$

となる．なぜならば，弧長 dl は半径 r と弧度 $d\theta$ の積（$dl = rd\theta$）で表されること，そして周速度 v は，弧長 dl の時間微分で，

$$v = \frac{dl}{dt} = r\frac{d\theta}{dt} = r\omega \quad ①$$

だからである．

　同様に，図（上）の点線部分に着目し，図（下）に示すように，周速度ベクトル v の点 A のまわりの回転を考えると，半径 $r\omega$ の円板が角速度 ω〔rad/s〕で回転していると思えばいいので，求心加速度は次式となる．

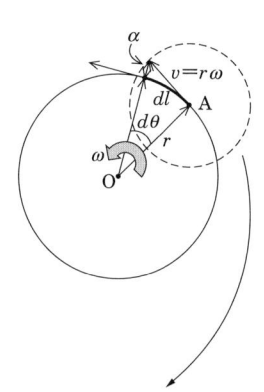

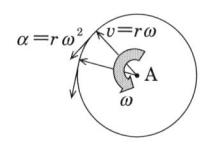

$$\alpha = r\omega \cdot \omega = r\omega^2$$
　　　└─式①の r に相当

<ついでに遠心力も覚えよう！>

　$v = r\omega$ より $\omega = v/r$ であるので，これを上記の求心加速度の式に代入すれば，

$$\alpha = \frac{v^2}{r} \text{ 〔m/s}^2\text{〕}$$

が導かれる．これより，求心加速度の大きさを運動方程式に代入すると，遠心力 F との釣合いより，

$$F = m\alpha = \frac{mv^2}{r} \text{ 〔N〕}$$

と導かれる．

2-11 回転する容器内の流体

● 例 題

図 2.45 に示すコップに,高さ 6 cm のところまで水が入っており,このコップの中心をターンテーブルの中心において角速度 ω で回転させる.水面がちょうどコップの縁まで上がったときの,角速度を求めよ.ただし,重力加速度 g は 9.81 m/s^2 である.

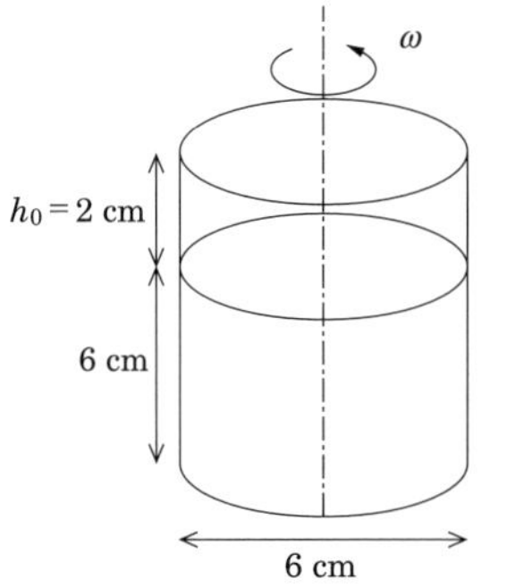

図 2.45 回転する容器内の流体

◆ 解 答 ◆

初めに水が満たされていない部分の高さを h_0 ($= 0.02 \text{ m}$) とし,コップが回転して中心での水面が h 〔m〕まで下がり,そのとき水が満たされていない部分の体積を V_0 〔m^3〕とする.コップの半径を r_0 〔m〕とすると,水が満たされていない部分は半径 r_0,高さ h_0 の回転放物体となるので,

$$V_0 = \pi r_0^2 \frac{h}{2}$$

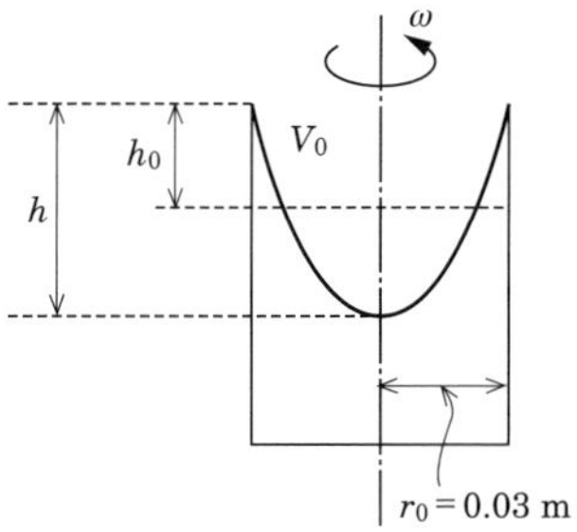

で表される.ここで,この回転放物体の体積は,初めに水が満たされていない部分の体積と同じなので,

$$V_0 = \pi r_0^2 \frac{h}{2} = \pi r_0^2 h_0$$

となり,これより,初めに水が満たされていない部分の高さ 0.02 m ($= h_0$) は,$h/2$ に相当するので,$h = 0.04 \text{ m}$ となる.半径 r_0 のところにおける水面の高さ h は角速度 ω を用いて,式 (2.65) より,

$$h = \frac{r_0^2 \omega^2}{2g}$$

で表される.よって

$$\therefore \quad \omega^2 = \frac{2gh}{r_0^2} = \frac{2 \times 9.81 \times 0.04}{0.03^2} = 872$$

$$\omega \fallingdotseq 29.5 \text{ 〔rad/s〕}$$

〔答〕 2.95 〔rad/s〕

章末問題

(1) 図において，深さ 7.77 km の海底における圧力 p_1 は，海面上の圧力 p_2 よりどのくらい大きいか．ただし，海水の平均比重は 1.05 とする．

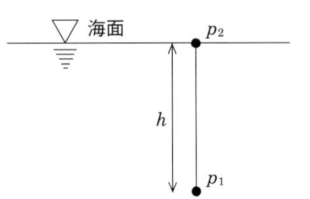

(2) U 字管を直列に連結し，マノメータ液に水銀を使用すれば，かなりの高圧まで精密に測定できる．いま 2 連 U 字管マノメータが図の状態で釣り合ったとし，点 A と B の圧力差を〔kPa〕で算出せよ．ただし，油の比重を 0.873，水銀の比重を 13.6 とする．

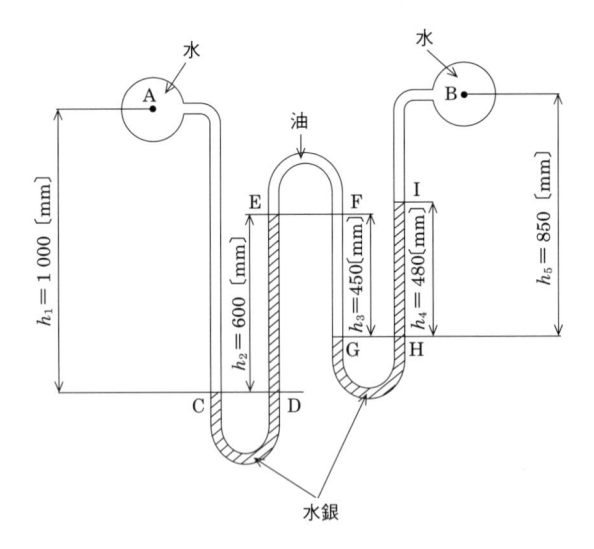

(3) 図の水門を鉛直に保つのに要する O 軸のまわりの力のモーメントを求めよ．

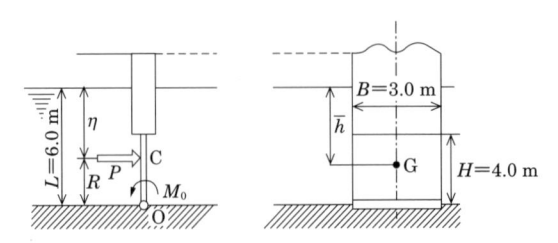

□□ 章末問題 □□

(4) 図に示す氷の比重を 0.92 とすれば，比重 1.05 の海水上に浮き出る氷山の体積は全体積の何%にあたるか．

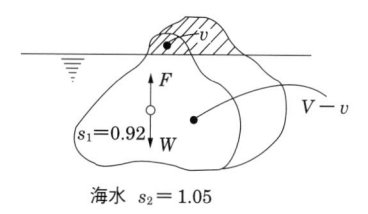

(5) 図に示す内径 1.0 m，深さ 2.0 m の上部開放の円筒容器に水を満たしてある．この容器をその軸まわりに 80 rpm で回転すれば，あふれ出る水の体積はいくらとなるか．さらに，このとき容器の底面の中心における圧力はいくらか．ただし，円筒容器の内径半径を r_0，回転水面の降下高さを h とすれば，回転放物体の体積は $V_0 = \pi r_0^2 (h/2)$ である．

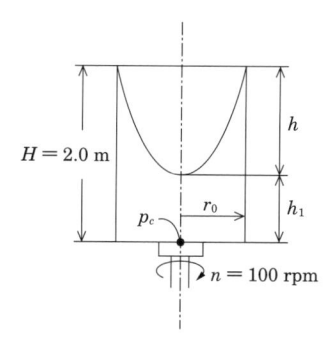

第3章
流れの基礎式

　前章では静止した流体について学んだ．本章ではいよいよ運動する流体について基礎式をたて，流れがどのような物理的性質を持つか見てみよう．
　初めに，流体の運動を考えるうえで必要な用語や概念を学ぶ．そして，流体力学の中で最も基礎的かつ重要な法則である質量保存則（連続の式），エネルギー保存則（ベルヌーイの定理），運動量保存則について考える．
　流体の運動といっても，これまで学んできた力学と同じ原理に基づく．慣れ親しんだ物体の運動との類推をもとに，流れの基礎式を導いてみよう．

3-1 流体に作用する力

物体に作用する力と同じ力が流体にも作用している．

▶ポイント◀
- 流体に働く力には表面力と体積力がある．
- 流体の場合，「単位面積当り」と「単位体積当り」の力を考える．

3.1.1 物体に作用する力

物体に働く力にはどのようなものがあるか考えてみよう．

図 3.1 に示すように床におかれた物体を押す状況を考える．物体には重力，手からの外力，床から摩擦力が作用している．

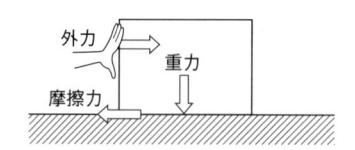

図 3.1　物体に作用する力の例

3.1.2 流体に作用する力

それでは，流体にはどのような力が働いているのだろうか．形を自在に変える流体では上の物体のような状況は実現できないので，以下のさまざまな状況について考えてみよう．

まず，管から水を放つ場合について考えてみる．管から出た水は図 3.2 に示すように，物体の運動と同様に重力を受けて放物線を描いて下に落ちていく．このことから，物体同様，流体にも重力が作用していることがわかる．

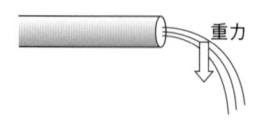

図 3.2　管から放出した流体は重力により落下

3-1 流体に作用する力

次に，コップに水を入れてかき回した後，放っておくとどうなるだろうか．

コップの中で回転していた水はやがて止まってしまう．このことから，物体同様，流体はコップの壁面から摩擦力を受けていることがわかる（図3.3）．

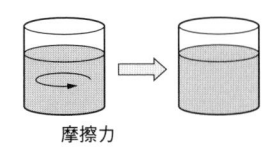

図3.3 コップ内の水をかき混ぜて放置すると

また，水の中に手を入れて動かしてみる．水には手から力が作用し，手の動きに応じて流れる．逆に，手にはその反作用として水から力を受ける．このように，物体の場合と同様に流体にも外力が作用する（図3.4）．

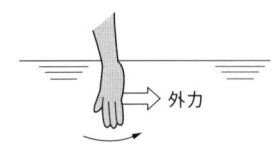

図3.4 手に受ける力と同じ力が流体にも作用する

以上のことから，物体と全く同様，流体にも重力，摩擦力，物体からの外力などが作用することがわかる．これらの力は次のように大きく二つに分類される．

① 体積力：重力など
② 表面力：摩擦力，圧力

なお，物体と異なり形を定めることができない流体では，作用する力を「単位体積当りの力」あるいは「単位面積当りの力」として考える．特に，後者には「応力」や「圧力」がある．

3-2 流体力学の用語

流体特有の概念や考え方を知ろう．

▶ポイント◀
- 形の定まらない流体を理解するためにさまざまな概念がある．
- 流体のさまざまな特性と用語を学ぶ．

3.2.1 定常流，非定常流

　時間的に変化しない流れ場を**定常流**（steady flow）と呼ぶ（図 3.5（a））．たとえば，蛇口をひねって水を流せば，水は時間的に変化することなく流れ続ける．これが定常流の例である．定常流では物理量の時間微分はすべて 0 となる．

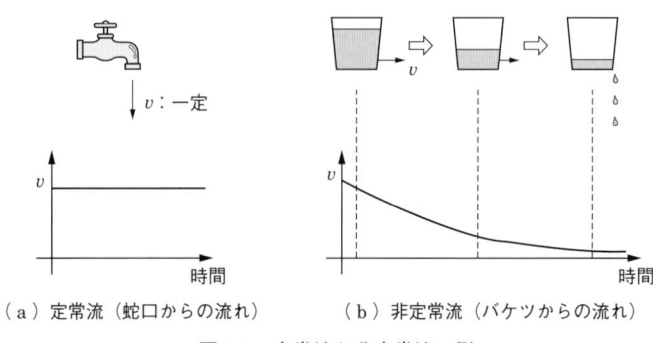

（a）定常流（蛇口からの流れ）　　（b）非定常流（バケツからの流れ）
図 3.5　定常流と非定常流の例

　それに対し，**非定常流**（unsteady flow）は時間とともに変化する流れである（図 3.5（b））．たとえば，バケツに空いた穴から中にたまった水を抜く場合，水の流出によって時間とともにバケツ内の水位が下がり，それに伴って穴から出る水の流速も小さくなっていく（3.7.1「トリチェリの定理」参照）．
　流体運動が「定常」という場合，物体の運動とは異なり，「それぞれの位置での物理量の時間的変化がない」ということに注意しよう．
　図 3.6 のような断面積が変化する管内の定常流について考えてみる．定常流であるから，たとえば断面 1，2 での流速は時間的に変化せず一定となる．
　一方，管の中を流れる流体のある塊に着目すると，その速度は実際には時間的に変化する．つまり，管は下流にいくにつれて細くなっているため，それに伴って

3-2 流体力学の用語

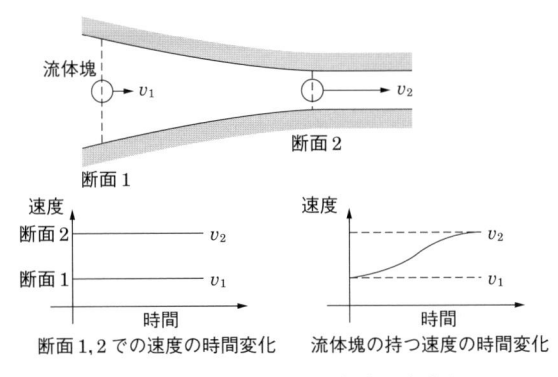

図3.6 断面積変化のある管内の定常流れ

（左）断面1,2での速度の時間変化　（右）流体塊の持つ速度の時間変化

流体塊の流速も v_1 から v_2 に時間的に増加する．このように，定常流であっても，ある特定の流体塊の運動に着目すると必ずしも時間的に変化がないわけではない．

このことは，3.4「流体粒子の加速度」で改めて学ぶ．

3.2.2 流速

物体の運動において，その物体がどれくらい速く移動しているかは速度で表す．同様に，流体の場合，どれくらい速く流れているかを表す量を**流速**（flow velocity）という．単位は速度と同じで〔m/s〕である．

流速はベクトル量で，3次元であれば3成分からなる．流体力学では慣例的に x, y, z 方向の流速成分をそれぞれ u, v, w として表す（図3.7）．

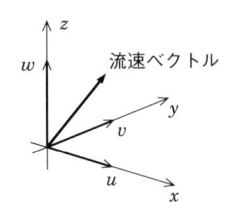

図3.7 流速ベクトル成分を表す記号

物体の運動の場合，着目している物体が明確であるため，速度はその物体に固定して観測した．しかし，流体運動の場合，形が明確でないうえに時々刻々と変形するため，物体運動の場合のように特定の流体塊に固定して流速を観測することは困難である．そのため，流速は特定の流体塊の速度ではなく，ある場所を通過する流体の速度として考える（3.4.2「流体運動の観測方法」参照）．

3.2.3 一様な流れ

一様な流れ（uniform flow）とは，ある一方向以外に流速成分が0となる流れ場である．たとえば，図3.8のようなx方向の一様な流れでは$v = w = 0$となる．

また，このとき，流速成分が0となる方向には，すべての物理量のこう配も0となる．図3.8の例では，物理量のy方向の微分は0となる．

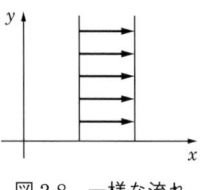

図3.8 一様な流れ

3.2.4 流　量

単位時間当りに流れる流体の体積を**流量**（flow rate）といい，単位は〔m³/s〕で示す．

図3.9に示すように，断面積Aの管内に流速vの流れがあるとして，流量を求めてみよう．

この管のある断面から時間Δtの間に流出する流体の体積ΔVは，

$$\Delta V = Av \Delta t \tag{3.1}$$

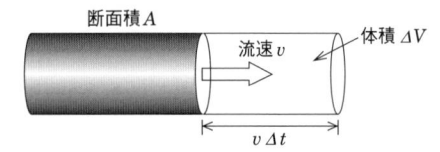

図3.9　時間δtの間に通過する流体の体積

したがって，単位時間当りに流出する体積，すなわち流量Qは，

$$Q = \frac{\Delta V}{\Delta t} = Av \tag{3.2}$$

となる．逆に，ある流れの流量が与えられている場合，断面積がわかれば，その流れの流速を$v = Q/A$として求めることができる．同じ流量の場合，流れの断面積が小さければ，それに応じて流速は大きくなる．

ただし，式（3.2）は流速vが断面内の平均流速である場合に成り立つ．

流速が断面内で変化する場合，流量は流速を面積で断面内について積分することによって求める．

3.2.5 質量流量

単位時間当りの体積である流量に，単位体積当りの質量である密度を乗じると，単位時間当りにある面を通過する質量が求められる．これを**質量流量**（mass flow rate）といい，以下のように定義できる．

$$\dot{m} = \rho Q = \rho A v \ [\mathrm{kg/s}] \tag{3.3}$$

流量，質量流量に関する性質は，3.3「連続の式」で改めて詳しく学ぶ．

3.2.6 流　線

ある瞬間に，その線上の各点における接線が速度ベクトルの方向と一致するような曲線を**流線**（stream line）という（図 3.10）．

流線の接線ベクトルを t とすると，t は流速ベクトル v と平行となる．

逆に，速度ベクトルに沿って曲線を描いていけば流線となる（図 3.11）．

図 3.10　流線の接線は流速と平行　　図 3.11　流　線

では，流線を考えるとどのような利点があるだろうか．

図 3.12（a）に示す速度ベクトルの分布を見てみよう．それぞれの場所で速度の方向は把握できるものの，実際の流れのようすは把握しにくい．図（b）は，この速度場の流線を描いた図である．流線を観察することによって，この流れ場が上下から中心に向かい，中心から左右に広がっていく流れであることが一目でわかる．また，速度ベクトルの図に比べて，実際の流体がどのような経路を通って流れていくか把握しやすくなる．

（a）流速ベクトル分布　　（b）流速ベクトルと流線

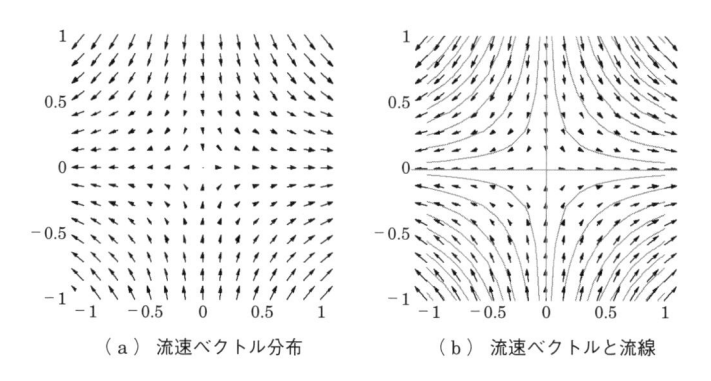

図 3.12　流線による流れの把握

3.2.7 流管

図 3.13 のように流線によって囲まれた，ある閉曲線によって形成される管を**流管**（stream tube）と呼ぶ．流線の定義から，流れは流管の「壁」に沿って流れる．したがって，流管はあたかも仮想的な「管」であるともいえる．そして，流れはこのような仮想的な管が束ねられたものと考えることができる．

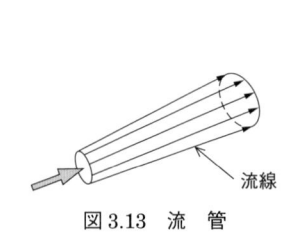

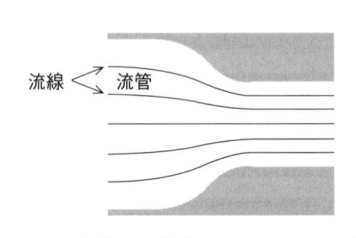

図 3.13 流 管

図 3.14 収縮する管内の流れにおける流線

例として，図 3.14 に示す収縮する管内の流れについて見てみよう．流れは 2 次元なので流線と流線ではさまれた領域が流管となる．この例では管内流れを 6 本の流管を束ねたものと見ることができる．

3.2.8 流跡線，流脈線

流線の他にも，流体の運動を表すのに流跡線，流脈線という曲線がある．

流跡線（path line）とは，ある流体粒子が流される際の軌跡である．たとえば，流れの中でシャボン玉を一つ放ち，そのシャボン玉が作る軌跡が流跡線となる（図 3.15）．

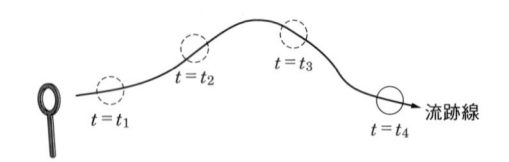

図 3.15 流跡線

一方，**流脈線**（streak line）とは，ある点を通過した流体粒子の連なりを表す．同じくシャボン玉を例に説明する．ここでは流れの中でシャボン玉を数多く連続的に放つ．これらのシャボン玉は放たれた点を通過した流体粒子を示しており，一連のシャボン玉が形成する 1 本の線は流脈線となる（図 3.16）．

□□ 3-2 流体力学の用語 □□

図 3.16 流脈線

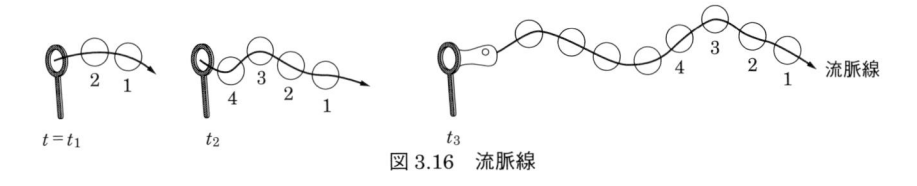

　流跡線と流脈線は定常流では同一の線となる．では，非定常流において両者にどのような違いが現れるであろうか？

　図 3.17 に示すように，一様流が定常的に吹いていて，ある時間経過後に部分的に一様流と垂直な方向に横風が吹き出すような流れ場について考えてみよう．この流れ場でシャボン玉を放って流跡線と流脈線の違いを見てみる．

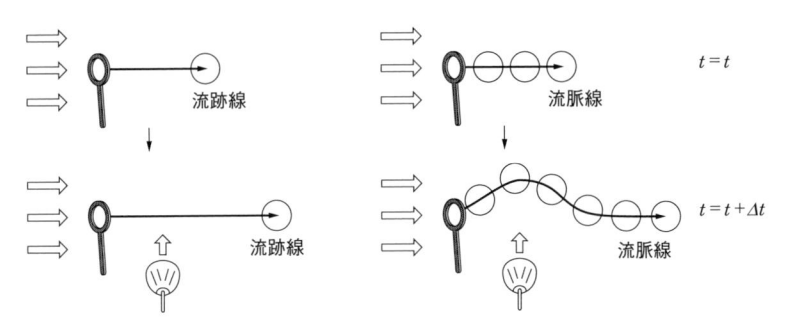

図 3.17　非定常流における流跡線と流脈線の違い

　まず，シャボン玉を一つだけ放ち，その軌跡を追う．シャボン玉が通過した後で横風が吹いても，シャボン玉はその横風の影響を受けずにまっすぐ下流に流れ去る．したがって，流跡線は直線となる．

　同じ状況で今度はシャボン玉を連続的に放出してみる．最初はシャボン玉は一様流によってまっすぐ下流に流される．しかし，横風が吹くと，そこを通過しようとしていたシャボン玉は横風の影響を受けて蛇行する．このシャボン玉の列をつなげた線が流脈線となる．このように，非定常流では流跡線と流脈線は異なる曲線となる．

3.2.9　応　力

　図 3.18 のように，床の上におかれた物体を力 F で押す状況について考えてみる．いずれの場合も，壁からの反力や摩擦力で物体は釣り合っているものとする．

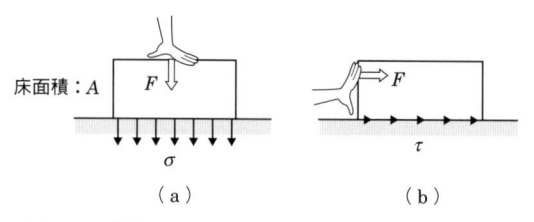

図3.18 物体に作用する応力の例（垂直応力とせん断応力）

力が釣り合っていることから，床に作用する力は F となる．物体の床面積が A であるとすると，物体から床に作用する単位面積当りの力 s は，

$$s = \frac{F}{A} \tag{3.4}$$

として求められる．このような，単位面積当りの力を**応力**（stress）といい，単位は $[\mathrm{N/m^2}]$ である．

図3.18（a）の場合，応力は床面に垂直な方向に作用する．このように作用する面の法線と同じ方向に作用する応力を**垂直応力**（normal stress）と呼ぶ．一方，図（b）のように，床面に平行に作用する応力は**せん断応力**（shear stress）と呼ばれる．したがって，3次元の場合，ある面に作用する応力は垂直応力1成分に，せん断応力2成分の計3成分からなる．

=== 覚えよう！ ===

応力には作用する面の方向と作用する方向があるので，記号では次のように二つの添え字を用いて表す．

$\tau_{\alpha\beta}$

ここで，α は作用する面の方向，β は応力が作用する方向を表す．

3.2.10 検査領域

流体は形を明確に定義しにくいことに加えて，時間とともにその形が変化する．そのため，固体の運動のようにある特定の流体塊に着目し，その運動について考えることはむずかしい．

そこで，流れの中に仮想的な領域を設け，その領域内の流体について力の釣合

い，また，運動量やエネルギーの保存を考える．このような仮想的な領域を**検査領域**（control region），あるいは**検査体積**（control volume）という．

たとえば，図 3.19 のような管内の流れについて質量保存の法則を考えてみる．一般に質量保存法則とは，着目している物質の質量の総和が変化しないということである．流体の場合，特定の流体塊に着目しつづけることはむずかしいので，図に破線で示すような検査領域を設け，その検査領域内の流体の質量が変化するかどうかについて考える．検査領域には流体が流れ込んだり，あるいは流れ出ていったりするので，検査領域へ流入出する質量が検査領域内の総質量の時間的変化になると考えて質量保存法則を立てる．流体の質量保存則については 3.3「連続の式」で詳しく学ぶ．

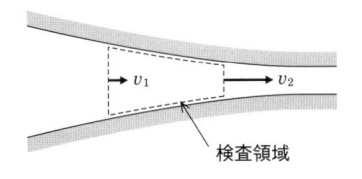

図 3.19　管内流れにおける検査領域の例

検査領域の取り方は任意であるが，一般には物理量の状態が明確になっているところにその境界を定義する．

● 例　題

床面積 $2.0\,\mathrm{m}^2$ で質量 $10\,\mathrm{kg}$ の物体がある．底面に作用する垂直応力はいくらか？

［答］底面に作用する力を床面積で割ることで垂直応力を求めることができる．よって，$mg/A = 10 \times 9.8/2 = 49\,\mathrm{N/m}^2$

● 例　題

直径 $2.0\,\mathrm{cm}$ のホースから流速 $2.0\,\mathrm{m/s}$ で水をまきたい．流量はいくら必要か．

［答］ホースの断面積は，$A = (1/4)(0.02)^2 \pi\ [\mathrm{m}^2]$．したがって流量は，
$$Q = Av = \pi \times 2 \times 10^{-4} = 6.3 \times 10^{-4}\,\mathrm{m}^3/\mathrm{s}$$

● 例　題

上の例題において水の密度が $1.0 \times 10^3\,\mathrm{kg/m}^3$ であったとすると，ホースからの質量流量はいくらか．

［答］定義より，質量流量は次のように求めることができる．
$$\dot{m} = \rho Q = 1.0 \times 10^3 \times 2\pi \times 10^{-4} = 0.63\ [\mathrm{kg/s}]$$

3-3 連続の式

ホースで水をまくとき,より遠くまで水をとばすにはどうすればよいか.

▶ポイント◀
- 定常流れであれば質量流量は一定.
- さらに密度一定なら流量はどこでも一定.

3.3.1 質量保存法則

図 3.20 のような流管内の 1 次元流れにおいて,断面 1 と断面 2 の間の検査領域について考える.

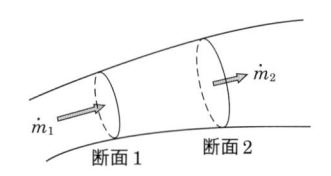

図 3.20 流管内の流れ

微小時間 Δt の間に断面 1 からは検査領域に質量 $\dot{m}_1 \Delta t$ が流入する.一方,断面 2 からは質量流量 $\dot{m}_2 \Delta t$ で流出していく.したがって,検査領域内の質量の時間的変化 ΔM は次のように表すことができる.

$$\Delta M = (\dot{m}_1 - \dot{m}_2) \Delta t \tag{3.5}$$

ある領域内の質量の時間的変化は,その領域に流入出する質量流量の収支に等しくなる.これを**質量保存則**(mass conservation law)という.この法則は図 3.21 のような状況を考えればわかりやすい.はかりの上に乗せた容器に流体を流入させると同時に流出もさせる.この容器が図 3.20 の検査領域に相当する.このとき,流入する質量が流出する量より多ければ容器内の質量は時間とともに増加する.

ここで,流れが定常であるとすると,$\Delta M = 0$ すなわち,この検査領域に流入出する単位時間当りの質量は等しくなり,次式が得られる.

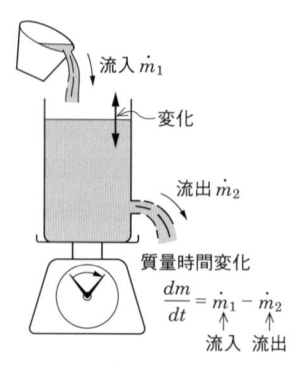

図 3.21 質量保存則の概念図

3-3 連続の式

$$\dot{m}_1 = \dot{m}_2$$

すなわち,

$$\rho_1 v_1 A_1 = \rho_2 v_2 A_2 \tag{3.6}$$

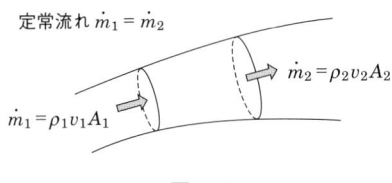

図 3.22

定常な1次元流れではどの断面においても質量流量は等しくなる．このとき，検査体積内の質量は時間的に変化しない．図 3.23 は，これを模式的に表している．

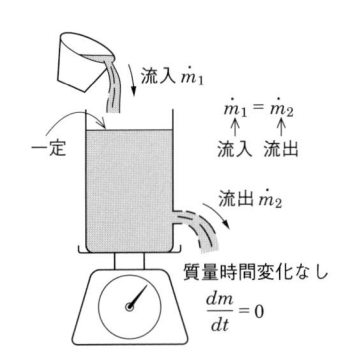

図 3.23　定常状態における質量保存則

=== 覚えよう！ ===

変数の上にドット（点）のついた変数は，その変数の時間微分を表す．

$$\dot{m} = \frac{dm}{dt} \tag{3.7}$$

3.3.2 連続の式

定常状態における質量保存則において，仮に流体の密度が一定であるとすると，式（3.6）から次の**連続の式**（equation of continuity）を導くことができる．

$$v_1 A_1 = v_2 A_2 \tag{3.8}$$

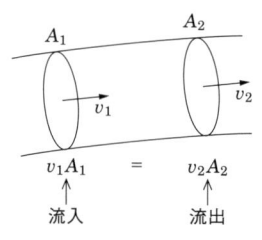

図 3.24　連続の式

つまり，密度が一定の定常な流れでは，どの断面でも流量が等しくなる．この式から，流量が一定であれば，断面積が小さいほど流速が速くなることがわかる．これは日常経験することで，典型的な例がホースでの水まきである．蛇口をいっぱいに開いても必要なところまで水が届かなかったときどうするであろうか．図3.25のように，ホースの先を指で細くして断面積を縮小して，流出する水の流速を高めるようにするであろう．これは連続の式を利用していることになる．

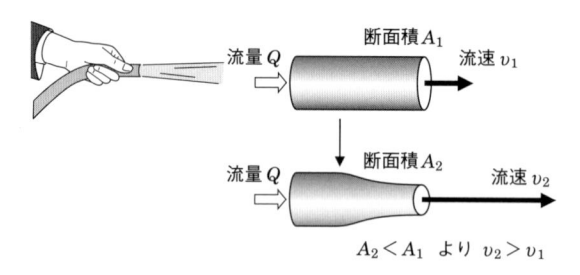

図 3.25　ホースから流出する水

また，流管（3.2.7「流管」参照）を連続の式を考慮して観察すると，流れのようすに加え，流速の速い遅いについてもある程度推測することができる．連続の式から，定常流れであれば流速が遅ければ流管は太く，逆に流速が速ければ狭くなることがわかる．したがって，流管の太さを見れば流れが遅いか速いかを知

3-3 連続の式

ることができる．

例として図 3.14 に示した収縮する管内の定常流れを再び見てみよう（図 3.26）．

流線に囲まれた領域が流管となる．管が太い部分では連続の式から流速が遅くなるが，図を見ると実際に流線の間隔が広くなり，流管が太くなっていることがわかる．一方，管が細くなった部分では流速が大きくなるため，流管も狭くなっている．

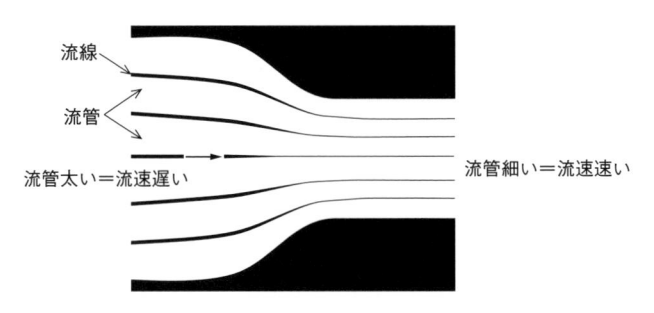

図 3.26 収縮する管内における流管の太さと流速の関係

● 例 題

ホースで流速 2 m/s で水をまいていた．もっと遠くまで水を届かせるため，ホースの断面積を半分にした場合，流速はいくらになるか．

［答］ 式（3.8）より，$v_2 = (A_1/A_2)v_1 = 2v_1 = 4$〔m/s〕

3-4 流体粒子の加速度

流れに沿って観測する．

▶ポイント◀
- 流体運動は固定された位置で観測する（オイラー的方法）．
- 流体粒子の加速度は実質微分で与えられる．

3.4.1 運動する物体の加速度

まず，運動する物体の加速度をどのように求めたか振り返ってみよう．ある物体が運動しており，微小時間 Δt 経過後に速度が図 3.27 のように変化したとする．

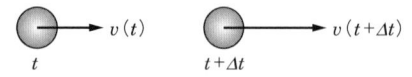

図 3.27 時間 Δt における物体の速度変化

微小時間 Δt 経過後の速度は近似的に次のように書くことができる．

$$v(t+\Delta t) \simeq v(t) + \frac{dv}{dt}\Delta t \tag{3.9}$$

この物体の加速度 α は，次式のように速度の時間微分として求めることができる．

$$\alpha = \lim_{\Delta t \to 0} \frac{v(t+\Delta t) - v(t)}{\Delta t} = \lim_{\Delta t \to 0} \frac{\Delta v}{\Delta t} = \frac{dv}{dt} \tag{3.10}$$

このように，物体の運動では運動する物体自身が持つ物理量（上の例では速度）に着目し，その物理量が物体の運動とともにどのように変化するかを観測する．この現象の観測方法を**ラグランジュ（Lagrange）的方法**という．

■■ 3-4 流体粒子の加速度 ■■

―― *理解しよう！* ――

＜テイラー展開に基づく近似＞

式 (3.9) と同様，2.2 節においても，ある関数 f が微小区間 Δx 離れたところで近似的に $df/dx \Delta x$ だけ変化することを学んだ．このことの数学的な意味を考えてみよう．

ある点 x から Δx だけ離れた位置 $x+\Delta x$ における関数 $f(x+\Delta x)$ は，次のような無限級数によって表すことができる．

$$f(x+\Delta x) = f(x) + \frac{df}{dx}\Delta x + \frac{1}{2!}\frac{d^2 f}{dx^2}(\Delta x)^2 + \frac{1}{3!}\frac{d^3 f}{dx^3}(\Delta x)^3 + \cdots \tag{3.11}$$

これを**テイラー展開**という．Δx が十分小さい値（$\Delta x \ll 1$）だとすると，上式は次のように近似することができる．

$$f(x+\Delta x) \simeq f(x) + \frac{df}{dx}\Delta x \tag{3.12}$$

これは図 3.28 に示すように，x における $f(x)$ の接線の $x+\Delta x$ における値を示しており，Δx が十分小さければ $f(x+\Delta x)$ のよい近似になっていることがわかる．

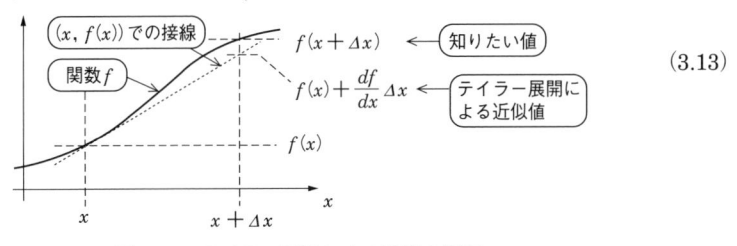

(3.13)

図 3.28 テイラー展開による関数の近似

3.4.2 流体運動の観測方法

では，図 3.29 に示すように，無数の物体が運動している場合の加速度はどのように求めるのであろうか．

前節のラグランジュ的方法のように物体一つ一つをすべて追いかけ，その運動

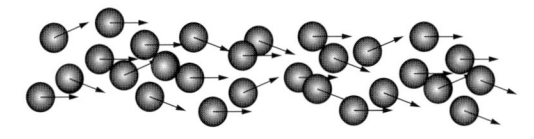

図 3.29 物体が無数に存在したら，どうやって運動を観測するか

を調べるのは困難であり，また不便でもある．流体の運動の観測も同じことがいえる．このような場合，流体塊の一つ一つの運動に着目するのではなく，空間の固定された点で現象を観測するほうがよい．このような現象の観測方法を**オイラー（Euler）的方法**という．

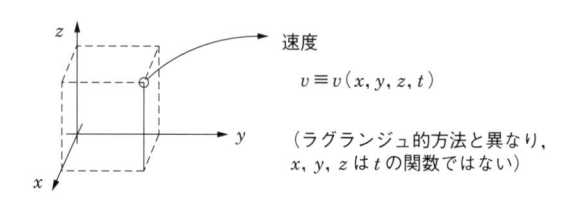

速度
$v \equiv v(x, y, z, t)$

（ラグランジュ的方法と異なり，x, y, z は t の関数ではない）

図 3.30　オイラー的方法

　ラグランジュ的方法，オイラー的方法は自動車の速度計測を例にとると理解しやすい．ラグランジュ的方法は，自動車に乗っている人が，その車のスピードメータで速度を計測するのに相当する．一方，オイラー的方法は速度の取締りのように，道路のある位置で通過する車の速度をスピードガンなどで計測することに相当する（図 3.31）．

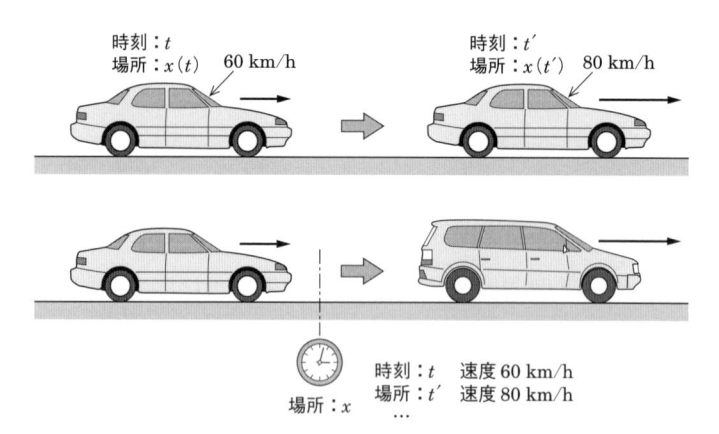

時刻：t
場所：$x(t)$　60 km/h

時刻：t'
場所：$x(t')$　80 km/h

場所：x

時刻：t　速度 60 km/h
時刻：t'　速度 80 km/h
…

図 3.31　ラグランジュ的方法はスピードメータ，オイラー的方法は速度の取締り

3.4.3　流体粒子の加速度

オイラー的方法で流体粒子の加速度を求めてみよう．

流体粒子の速度 v は時間だけの関数ではなく，位置 x の関数でもあることに注意する．微小時間 Δt 経過後，流体粒子は位置 x から Δx に移動する．したがって，この流体粒子の速度は，$v(t+\Delta t, x+\Delta x)$ として表される（図 3.32）．

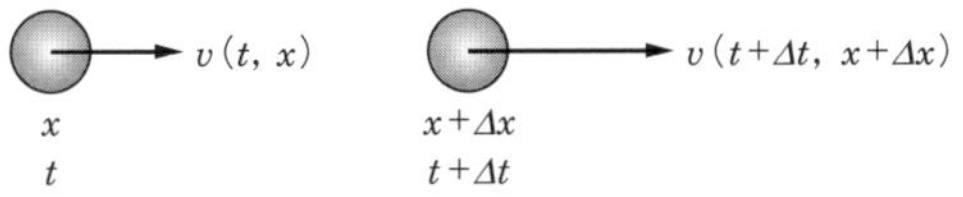

図 3.32　時間 Δt の間の流体粒子の速度変化

微小時間 Δt 経過後の速度は次のように近似できる．

$$v(t+\Delta t, x+\Delta x) \simeq v(t,x) + \frac{\partial v}{\partial t}\Delta t + \frac{\partial v}{\partial x}\Delta x \tag{3.14}$$

ここで，流体粒子の移動量 Δx は，$\Delta x = v\Delta t$ と表すことができる．したがって，

$$v(t+\Delta t, x+\Delta x) \simeq v(t,x) + \frac{\partial v}{\partial t}\Delta t + v\frac{\partial v}{\partial x}\Delta t \tag{3.15}$$

よって，この流体粒子の加速度 α は以下のように求められる．

$$\alpha = \lim_{\Delta t \to 0} \frac{\Delta v}{\Delta t} = \frac{\partial v}{\partial t} + v\frac{\partial v}{\partial x} \tag{3.16}$$

これは次のように 3 次元に拡張することができる．

$$\alpha = \underbrace{\frac{\partial v}{\partial t}}_{\text{非定常項}} + \underbrace{u\frac{\partial v}{\partial x} + v\frac{\partial v}{\partial y} + w\frac{\partial v}{\partial z}}_{\text{移流項}} \tag{3.17}$$

この式の第 1 項は非定常項と呼ばれ，流体粒子の局所的な時間変化を表している．一方，第 2 項は移流項といい，流体粒子が移流されることによる物理量の時間変化を表す．

この微分式は流線に沿って微分することを意味しており，**実質微分**（material derivative）と呼ばれる．通常の微分と区別するため，一般に次のように表記される．

$$\frac{D}{Dt} = \frac{\partial}{\partial t} + u\frac{\partial}{\partial x} + v\frac{\partial}{\partial y} + w\frac{\partial}{\partial z} \tag{3.18}$$

第3章　流れの基礎式

─ 理解しよう！ ─

＜流れに沿って一定＞

1.2節において「非圧縮性」とは「流れに沿って密度一定」であると学んだ．これを数学的に表現すると，「流れに沿っての微分」である実質微分を用いて次のように表すことができる．

$$\frac{D\rho}{Dt}=0 \quad \text{流れに沿って密度変化なし＝非圧縮性流れ}$$

● 例　題

図3.33のように，流れ方向 x に向かって狭まっていく定常流れがあるとする．この流れの x 方向の速度成分 u が $u=ax$ で与えられるとき，x 方向の加速度を求めよ．ただし，a は定数とする．

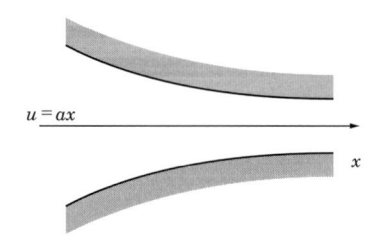

図3.33　断面積変化のある管内定常流れ

[答]　管内は定常な流れであるから，加速度を求めるために物体運動と同じように，単に流速を時間で微分しても0になる．しかし，この流路を流れる流体塊について考えてみると，流路の広い上流では流速が遅く，下流にいくに従って管路が狭くなるため流速が増加する．つまり，加速しており，加速度は0でないことは直感的にわかる．この加速度は実質微分によって求めることができる．

・u の実質微分：

$$\frac{Du}{Dt}=\frac{\partial u}{\partial t}+u\frac{\partial u}{\partial x}+v\frac{\partial u}{\partial y}+w\frac{\partial u}{\partial z}$$

・上式に $u=ax$ を代入する：

$$\frac{Du}{Dt}=\frac{\partial ax}{\partial t}+ax\frac{\partial ax}{\partial x}=a^2 x$$

3-5 流線に沿う運動方程式（オイラーの式）

流れもニュートンの法則に従う．

▶ポイント◀
- 流体の運動方程式も考え方はニュートンの第二法則による．
- 流体の運動では圧力こう配も影響する．

3.5.1 物体の運動方程式

物体の運動方程式を振り返ってみる．

物体の運動方程式は次式で表されるニュートンの第二法則をもとにして立てた．

$$m\alpha = \Sigma F$$

ここで，α, m はそれぞれ物体の加速度，質量，右辺はその物体に作用する力の総和である．たとえば，図 3.34 のように斜面におかれた質量 m の物体について斜面方向の運動方程式を考える．

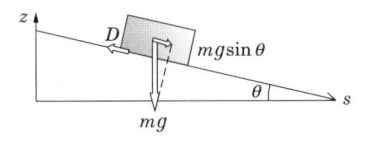

図 3.34 坂をすべり落ちる物体

まず，この物体に作用する力を考える．重力 mg が鉛直 z 方向に作用する．斜面の角度を θ とすると，s 方向の成分は $mg \sin\theta$ となる．また，摩擦力 D は進行方向（この場合，s 方向）とは反対方向に作用する．したがって，物体の s 方向の速度を v とすると，運動方程式は次式となる．

$$m\frac{dv}{dt} = mg\sin\theta - D \tag{3.19}$$

3.5.2 流体の運動方程式

次に，流体についての運動方程式を立ててみよう．

図 3.35 のような流線 s に沿った 1 次元流れについて考える．簡単のため，流

第3章 流れの基礎式

管の断面積は A で一定であるとする．また，流体の摩擦（粘性）は働かないものとする．

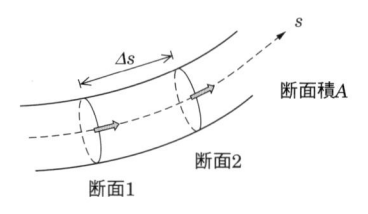

図3.35 流管内の1次元流れ

断面1，2に囲まれた微小区間 Δs 内の流体塊について力の釣合いを考える．図3.36をもとに，まず，この流体に作用する力について考えよう．

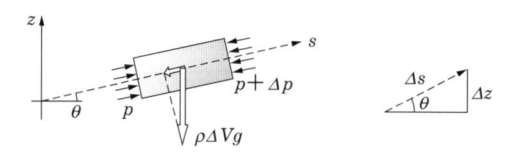

図3.36 検査領域内の流体に作用する力

重力が鉛直 z 方向に作用する．この流体塊の体積を ΔV，密度を ρ とすると，重力の s 方向成分は $\rho \Delta V g \sin \theta$ となる．ここで，ΔV は流体塊の体積で，$\Delta V = A \Delta s$ と表すことができる．図3.36のように，Δs と Δz の関係から，次式となる．

$$\Delta z = \Delta s \sin \theta \tag{3.20}$$

これより，重力の s 方向成分は $\rho \Delta V g (\Delta z / \Delta s)$ となる．

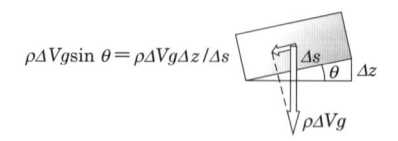

図3.37 作用する重力とその s 方向成分

流体の運動方程式を立てる際，物体の場合とは異なり，流体表面に作用する圧力も考慮しなくてはならない．断面1には圧力 p が作用し，断面2では位置が Δs 変化したことによって圧力が Δp 変化したとする．これら圧力から物体に作用する力は次式となる．

3-5 流線に沿う運動方程式（オイラーの式）

$$-\Delta p A = -\frac{\partial p}{\partial s}\Delta s A \tag{3.21}$$

図 3.38　作用する圧力の和

以上をまとめると，この流体塊に作用する s 方向の合力は図 3.39 のように表すことができる．

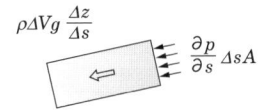

図 3.39　流体塊に作用する力の s 方向成分

流体の加速度は 3.4.3「流体粒子の加速度」のように実質微分により計算し，すでに求めた作用する力を用いると，この検査領域内の流体塊に関する運動方程式は次式となる．

$$\rho \Delta V \frac{Dv}{Dt} = -\frac{\partial p}{\partial s}\Delta s A - \rho \Delta V g \frac{\Delta z}{\Delta s} \tag{3.22}$$

両辺整理し，微小領域の大きさを 0 に限りなく近づけると，流線 s に沿った流体の運動方程式が求められる．$\Delta V = \Delta s A$ より，

$$\rho \frac{Dv}{Dt} = -\frac{\partial p}{\partial s} - \rho g \frac{dz}{ds} \tag{3.23}$$

あるいは，実質微分を書き直すと次式となる．

$$\rho \left(\frac{\partial v}{\partial t} + v \frac{\partial v}{\partial s} \right) = -\frac{\partial p}{\partial s} - \rho g \frac{dz}{ds} \tag{3.24}$$

これは，粘性を考慮しない流体の運動方程式で，**オイラー（Euler）方程式**という．流れが定常であれば物理量は時間の関数ではなくなり，オイラー方程式は次のように書くことができる．

$$\rho v \frac{dv}{ds} = -\frac{dp}{ds} - \rho g \frac{dz}{ds} \tag{3.25}$$

導出方法からわかるように，オイラー方程式は圧力こう配，重力，加速度の釣合い式である（図 3.40）．

■■ 第3章 流れの基礎式 ■■

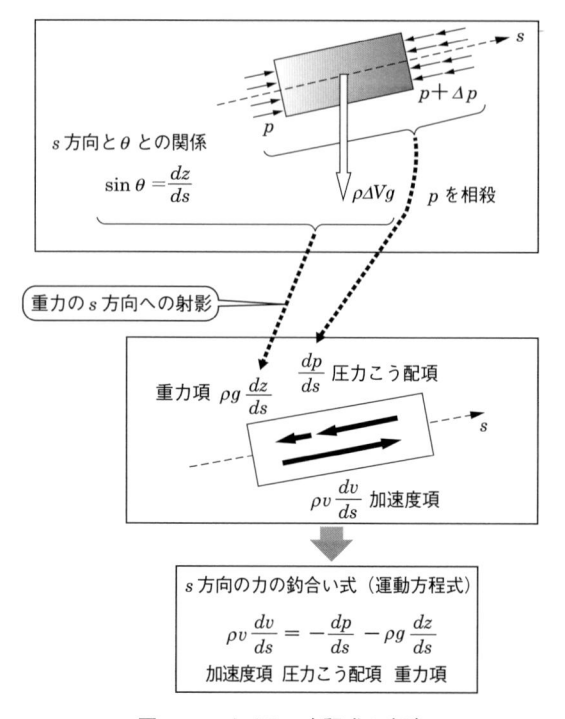

図 3.40 オイラー方程式の意味

● 例 題

オイラー方程式から出発して，静止流体の圧力分布（式（2.12））を求めよ．

［答］静止流体であるから $v=0$．したがって，式（3.25）は，

$$\frac{dp}{ds}=-\rho g\frac{dz}{ds}$$

となる．流速がないので座標 s はどのようにとってもよいが，ここでは z と同一，すなわち，$s=z$ とすると上式は，

$$\frac{dp}{dz}=-\rho g$$

これを z_1 から z_2 まで積分して，

$$p_2-p_1=\rho g(z_2-z_1)$$

となり，式（2.12）が得られる．ただし，p_1，p_2 はそれぞれ z_1，z_2 における圧力である．

3-6 流線に沿うエネルギーの式(ベルヌーイの定理)

圧力もエネルギーの仲間.

▶ポイント◀
- 流体のエネルギー保存法則＝ベルヌーイの定理.
- 圧力がエネルギーとして扱われる.

3.6.1 物体運動のエネルギー保存法則

物体運動においてエネルギー保存法則とは何だったのか，もう一度振り返ってみよう．

3.5.1「物体の運動方程式」で考えた，斜面を滑り落ちる物体の運動について考える（図 3.41）．ここでは簡単のため，物体と斜面との間に摩擦力が生じないものとする．

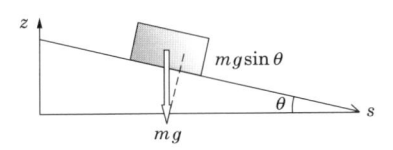

図 3.41 坂をすべり落ちる物体

物体の運動方程式は，

$$m\frac{dv}{dt} = mg\sin\theta \tag{3.26}$$

であり，式 (3.20) と物体の位置 s と速度 v との関係を利用すると，式 (3.26) は次のように変形できる．

$$mv\frac{dv}{ds} = -mg\frac{dz}{ds} \tag{3.27}$$

これを s に沿って積分すると，エネルギー保存法則が導かれる．

$$\int mv\,dv = -\int mg\,dz \tag{3.28}$$

$$\frac{1}{2}mv^2 + mgz = \text{const.} \tag{3.29}$$

すなわち，運動エネルギーと位置エネルギーの和が一定となる（図 3.42）．

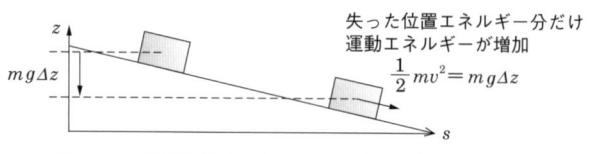

図 3.42　滑り落ちることによるエネルギー内訳の変化

3.6.2　流体のエネルギー保存法則

流体のエネルギー保存法則を導いてみよう．3.5.2「流体の運動方程式」で考えた流線に沿う流体運動について考える．検査領域内の流体に作用する力は図 3.43 のようになる．

流れは定常であるとすると，流線 s 方向の運動方程式は式（3.25）より，

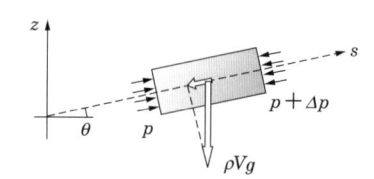

図 3.43　検査領域内の流体に作用する力

$$\rho v \frac{dv}{ds} = -\frac{dp}{ds} - \rho g \frac{dz}{ds} \tag{3.30}$$

これを流線 s に沿って積分すると，

$$\int \rho v \frac{dv}{ds} ds = -\int \frac{dp}{ds} ds - \rho g \int \frac{dz}{ds} ds$$

$$\int \rho v dv = -\int dp - \int \rho g dz \tag{3.31}$$

この式を整理すると次の関係式を得る．

$$\frac{1}{2}\rho v^2 + p + \rho g z = \mathrm{const.} \tag{3.32}$$

この式は流体のエネルギー保存法則を表しており，**ベルヌーイの定理**（Bernoulli's theorem）と呼ばれ，流れに沿ってエネルギーが一定であることを表している．また，上式右辺について次のように表す．

3-6 流線に沿うエネルギーの式（ベルヌーイの定理）

$$\frac{1}{2}\rho v^2 + p + \rho g z = E \tag{3.33}$$

この E はある位置での単位体積当りのエネルギーを表しており，粘性がない流体の場合，一定値となる．導出の過程からわかるように，ベルヌーイの定理が成立するためには次の三つの条件が満たされていなければならない．

【ベルヌーイの定理が成り立つための条件】
1. 非粘性非圧縮性流体
2. 定常
3. 流線上

ベルヌーイの定理は 3.6.1「物体運動のエネルギー保存法則」で説明した物体のエネルギー保存則とどのように異なるのであろうか．

まず，物体のエネルギー保存則では対象とする物体の質量 m を用いていたが，ベルヌーイ式では流体の単位体積当りの質量である密度 ρ となっている．また，ベルヌーイ式では物体のエネルギー保存則にはなかった圧力が含まれている（図3.44）．流体では運動する方向，つまり流れる方向につねに圧力が作用しており，流れに沿って圧力差がある場合，これによって仕事をするからである．

物体のエネルギー保存則　　$\frac{1}{2}mv^2$ + mgz = 一定

流体のエネルギー保存則　　$\frac{1}{2}\rho v^2$ + $\rho g z$ + p = 一定
（ベルヌーイの定理）
　　　　　　　　　　　　運動　　　位置　　　圧力
　　　　　　　　　　　エネルギー　エネルギー　エネルギー

図3.44　物体と流体のエネルギー保存則の違い

理解しよう！

＜圧力がエネルギー？＞

エネルギーの式に「単位面積当りの力」である圧力が含まれるのは奇妙に思われるかも知れない．そこで，圧力の単位である〔Pa〕を式変形してみる．

$$Pa = N/m^2 = Nm/m^3 = J/m^3$$

このことから，圧力が単位体積当りのエネルギーと解釈できることがわかる．

3.6.3 ベルヌーイの定理の適用例

ベルヌーイの定理をさまざまな状況に適用し，流れがどのように振る舞うのか見てみよう．

【例】「落下する流れ」

重力で流れ落ちる流体の運動について考えてみよう．その前に落下する物体の運動について振り返ってみる．

ある物体を自由落下させると，物体が下降するに従い重力加速度のために速度が速くなる．エネルギー保存の観点からすると，運動エネルギーと位置エネルギーの和は一定であるから，落下によって減少した位置エネルギーが運動エネルギーに変換されたと考えることもできる（図3.45（a））．

次に，自由落下する流体について考えてみよう．物体の運動と同様，重力加速度の影響により落下するにつれ流体の速度も速くなる．速度が速くなると連続の式から流れの断面積は減少し，流体は落下するに従って細くなっていく（これは蛇口から落下する水を観察すると確認できる）．大気に接するところでは流体の圧力は大気圧となる．したがって，位置 z_1, z_2 ともに圧力は大気圧となり，圧力はどこでも一定である．図3.45（b）のエネルギー内訳を見ると，圧力が一定であるため，それ以外の位置エネルギーと運動エネルギーは自由落下する物体と同様のものとなっている．

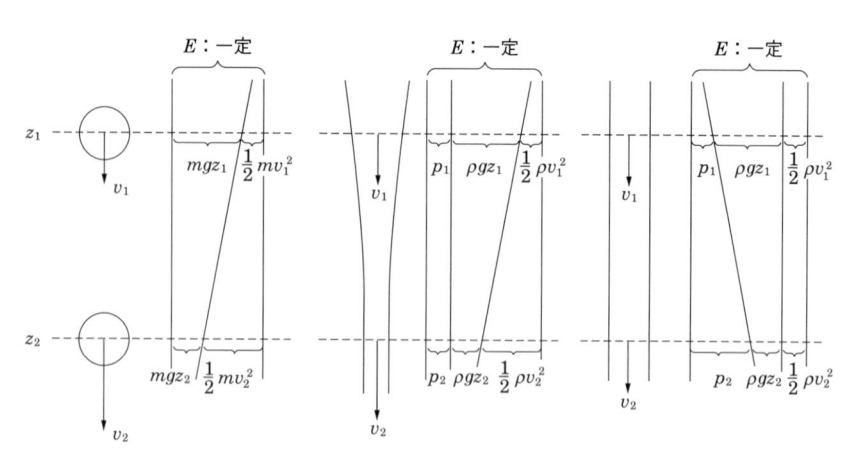

（a）自由落下する物体　（b）自由落下する流体　（c）管内を流れ落ちる流体

図 3.45

□□ 3-6 流線に沿うエネルギーの式（ベルヌーイの定理）□□

次に，断面一定の管の中を重力によって流れ落ちる流体について考えてみる．この場合，流体は重力によって流れ落ちるものの，自由落下の場合と異なり，連続の式から流速はどこでも一定でなければならない．したがって，運動エネルギーも一定となる．すると，落下による位置エネルギーの減少を補うのは圧力ということになる．つまり，下にいくにつれて圧力は増加する．この流れに逆らうように働く圧力こう配が重力加速度と釣り合うため，流体が等速運動すると考えることもできる（図 3.45（c））．

【例】 「断面積変化のある水平管内の流れ」

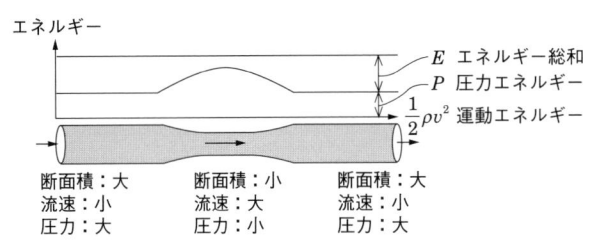

図 3.46 断面積変化のある管内流れにおけるエネルギー

水平であることから位置エネルギーの変化はないので $z = 0$ とおくと，式 (3.32) は，

$$\frac{1}{2}\rho v^2 + p = E = \text{const.} \tag{3.34}$$

管に沿って流速と圧力の関係は図 3.46 のようになる．管の細くなったところでは流量一定であることから流速が速くなり，それに応じて運動エネルギーが増加する．しかし，エネルギーの総和は一定であるので，運動エネルギーの増加分だけ圧力が減少する．

直感的には管が細くなったところで流れにくくなって圧力が上昇すると考えてしまうが，実際には圧力は下がるのである．

3.6.4 静圧，動圧

図 3.47 のような，物体まわりの流れについて考えてみよう．

物体から十分離れた上流地点（1）において，流れは流速 v_1 の一様流であるとする．この流れが物体の先端（2）にぶつかると速度は 0 になる．速度がないことから，この点を**よどみ点**（stagnation point）という．

第3章 流れの基礎式

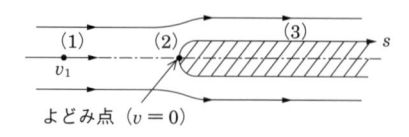

図 3.47 物体まわりの流れ

点 (1) と (2) にベルヌーイの定理を適用すると，よどみ点 (2) では速度が 0 であるから，

$$\frac{1}{2}\rho v_1^2 + p_1 = p_2 \tag{3.35}$$

これを変形してよどみ点 (2) における圧力上昇量を求める．

$$p_2 - p_1 = \frac{1}{2}\rho v_1^2 ：動圧 \tag{3.36}$$

よどみ点では運動エネルギーが失われるため，その分，圧力が上昇することがわかる．この圧力上昇量はもともと運動エネルギーであったことから**動圧**（dynamic pressure）と呼ばれる．

図 3.48 に動圧の導出方法についてまとめた．

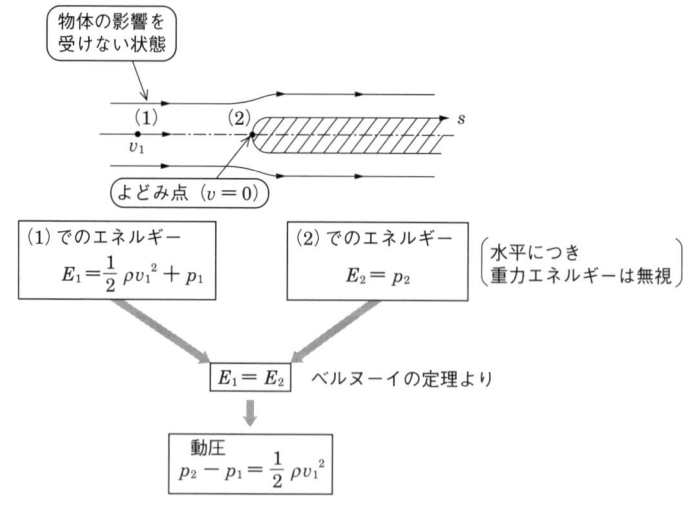

図 3.48 動圧の導出

3-6 流線に沿うエネルギーの式（ベルヌーイの定理）

一方，物体から十分離れた一様流での圧力（ここでは p_1）を，**静圧**（static pressure）という．よどみ点（2）における圧力は静圧に動圧を加えた圧力となり，これを**全圧**（total pressure）と呼ぶ．

全圧＝静圧＋動圧

3.6.5 水頭（ヘッド）

ベルヌーイの式は単位体積当りのエネルギーという次元を持つ式であるが，この両辺を ρg で割ると長さの次元を持つ式が得られる．

$$\times \frac{1}{\rho g} \left(\begin{array}{l} \dfrac{1}{2}\rho v^2 + \rho g z + p = E \\ \dfrac{1}{2g}v^2 + z + \dfrac{p}{\rho g} = H \end{array} \right) \times \rho g \quad \begin{array}{l} \text{単位体積当りのエネルギー} \\ \\ \text{水頭（長さ）} \end{array} \quad (3.37)$$

このように長さの次元でエネルギーを表した値を**水頭**（ヘッド，head）といい，上式の各項をそれぞれ，速度水頭，圧力水頭，位置水頭，そしてそれらの和を全水頭と呼ぶ．

$$\underbrace{\frac{1}{2g}v^2}_{\substack{\text{速度}\\\text{水頭}}} + \underbrace{\frac{p}{\rho g}}_{\substack{\text{圧力}\\\text{水頭}}} + \underbrace{z}_{\substack{\text{位置}\\\text{水頭}}} = \underbrace{H}_{\text{全水頭}}$$

エネルギーを長さの次元で表す利点は何であろうか．図 3.49 のような管内流れについて考えてみよう．管壁にマノメータを取り付けると，その位置での圧力に応じて次式で与えられる液注の高さを観測することができる（第2章参照）．

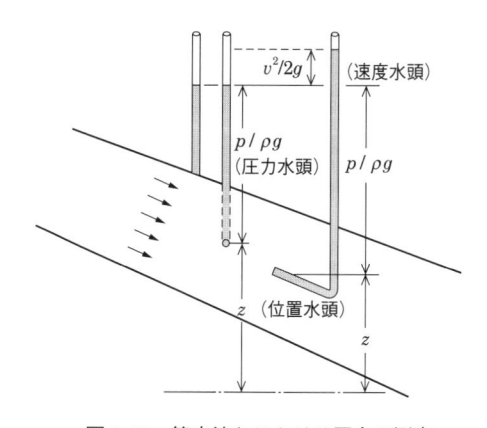

図 3.49 管内流れにおける圧力の測定

$$h = \frac{p}{\rho g} \tag{3.38}$$

また，マノメータの先端を図3.49のように管内の流れに向かって設置すると，マノメータ先端がよどみ点となり，ここでは全圧が観測される．すなわち，このマノメータの液注高さは，

$$h = \frac{p}{\rho g} + \frac{1}{2g} v^2 \tag{3.39}$$

つまり，液注高さという長さを測定することによってエネルギーを知ることができるのである．

● 例 題

図3.50のような内径 $d_1 = 60$ mm の円管に縮小管を接続して流速を変化させる．水が流量 $Q = 3.0 \times 10^{-3}$ m³/s で流れているとすれば，断面①における流速 v_1 はいくらか．

また，断面②における流速を断面①における流速の2倍にするには断面②の直径をいくらにすればよいか．

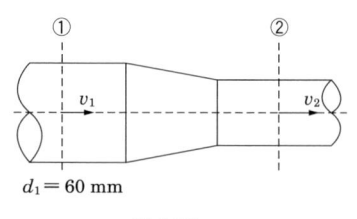

図 3.50

[答] 流量の定義より，断面①での流速は次のように求められる．

$$v_1 = \frac{Q}{A_1} = \frac{Q}{\pi d^2 / 4} = \frac{3.0 \times 10^{-3}}{3.14 \times 0.06^2 / 4} \approx 1.1 \text{ m/s}$$

断面①および②では流量が等しくなるから，$Q = A_1 v_1 = A_2 v_2$，よって，

$$v_2 = \frac{A_1}{A_2} v_1 = \left(\frac{d_1}{d_2}\right)^2 v_1$$

断面②の流速が断面①の2倍であるとすると上式より，

$$v_2 = \left(\frac{d_1}{d_2}\right)^2 v_1 = 2 v_1$$

3-6 流線に沿うエネルギーの式（ベルヌーイの定理）

したがって，上式から d_2 を求めると，$d_2 = d_1/\sqrt{2} \approx 42$ mm

● 例 題

時速 100 km で走行している車がある．この車のよどみ点における圧力をゲージ圧で求めよ．ただし，空気の密度は 1.293 kg/m³ であるとする．

［答］ $v = 100 \times 1\,000/3\,600 = 27.8$ m/s

$$p = \frac{1}{2}\rho v^2 = \frac{1}{2} \times 1.293 \times 27.8^2 = 500 \text{ Pa}$$

すなわち，この圧力上昇分が自動車前面に作用し，空気抵抗の一部となる．第6章「揚力と抗力」で説明されるように，自動車背面では流れのはく離によって逆に負圧となり，流れにおかれた自動車のような物体に作用する空気抵抗は，主に前面での正圧，背面での負圧によって発生する．

3-7 ベルヌーイの定理の応用

飛行機はどうやって速度を知る？

▶ポイント◀
- 状態がわかっている2点間でベルヌーイの定理を適用する．
- 場合によっては，連続の式などを併用する．

3.7.1 トリチェリの定理

図3.51のようなタンクに液面から鉛直下方 H の位置に小孔が設けられている．このとき，小孔から流出する流体の流速を求めてみよう．ただし，摩擦は無視でき，タンク内の液面は一定の高さであるとする．

図中の説明：
- タンク断面積は十分広く表面の流速は0とみなせる $v_1 \simeq 0$ (3.42)
- 表面①でのエネルギー $E_1 = \dfrac{1}{2}\rho v_1^2 + \rho g z_1 + p_1$
- 小孔②でのエネルギー $E_2 = \dfrac{1}{2}\rho v_2^2 + \rho g z_2 + p_2$
- 外気に接しているところはすべて大気圧 p_0 とみなせる $p_1 = p_2 = p_0$ (3.41)
- ベルヌーイの定理 $E_1 = E_2$ (3.40)
- トリチェリの定理 $v_2 = \sqrt{2g(z_1 - z_2)} = \sqrt{2gH}$ (3.43)

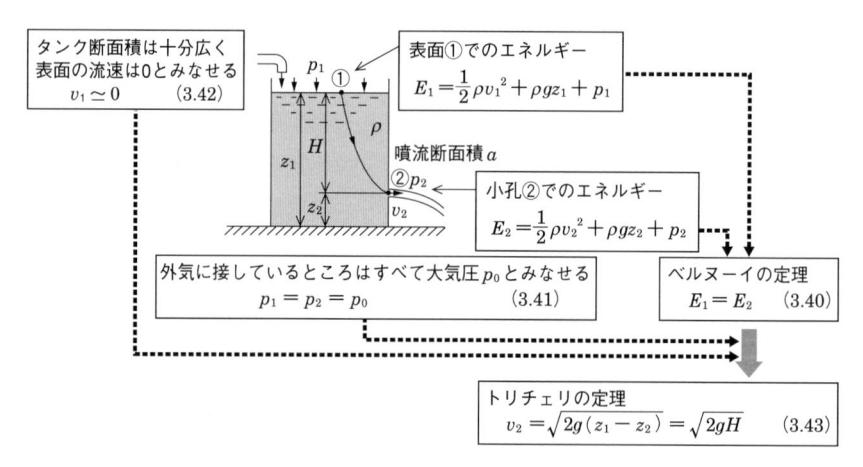

図3.51 タンク小孔から流出する流れ

液面上の点①と小孔の中心にある点②との間でベルヌーイの定理を適用する．

$$\frac{1}{2}\rho v_1^2 + \rho g z_1 + p_1 = \frac{1}{2}\rho v_2^2 + \rho g z_2 + p_2 \tag{3.40}$$

注意すべき点は次のとおり．
1. 点①，②ともに外気に接しているため，圧力は大気圧となる．
   $$p_1 = p_2 = 大気圧 \tag{3.41}$$
2. タンクの断面積は小孔より十分大きいので，近似的に次式とする．

$$v_1 \simeq 0 \tag{3.42}$$

これらをベルヌーイ式に代入し，穴からの流速 v_2 を求める．

$$v_2 = \sqrt{2g(z_1 - z_2)} = \sqrt{2gH} \tag{3.43}$$

これを**トリチェリの定理**（Torricelli's theorem）と呼ぶ．穴から噴出する流体の流速が，容器内の水面と穴の高さの差で決まることがわかる．

3.7.2　ベンチュリ管

断面積変化のある管では管断面積の変化によって流速が増減すると，それに応じて圧力も変化することをすでに 3.6.3「ベルヌーイの定理の適用例」で学んだ．また，第 2 章において，管内の圧力はマノメータを用いることによって液注の高さを測れば簡単に求められることも学んだ．このことから，管内の流れで断面積の異なる位置で圧力を計測し，その圧力差から流速を求めることができることがわかる．つまり，液注の高さを測れば管内の流速がわかるというわけである．このように管の断面積を変化させることにより，管内の流速を測定する装置のことを**ベンチュリ管**（Venturi tube）と呼ぶ．

図 3.52 の例で実際に流速を求めてみよう．
流量が一定であることから，

$$Q = A_1 v_1 = A_2 v_2 \tag{3.44}$$

管は水平に設置されているとし，断面 1，2 の間でベルヌーイの定理を適用すると，

$$\frac{1}{2}\rho v_1^2 + p_1 = \frac{1}{2}\rho v_2^2 + p_2 \tag{3.45}$$

両辺から v_1 を消去して流速 v_2 を以下のように求めることができる．

$$v_2 = \frac{1}{\sqrt{1-(A_2/A_1)^2}}\sqrt{\frac{2}{\rho}(p_1 - p_2)} \tag{3.46}$$

この式からもわかるように，管の断面積と 2 点間の圧力差がわかれば流速が求められる．

第3章 流れの基礎式

連続の式
$Q = A_1 v_1 = A_2 v_2$ (3.44)

$v_1 = (A_2/A_1) v_2$

断面1でのエネルギー
$E_1 = \frac{1}{2}\rho v_1^2 + \rho g z_1 + p_1$

断面2でのエネルギー
$E_2 = \frac{1}{2}\rho v_2^2 + \rho g z_2 + p_2$

ベルヌーイの定理
$E_1 = E_2$ (3.45)

管が水平であることから $\rho g z_1 = \rho g z_2$

断面2における流速
$v_2 = \dfrac{1}{\sqrt{1-(A_2/A_1)^2}}\sqrt{\dfrac{2}{\rho}(p_1 - p_2)}$ (3.46)

図 3.52 ベンチュリ管

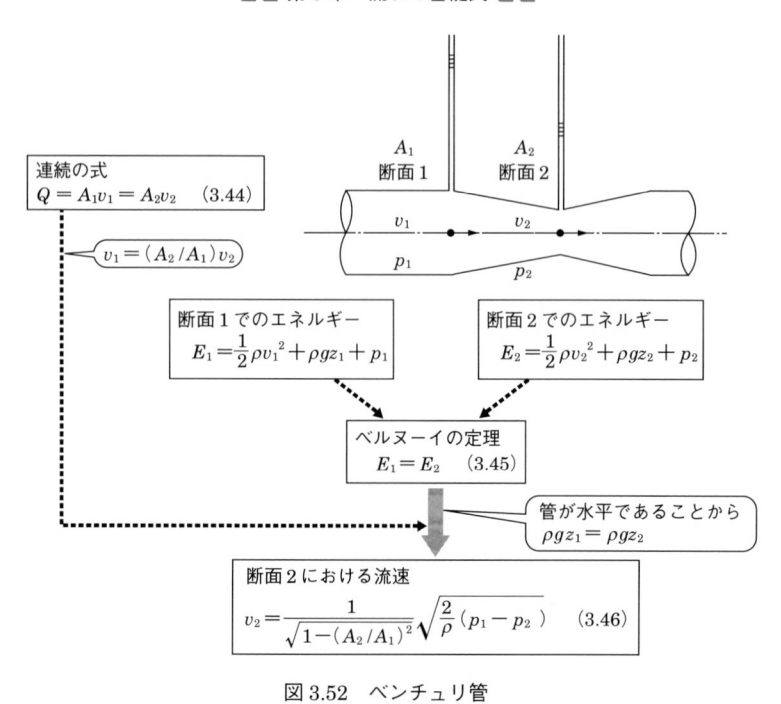

3.7.3 ピトー管

飛行機の飛行速度を測るにはどうしたらいいだろうか．現在なら GPS などを利用して速度を知ることができるだろう．しかし，ベルヌーイの定理を利用すればもっと単純な装置で速度を測ることができる．それが**ピトー管**（Pitot tube）といわれる装置である．以下はその原理である．

まず，細長い物体が速度 v_1 で移動しているとする．この物体から観察すると図 3.53 のように流体の速度は v_1 となる．物体の移動速度を知るには，この速度 v_1 を求めればよい．

物体の先端（2）は**よどみ点**（stagnation point）となり，点（1）に対して動圧だけ圧力が上昇する．

$$p_2 - p_1 = \frac{1}{2}\rho v_1^2 \qquad (3.47)$$

次に，物体の胴体部分，図中の点（3）付近について考える．物体が細長いことから，この領域では再び一様流（1）の状態に戻っているとみなすことができ

■■ 3-7 ベルヌーイの定理の応用 ■■

点(1)におけるエネルギー
$$E_1 = \frac{1}{2}\rho v_1^2 + p_1$$

点(3)におけるエネルギー
$$E_3 = \frac{1}{2}\rho v_3^2 + p_3$$

よどみ点 $v_2 = 0$

点(2)におけるエネルギー
$$E_2 = \frac{1}{2}\rho v_2^2 + p_2 = p_2$$

物体側面では速度が点(1)の状態に近いとする $v_3 \simeq v_1$

点(1)(2)間についてのベルヌーイの定理
$$E_1 = E_2$$

$$p_2 - p_1 = \frac{1}{2}\rho v_1^2 \quad (3.47)$$

$$v_3 \simeq v_1 \quad (3.48)$$

$$v_1 = \sqrt{\frac{2(p_2 - p_1)}{\rho}} = \sqrt{\frac{2\Delta p}{\rho}} \quad (3.49)$$

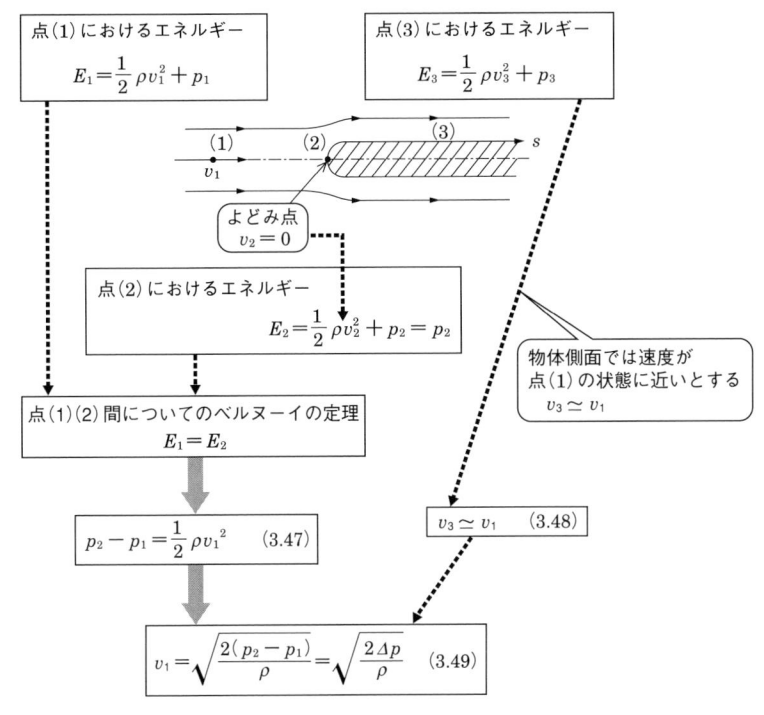

図 3.53 物体まわりの流れ

る．したがって，

$$p_3 \simeq p_1 \quad (3.48)$$

以上のことから，点(2)および点(3)における圧力差（$\Delta p = p_2 - p_3$）は動圧となり，これを測れば流速，すなわち移動速度 v_1 を式（3.47）を変形した次式で求めることができる．

$$v_1 = \sqrt{\frac{2\Delta p}{\rho}} \quad (3.49)$$

これがピトー管による速度計測の原理である．

図 3.54（a）は実際のピトー管の構造である．基本的なピトー管の構造は，図 3.53 の物体のよどみ点（2）と胴体部分（3）に穴を空け，それぞれの穴での圧力差を測定できるようにしたものである．ここでは，それぞれの穴を U 字管マノメータでつないだものとなっている．図 3.54（b）にピトー管各点で測定される量とそれらの関係について示す．

動圧 Δp は U 字管マノメータの液注高さの差 h から次式で求められる．

第3章　流れの基礎式

$$\Delta p = (\rho' - \rho) gh \tag{3.50}$$

これを式 (3.49) に代入して速度が求められる．

飛行機の機体先頭付近をよく探すとピトー管を見つけることができる．図 3.55 は航空機に取り付けられているピトー管の模式図である．

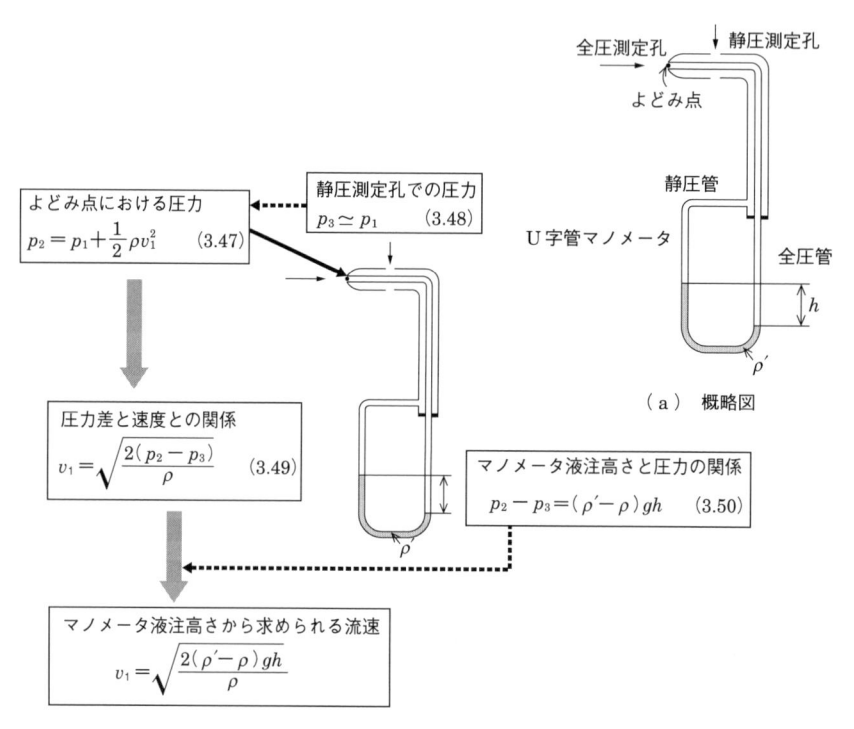

よどみ点における圧力
$p_2 = p_1 + \dfrac{1}{2}\rho v_1^2$ (3.47)

静圧測定孔での圧力
$p_3 \simeq p_1$ (3.48)

圧力差と速度との関係
$v_1 = \sqrt{\dfrac{2(p_2 - p_3)}{\rho}}$ (3.49)

マノメータ液注高さと圧力の関係
$p_2 - p_3 = (\rho' - \rho) gh$ (3.50)

マノメータ液注高さから求められる流速
$v_1 = \sqrt{\dfrac{2(\rho' - \rho) gh}{\rho}}$

全圧測定孔　静圧測定孔　よどみ点　静圧管　U字管マノメータ　全圧管

（a）概略図

（b）ピトー管の各部位で測定される量

図 3.54　ピトー管

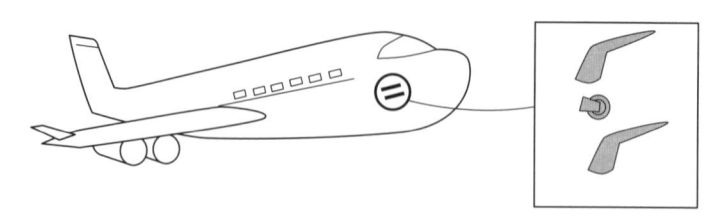

図 3.55　航空機に取り付けられたピトー管

● 例 題 ● サイホン

　液体が満たされた容器に，図 3.56 のような曲がった管を入れ，管内をその液体で満たすと容器内の液体を外部へ移動させることができる．これを**サイホン**という．このとき管内を流れる液体の流速を求めよ．ただし，液面高さは一定に保たれており，粘性はないものとする．

　［答］　点①と点②との間でベルヌーイの定理を適用する．

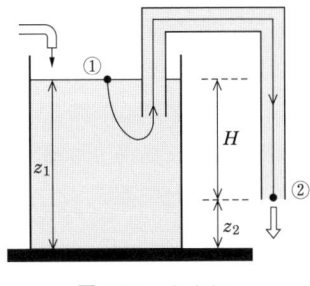

図 3.56　サイホン

$$\frac{1}{2}\rho v_1^2 + \rho g z_1 + p_1 = \frac{1}{2}\rho v_2^2 + \rho g z_2 + p_2$$

ここで，点①，②ともに大気に接しているので圧力は大気圧となる．また，容器内液面が一定であることから $v_1 = 0$ とみなせる．これらの条件を上式に代入し，管内の流速 v_2 を求める．

$$v_2 = \sqrt{2g(z_1 - z_2)} = \sqrt{2gH}$$

このことから，図 3.56 のサイホンによって流出する流速は，3.7.1「トリチェリの定理」で説明した小孔のあいた容器から流出する速度，すなわちトリチェリの定理と等しくなっていることがわかる．

　両者を比較してみると，いずれの場合も流速は容器内の液面高さと小孔あるいは曲がり管出口との高さの差で決まっていることがわかる．ただし，サイホンの場合，曲がり管内は液体で満たされていなければ流れは生じないことに注意が必要である．

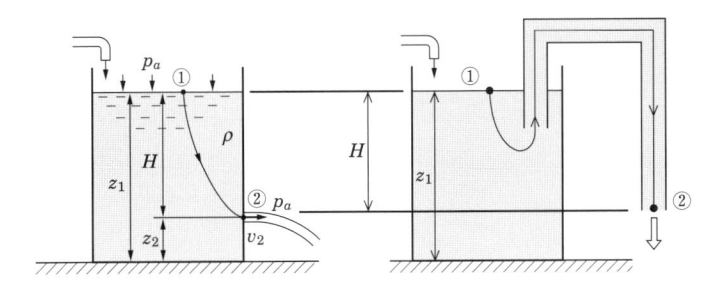

図 3.57　トリチェリの定理とサイホンの比較

coffee break ◀ 灯油ポンプは動力不要？ ◀

　灯油をタンクなどからストーブの燃料容器に移したことはあるだろうか？　その際，図のような灯油ポンプを用いるのが一般的である．このポンプは初めこそポンプとして手で灯油を汲み上げ，ポンプ内を灯油で満たしてやる必要があるが，ひとたびポンプ内が灯油で満たされるとその後は何もしなくても灯油が流れつづける．ただし，タンク側の液面はポンプのホースの口か燃料容器内の液面より高くなければならない．これは，位置エネルギーを利用しているためである．

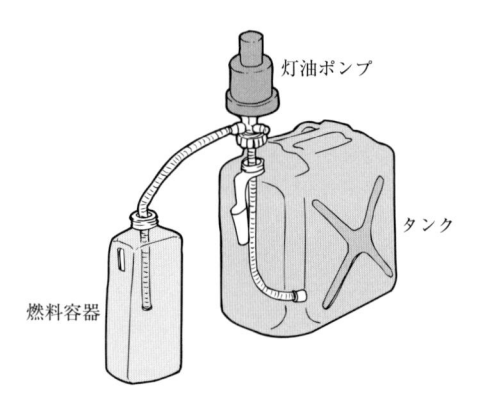

3-8 運動量の式

ロケットはなぜ飛ぶか？

▶ポイント◀
- 検査領域に作用する力と出入りする運動量の収支を考える．
- 状態がわかっているところに検査領域をとる．

3.8.1 物体運動の運動量保存法則

物体の運動における運動量保存法則について振り返ってみよう．

図 3.58 のように質量 m の物体が速度 V_1 で運動しているとき，外部から $F\Delta t$ の力積を受け，その後，その物体の速度が V_2 になったとする．

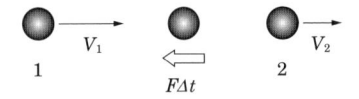

図 3.58 物体の衝突

このときの運動量変化は次のように表すことができる．

$$mV_2 - mV_1 = F\Delta t \tag{3.51}$$

運動量の変化＝受けた力積

この式は広い意味で運動量保存法則を表しており，加えられる力積だけ運動量が増加することを示している．

上式を Δt で割り，力 F について変形すると，

$$F = \frac{mV_2 - mV_1}{\Delta t} \tag{3.52}$$

作用する力＝単位時間当りの運動量の変化

となる．この式から，外力の作用する時間間隔 Δt がわかれば，状態 1，2 における運動量を調べることによって外部から受けた力を求めることができる．

3.8.2 流体の運動量保存法則

流体運動について運動量保存法則を考えてみよう．
流体も物体と同様に運動量保存則を適用することができる．流体の場合，物体

のように特定の流体の塊に着目することは困難なので，検査領域内で運動量保存法則を考える．すなわち，式（3.52）のように検査領域に作用する力が検査領域内の運動量の時間変化に等しくなると考える．しかし，検査領域内部の流れがわからないのにどうやって運動量を求めるのであろうか．実は検査領域内部の運動量そのものはわからなくても，検査領域に流入出する運動量を調べることによって運動量の時間的変化を求めることができるのである．

例として，図3.59のような断面積変化のある管内の流れにおける検査領域について見てみよう．断面1から速度V_1で検査領域に入ってきた流体は断面2から速度V_2で出ていき，管壁から力Fが検査領域内の流体に作用しているものとする．

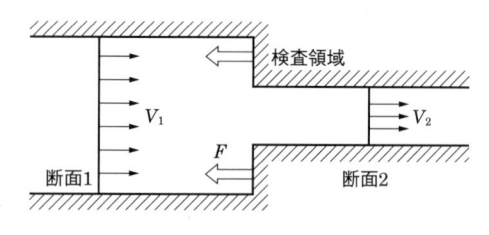

図3.59 急収縮する流れ

この検査領域内の運動量が時間とともにどれくらい変化するかは，断面2から流出する単位時間当りの運動量から断面1から流入する運動量を差し引くことによって求めることができる．ある断面を通過する単位時間当りの運動量は，図3.60に示すように，断面における「単位体積当り」の運動量に流量を掛けることによって求められる．

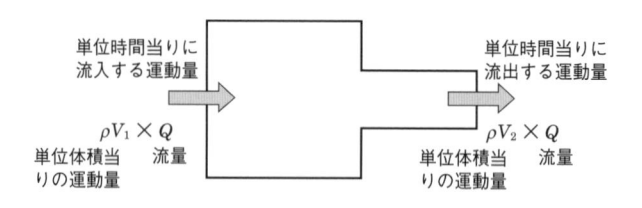

図3.60 検査領域内の流体に流入出する運動量

これらより，断面2より流出する単位時間当りの運動量から断面1より流入する運動量を差し引くことによって，検査領域内の単位時間当りの運動量変化を求めることができる．

3-8 運動量の式

一方，検査領域の流体に作用する力はこの場合，管壁から受ける力 F となる．以上より，式 (3.52) に相当する検査領域内の流体に関する運動量保存法則は次式のようになる．

$$(\rho V_2 - \rho V_1) \times Q = F \tag{3.53}$$

これを一般的に書くと，流体の**運動量保存法則**（momentum theorem）を次のように表すことができる．

$$\underbrace{\dot{M}_{\text{out}}}_{\substack{\text{流出する}\\\text{運動量}}} - \underbrace{\dot{M}_{\text{in}}}_{\substack{\text{流入する}\\\text{運動量}}} = \underbrace{\sum_i F_i}_{\substack{\text{作用する力の}\\\text{総和}}} \tag{3.54}$$

作用する力としては 3.1.2「流体に作用する力」で説明した表面力（圧力，摩擦力など），体積力（重力など），反力（内部におかれた物体から受ける力など）があげられる．

この運動量保存法則は任意の検査領域について成り立つので，検査領域はどのようにとってもよい．ただし，運動量保存法則は検査領域上の物理量を用いているので，物理量の状態が明らかになっているところに領域境界を設ける必要がある．

上式の運動量保存法則はベクトルであり，一般的には方向ごとに考えなければならない．その場合，左辺の流入出する運動量がどのように表されるか考えてみよう．図 3.61 のように，ある断面において速度がベクトル V で与えられている（断面内で一様と仮定）とすると，この断面での運動量は ρV となる．一方，この断面を通過する流量は $Q = uA$ となる．ここで，u は V の断面に垂直な成分であることに注意する．このことから，図 3.61 に示すように，ある断面を通過する運動量は質量流量と速度の積として表すことができる．

$$\underbrace{\dot{M}}_{\substack{\text{単位体積当り}\\\text{の運動量}}} = \rho V \times \underbrace{uA}_{\substack{\text{単位時間当り}\\\text{に断面を通過}\\\text{する体積}}} = \rho V \times \underbrace{Q}_{\text{流量}} = \underbrace{\rho Q}_{\substack{\text{単位時間当り}\\\text{に断面を通過}\\\text{する質量}}} V = \underbrace{\dot{m}V}_{\text{質量流量}} \tag{3.55}$$

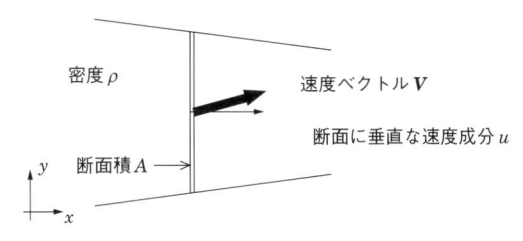

図 3.61　ある断面を通過する単位時間当りの運動量

3.8.3 運動量保存法則の適用例

運動量保存法則を実際の問題に適用し，どんなことに役立てられるか見てみよう．この法則は検査領域境界の状態さえわかれば，領域内部の状態（たとえば，層流か乱流か）にかかわらず適用することができ，実用上大変有益であることがわかるであろう．

【例】「水ロケットの推力」

ペットボトルに水を入れ，さらに空気入れなどで内部を高圧にすると水が勢いよく噴出してロケットのように飛ぶ．本物のロケットと飛ぶ原理は同じである．

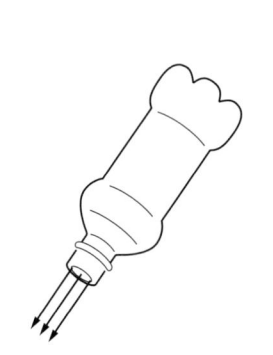

[写真提供] 宇宙航空研究開発機構（JAXA）

図3.62 ロケット

この水ロケットの推力を求めてみよう．ボトルの口の断面積をAとし，水が流速Vで噴出しているとする．実際の水ロケットでは時間とともに噴出する水の流速が変化するが，簡単のため定常な状態について考える．検査領域はペットボトル全体をとればよい．流出する運動量MはρAV^2，流入する運動量はなし．領域全体に大気圧が作用しているので，重力を無視すれば作用する力は推力の反作用となる（図3.63）．

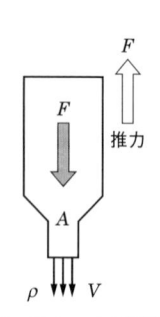

図3.63 ロケットの飛行原理

以上から，推力を次のように求めることができる．

$$F = \rho AV^2 \tag{3.56}$$

□□ 3-8　運動量の式 □□

● 例　題

　図 3.64 のような収縮管を流量 $Q = 300\ l/\text{min}$ の水（密度 $\rho = 1\,000\ \text{kg/m}^3$）が流れている．収縮管の直径は断面 1，2 でそれぞれ $d_1 = 120\ \text{mm}$，$d_2 = 80\ \text{mm}$ であるとし，断面 1 での圧力が $p_1 = 4\ \text{kPa}$ であるとする．管は水平におかれており，摩擦は無視できるとした場合に流体が管壁に作用する x 方向の力を求めよ．

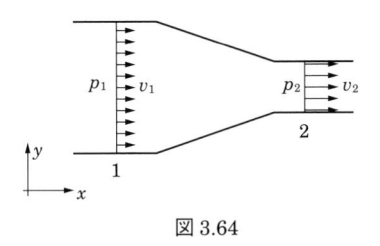

図 3.64

◆ 解　説 ◆

　図 3.65 の破線で示す検査領域について，この領域に流入出する運動量と作用する力を考える．

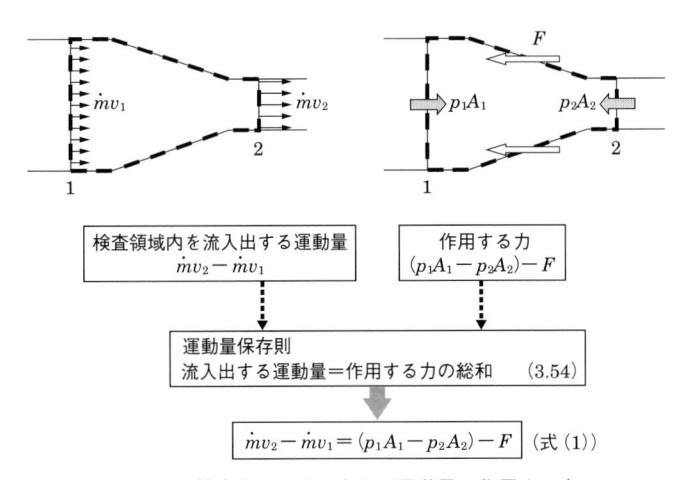

図 3.65　検査領域に流入出する運動量と作用する力

　流体が管壁に作用する力を F とすると運動量保存法則は，
$$\dot{m}v_2 - \dot{m}v_1 = (p_1 A_1 - p_2 A_2) - F \quad (1)$$
ここで，$\dot{m} = \rho Q$（質量流量）

第 3 章 流れの基礎式

質量保存則より，$A_1 v_1 = A_2 v_2 = Q$．よって，$v_1 = Q/A_1$，$v_2 = Q/A_2$
ベルヌーイの定理より，

$$\frac{1}{2}v_1^2 + \frac{p_1}{\rho} = \frac{1}{2}v_2^2 + \frac{p_2}{\rho} \qquad (2)$$

よって，p_2 は，

$$p_2 = p_1 + \frac{1}{2}\rho\left(v_1^2 - v_2^2\right) = p_1 + \frac{1}{2}\rho Q^2\left(\frac{1}{A_1^2} - \frac{1}{A_2^2}\right) \qquad (3)$$

以上，得られた関係を利用して F を求める．

$$\begin{aligned}F &= \dot{m}(v_1 - v_2) + (p_1 A_1 - p_2 A_2)\\ &= \rho Q^2\left(\frac{1}{A_1} - \frac{1}{A_2}\right) + p_1(A_1 - A_2) - \frac{1}{2}\rho Q^2 A_2\left(\frac{1}{A_1^2} - \frac{1}{A_2^2}\right)\end{aligned} \qquad (4)$$

一連の式の導出を図にすると図 3.66 のようになる．

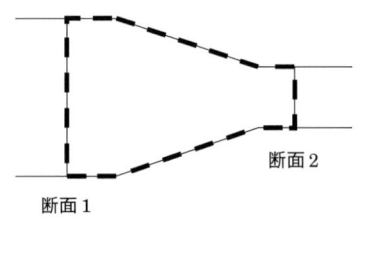

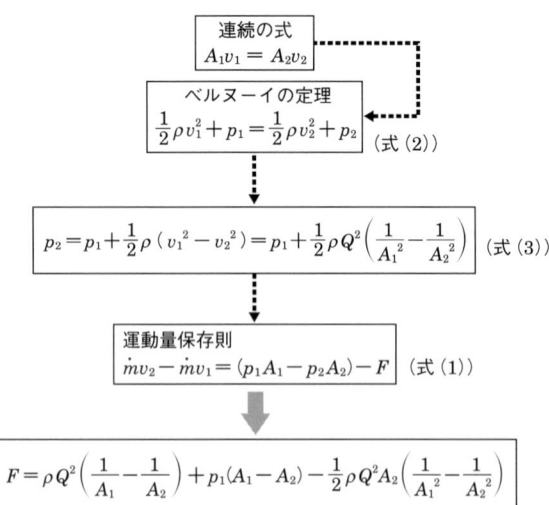

図 3.66 管壁に作用する力の導出

具体的な数値を求める．

$$Q = 5 \times 10^{-3} \text{ [m}^3\text{/s]}$$
$$A_1 = \frac{\pi d_1^2}{4} = 0.0113 \text{ [m}^2\text{]}, \quad A_2 = \frac{\pi d_2^2}{4} = 0.00503 \text{ [m}^2\text{]}$$

これらと与えられた条件を式（4）に代入して，

$$F = 24.3 \text{ [N]}$$

章末問題

(1) 断面積 $A = 2.0 \text{ m}^2$ の管に密度 $\rho = 1.0 \text{ g/cm}^3$ の流体が流速 $u = 3.0 \text{ m/s}$ で流れている．管内の流量を求めよ．また，単位時間当りに流れる流体の質量を求めよ．

(2) 図 3.67 のような水平におかれた管に水が流量 $Q = 56.5 \text{ m}^2\text{/s}$，また入口①の部分で圧力が 200 kPa で流れているものとする．ただし，流速や圧力は時間的に変化せず，管の断面内で一様であるものとする．

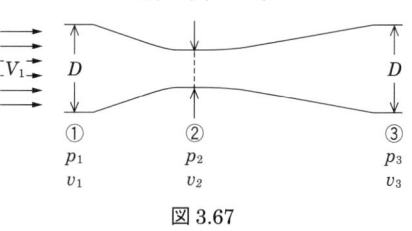

図 3.67

流れの粘性が無視できるとして，断面②，③における圧力を求めよ．ただし，断面②での直径は $d_2 = 3.0 \text{ m}$，断面①，③での直径は $d_1 = d_3 = 6.0 \text{ m}$ とする．ここで，水の密度は $1.0 \times 10^3 \text{ kg/m}^3$ とする．

(3) 図 3.68 のようなピトー管によって空気の流速を測定したところ，全圧と静圧の差を示すマノメータの液柱差が $h = 100 \text{ mm}$ となった．このときの流速を求めよ．ただし，マノメータ内の液体は水で，密度は $\rho_w = 1.0 \times 10^3 \text{ kg/m}^3$，また，空気の密度は $\rho_a = 1.2 \text{ kg/m}^3$ であるとする．

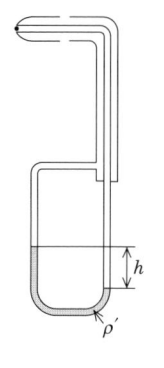

図 3.68

(4) 図 3.69 のように管にノズルが取り付けられている．このノズルに水が定常的に流量 10.0 m³/min で流れている．このノズルを支持するのに必要な力を計算せよ．ただし，重力，摩擦は無視できるものとする．また，水の密度は 1.0×10^3 kg/m³ とする．

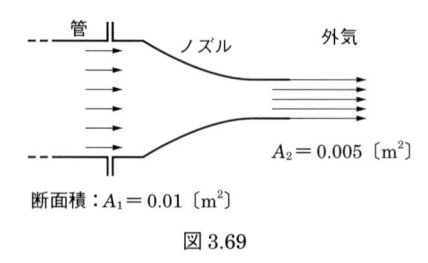

図 3.69

(5) 図 3.70 のような断面積 A の曲がり管に流体が流れているとき，流体から曲がり管の断面 1 から断面 2 までに作用する力を求めよ．

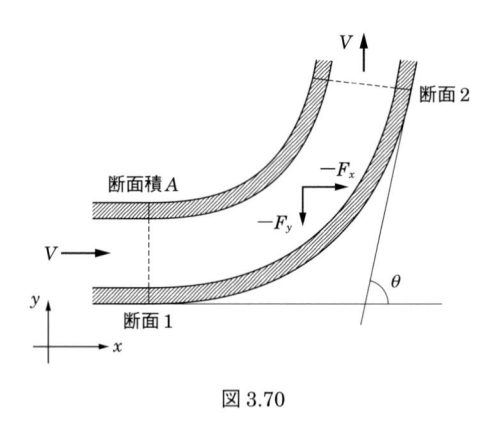

図 3.70

第 **4** 章
層　　流

　身のまわりの流れは粘性という性質を持ち，速度分布に応じて粘性応力が生じる．粘性がある流れにおいて流速が相対的に遅い場合，すなわち粘性の影響が大きな場合，流れは層流と呼ばれる状態となる．

　本章では，粘性とは何かを学んだうえで，円管内や平板間内の層流について理論的な解を求める．前章まではたとえば管内流れの流速は一様として考えたが，本章では管内の流速分布がどうなるかについても詳しく調べ，粘性応力や圧力こう配と釣り合うように流速分布が決まることを理解する．

4-1 粘性

自由に形を変えつつ抵抗もする．

▶ポイント◀
- 粘性応力は粘性係数と速度こう配の積で表される．
- 粘性係数は流体や温度によって異なる値をとる．

4.1.1 粘性とは

すでに説明したように，流体はミクロ的に見ると運動している無数の粒子のかたまりである．粒子の速度を平均したものが流速となるが，実際にはこれら粒子の速度は変動している．いまここで，図 4.1 のように，流速の異なる二つの流速が接するような状況を考えてみよう．

流速は平行であっても実際の流体粒子は乱雑に運動するため，図 4.1 のように速い流体粒子が遅い流体粒子に，逆に遅い粒子が速い粒子に紛れ込んだりすることも起こりうる．このとき，どのようなことが起こるか例を使って考えてみよう．

マラソンで速く走る集団と遅く走る集団が並走している状況について考える．図 4.2 は一方の走者が他方の走者群に紛れ込んだ状況にたとえられる．遅い集団は紛れ込んだ速い走者とぶつかって速く走るような力が，逆に，遅い走者が紛れ込んだ速い集団では速度が遅くなるような力がそれぞれ働く．運動量の観点からすると，遅い集団は速い走者から大きい運動量をもらう．この運動量の変化は力が加えられたことを意味する．

このように，速度の異なるところで流体に力を生じさせる性質を**粘性**（viscosity）という．

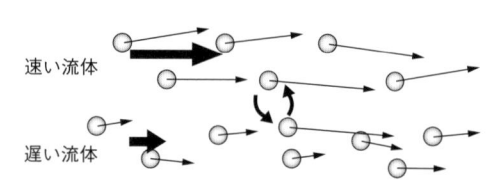

図 4.1 気体分子の運動のようす

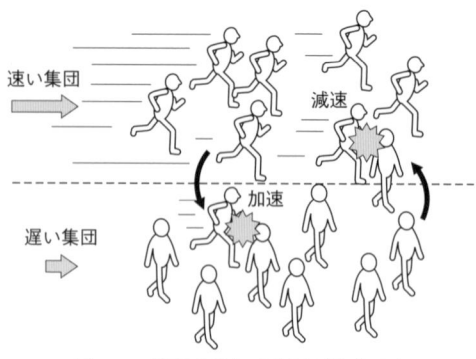

図 4.2 速度の異なる集団が接すると

□□ 4-1 粘 性 □□

4.1.2 粘性応力

　摩擦力は物体の運動を妨げるような力として物体に作用する．流体運動では粘性は摩擦と同じように流体の運動を妨げるような力を生じさせる．たとえば，摩擦のある面上を移動する物体がいずれ止まってしまうように（図 4.3），コップの中でかきまわした水も，いずれ回転は止まってしまう（図 4.4）．どちらの場合も，摩擦あるいは粘性によって失われた運動エネルギーは熱エネルギーとなって散逸してしまう．

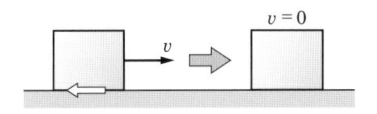

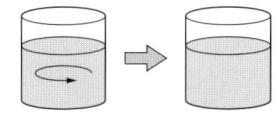

図 4.3　摩擦がある場合の物体の運動　　　図 4.4　粘性がある場合の流体の運動

　粘性によって生じる力は，通常，応力として取り扱う．この粘性による応力を**粘性応力**（viscous stress）と呼ぶ．
　流体の粘性応力は速度こう配に比例する．たとえば，図 4.5 のように，流速が y 方向にのみ変化しているような流れ場では，粘性応力は次のように表される．

$$\underset{\text{粘性応力}}{\tau} = \underset{\text{粘性係数}}{\mu} \frac{\partial u}{\partial y}$$

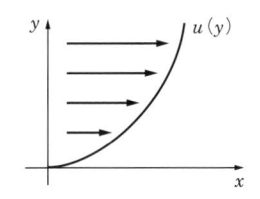

図 4.5　ニュートンの粘性法則

　この関係式を**ニュートンの粘性法則**（Newton's viscosity law）と呼ぶ．μ は流体の物性によって決まる値で**粘性係数**（viscosity coefficient）または**粘度**という．
　物体に作用する摩擦力は，物体どうしが相対的に移動していない場合でも静摩擦力が作用する．流体の場合は速度の空間変化がない限り粘性応力は発生しない．

4.1.3 粘性係数

粘性係数（viscosity coefficient）は流体の粘性の度合いを表す係数で，流体ごとに固有の値をとる．最も身近な流体である水と空気を例に実際の粘性係数の値を見てみよう．

表 4.1 からわかるように，水の粘性係数は空気に比べて 100 倍ほど大きい．すなわち，同じ流速こう配であれば，水のほうが 100 倍大きな粘性応力が作用する（ただし，実際の流体運動における粘性の影響は，流体の密度と粘性係数との兼ね合いによる．これについては 4.1.5「動粘性係数」の項で説明する）．

表 4.1　標準大気圧における水と空気の粘性係数

温度〔℃〕	水 μ〔$\times 10^{-3}$ Pa·s〕	空　気 μ〔$\times 10^{-5}$ Pa·s〕
0	1.792	1.724
10	1.307	1.773
20	1.002	1.822
30	0.797	1.869
40	0.653	1.915

また，粘性係数が温度とともに変化していることがわかる．一般に，気体の場合は温度とともに粘性係数が増加する．すなわち，温度が増加すると，気体は分子や原子の動きがより乱雑になって，運動量の輸送が増加し，結果的に粘性応力が大きくなる．逆に液体の場合，温度の増加によって粘性係数は減少するか，または変化を示さない．

粘性係数の単位は，ニュートンの粘性法則から逆算して求めることができる．

$$\tau = \mu \frac{\partial u}{\partial y}$$

より，

$$\text{粘性係数の単位} = \frac{\text{N}}{\text{m}^2} \frac{\text{m}}{\text{m/s}} = \text{Pa·s}$$

---

coffee break ◀ 粘性の温度変化を見てみよう ◀

サラダ油を冷蔵庫で冷やしてからフライパンに入れ，フライパンを傾けるなどして油の動きを観察する．次に，そのフライパンを熱してから同じことをしてみよう．冷蔵庫から取り出したばかりの油は「ねっとり」として，なべ肌をゆっくり移動していたのが，熱したフライパンの上では「サラサラ」になって軽やかに動くようすが観察できる．温度上昇によって油の粘性係数が小さくなったためである．

□□ 4-1　粘　性 □□

4.1.4　ニュートン流体，非ニュートン流体

　ニュートンの粘性法則（4.1.2「粘性応力」参照）に従う流体を**ニュートン流体**という．身のまわりの多くの流体がニュートン流体であるが，なかにはニュートンの法則に従わない流体もあり，これを**非ニュートン流体**という．

　図 4.6 は，速度こう配 du/dy に対する粘性応力 τ の大きさをグラフにしたもので，**流動曲線**と呼ばれる．これはコップに流体を入れて棒でかき回す際，かき回す速さを横軸に，棒に作用する抵抗を縦軸にとったものと考えればわかりやすい．ニュートンの法則は粘性応力が速度こう配に比例するので，図中では直線で表され，こう配は粘性係数の大きさを表す．また，速度こう配がなければ粘性応力が発生しないので，この直線は原点を通る．

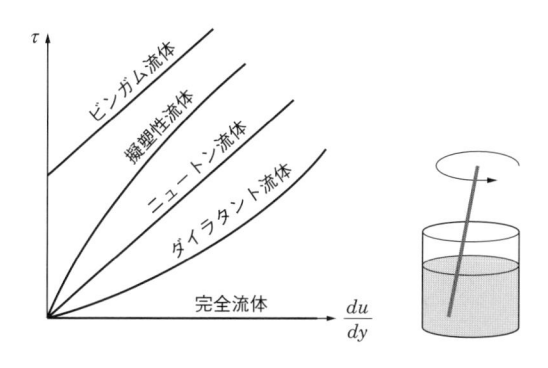

図 4.6　各種流体の速度こう配と粘性応力の関係

　非ニュートン流体にはさまざまな種類がある．ダイラタント流体や擬塑性流体と呼ばれる流体は速度こう配に応じて粘性係数が変化するため，流動曲線は直線ではなくなる．たとえば，ダイラタント流体である水溶き片栗粉を棒でかき混ぜる場合，ゆっくりかき混ぜたときにはそれほど抵抗を感じないのに，素早くかき混ぜると棒が何かに引っ掛かったような感じがする．図 4.6 からわかるように，ダイラタント流体では du/dy が大きくなると粘性係数が増加し，それに応じて粘性応力も大きくなるのである．

　ビンガム流体または塑性流体という流体では流動曲線が原点不連続となる（ビンガム流体では $du/dy=0$，$\tau=0$ は成立）．そのため，速度こう配がなくても，つまり棒を動かさなくても粘性応力が生じる．コップの水や水溶き片栗粉に棒を

刺しただけでは棒は倒れてしまうが，ビンガム流体である歯磨きペーストやクリームに棒を刺しても倒れないのは，このためである．

4.1.5 動粘性係数

動粘性係数（kinetic viscosity coefficient）ν とは，粘性係数をその流体の密度で除した係数である．

$$\nu = \frac{\mu}{\rho} = \frac{\text{粘性係数}}{\text{密度}} \quad [\text{m}^2/\text{s}] \tag{4.1}$$

なぜ，粘性係数に加えて動粘性係数を考慮するのか．それは，流体の運動に影響を与えるのは粘性係数の大きさだけでなく，慣性力にかかわる流体の密度も関係してくるからである．

たとえば，大きさが同じプラスチック製の球と鉄球を同じ初速度で投げる場合について考えてみよう．

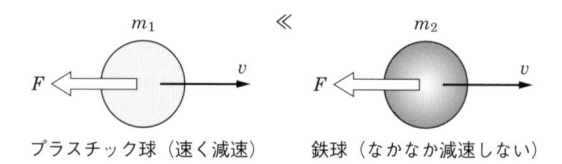

図4.7 プラスチック球と鉄球の運動を考えてみる

球の運動はニュートンの第二法則より，

$$\frac{dv}{dt} = -\frac{F}{m} \tag{4.2}$$

ここで，m は球の質量，F は空気抵抗である．形状と速度が同じなので抵抗 F は同じ値をとる．この式からわかるように，質量 m が大きいほど抵抗 F が球の運動に与える影響は相対的に小さくなる．この場合，鉄球のほうが抵抗の影響が小さく，プラスチック球より減速しにくくなる．

これと同様に，動粘性係数は粘性が流体の運動に与える影響の大きさを表す．一方，粘性係数自体は粘性応力の大きさを与えるという力学的な意味を持っている．質量の異なる球の運動の例は，粘性係数が同じで密度の異なる二つの流体の運動に相当する．二つの流体に同じ大きさの粘性応力が作用する場合，その粘性応力が流体運動に与える影響は当然，密度が大きい流体のほうが小さくなる．すなわち，動粘性係数が小さいほうが運動に与える粘性の影響は相対的に小さい．

4-1 粘 性

このように運動学的な観点では動粘性係数が重要になる．

再び，水と空気について動粘性係数を見てみよう．粘性係数は水のほうが大きいが，逆に，動粘性係数は空気のほうが大きくなっている．

表 4.2 標準大気圧における水と空気の動粘性係数

温度〔℃〕	水		空 気	
	$\mu\,[\times 10^{-3}\,\mathrm{Pa\cdot s}]$	$\nu\,[\times 10^{-6}\,\mathrm{m^2/s}]$	$\mu\,[\times 10^{-5}\,\mathrm{Pa\cdot s}]$	$\nu\,[\times 10^{-6}\,\mathrm{m^2/s}]$
0	1.792	1.792	1.724	13.33
10	1.307	1.307	1.773	14.21
20	1.002	1.004	1.822	15.12
30	0.797	0.801	1.869	16.04
40	0.653	0.658	1.915	16.98

● 例 題

20℃の水が x 方向に流れているとする．図のように y 方向に 1 cm 進むにつき，1 m/s ずつ速度が上昇している場合に作用する粘性応力を求めよ．

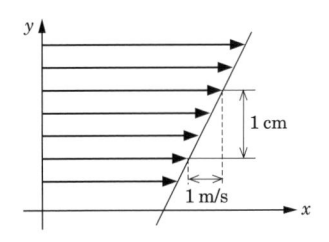

[答]　$\tau = \mu \dfrac{\Delta u}{\Delta y} = 1.0 \times 10^{-3} \times \dfrac{1}{0.01} = 0.1\ [\mathrm{N/m^2}]$

4-2 粘性のある流れ

粘性は流れを大きく変化させる．

▶ポイント◀
- 流れに対する粘性の影響はレイノルズ数によって表される．
- 粘性流れでは壁面の速度はゼロ．

4.2.1 粘性流体の壁面流速

　粘性のない理想流体の場合，図 4.8（a）に示すように，壁面上では流速の壁面垂直成分は 0 となるが接線成分は 0 とはならない．この条件を**滑り壁条件**（slip condition）という．一方，粘性流体の場合，壁面上では流速は壁面の速度と同じ速度になる（図（b））．つまり，壁面が静止していれば，壁面上での流速は 0 となる．この境界条件を**滑りなし条件**（non-slip condition）という．

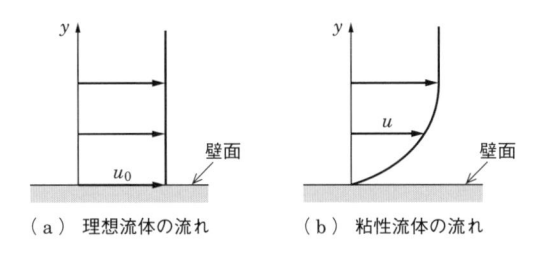

（a）理想流体の流れ　　（b）粘性流体の流れ

図 4.8　理想流体と粘性流体の壁面における速度

4.2.2 レイノルズ数

　ある流れに対して粘性の影響がどれくらい大きいかは，次式で定義される**レイノルズ数**（Reynolds number）で表される．

$$\mathrm{Re} = \frac{Ul}{\nu} = \frac{代表速度・代表長さ}{動粘性係数} = \frac{慣性力}{粘性力} \tag{4.3}$$

レイノルズ数は流体塊に作用する慣性力と粘性力との比を表しており，レイノルズ数が 0 に近づけば粘性の作用が強い流れ，大きくなれば粘性の影響が小さいさらさらした流れとなる．仮に同じ代表長さであれば，流速が速いほどレイノルズ数が大きく，遅いほどレイノルズ数が低くなる．

■■ 4-2 粘性のある流れ ■■

　代表速度，代表長さの取り方は，たとえば，図 4.9 のような一様流におかれた物体まわりの流れの場合，代表速度には一様流の速度，代表長さには物体の流れに対する幅をとるのが一般的である．管内流であれば，代表速度に管内平均流速，代表長さに管径をとる．

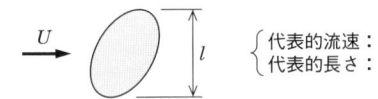

$$U \longrightarrow \quad \begin{cases} 代表的流速: U \\ 代表的長さ: l \end{cases}$$

図 4.9　代表速度，代表長さの例

4.2.3　レイノルズ数による流れの変化

　粘性流れではレイノルズ数の変化が流れに大きな変化を生じさせる場合がある．以下にその例を見てみよう．

　図 4.10 は一様流中におかれた円柱まわりの流れを可視化（coffee break（次ページ）参照）した結果である．レイノルズ数が低い状態（$Re \approx 1$）では流れは円柱に沿って流れている．ややレイノルズ数が高くなると（$Re = 24.3$），流れは円

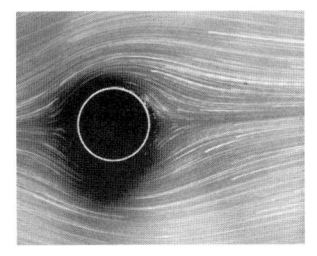

Re = 1.54

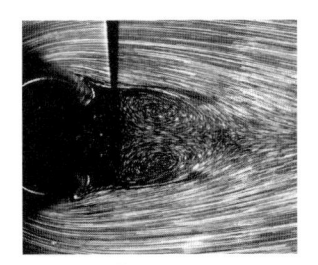

Re = 24.3

Re = 140

［出典］　An Album of Fluid Motion, The Parabolic Press

図 4.10　レイノルズ数による流れの変化（円柱まわりの流れ）

柱からはく離し（6.3「流れのはく離」参照），円柱背後には図のように一対の渦（これを双子渦という）が形成される．さらにレイノルズ数が上がると（Re = 140），円柱背後の渦は交互に放出され，下流には渦が互い違いに並んだ列ができる（これを**カルマン渦**（6.4「カルマン渦とストローハル数」参照）という）．

---

coffee break ◀ 流れの可視化 ◀

水や空気など，通常，流れがどのように運動しているかは目で見ることができない．これを何らかの方法で見えるようにすることを**流れの可視化**（flow visualization）という．図 4.10 は，流れる水の中に円柱を立て，その上にカメラを設置して円柱うしろ側の流れのようすを撮影したものである（図 4.11）．流れる水はそのままでは写真に写らないため，図 4.10 の上二つの写真は水の表面にアルミ粉末を浮かべ，それを天文写真のように長時間露光することによって可視化した結果である．一方，図 4.10 下側の写真は，円柱表面に色素を塗布し，それが水の流れによって流された結果，カルマン渦が可視化されている．

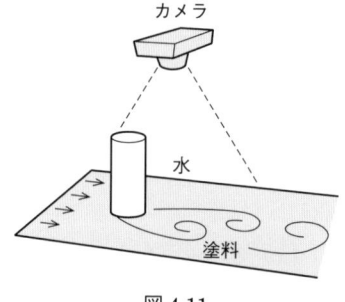

図 4.11

● **例　題**

直径 3 cm の円管内に流速が 1 cm/s で温度 20℃ の水が流れていたとする．代表長さを直径として，この円管内流れのレイノルズ数を求めよ．

［答］　$\mathrm{Re} = \dfrac{Ud}{\nu} = \dfrac{0.03 \times 0.01}{1.0 \times 10^{-6}} = 3 \times 10^2$

4-3 円管内の層流

粘性応力と圧力こう配との釣合い.

▶ポイント◀
- 粘性の存在により流れとともに圧力が降下する.
- 圧力こう配,粘性応力との釣合いから円管内の流速分布が求められる.

4.3.1 円管内粘性流れの特徴

板の上を移動する物体について考えてみよう.

物体と板との間に摩擦がなければ,物体は外部からの力なしに等速度で運動しつづける.しかし,摩擦がある場合,摩擦力と釣り合う外力がなければ徐々に減速し,いずれは止まってしまう(図4.12).

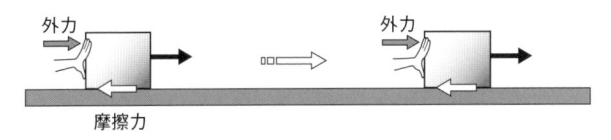

図4.12 摩擦がある場合の物体の等速度運動

断面積一定の円管内の定常流れを例に,同様の状況を流体運動について考える.連続の式から,円管内の定常流ではどの断面でも速度は一定となる.理想流体の場合はベルヌーイの定理から圧力も一定となる.

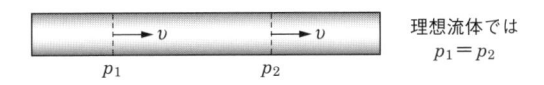

図4.13 粘性がない場合の管内定常流れ

それでは,粘性流体の場合はどうなるか考えてみよう.粘性流体の場合でも連続の式より,流速はどの断面でも等しくなる.しかし,物体に板から摩擦力が作用するのと同様,流体には管壁面から粘性応力が作用する.では,粘性応力に釣り合って流体を等速で運動させる力は何であろうか.

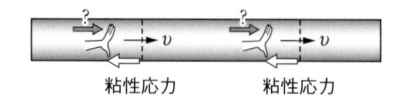

図 4.14 粘性応力に逆らっている力は何か

実は，この力は圧力こう配によってもたらされる．すなわち，管内の粘性流れでは下流にいくにつれて圧力が下がっていくことになる（図 4.15）．

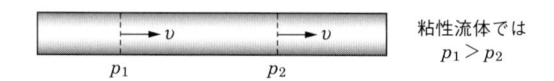

図 4.15 粘性がある場合の管内定常流れ

4.3.2 円管内の層流流速分布の理論解

管内の粘性流れでは流体が圧力こう配に「押されて」流れることがわかった．ところで，粘性流れでは壁面で流速が 0 となり，管内の流速は断面内である分布を持っているはずである．この流速分布を理論的に求めてみよう．

図 4.16 のような円管内の流体で，中心から半径 r の微小な円柱部分について力の釣合いを考える．円柱部分の断面には圧力，側面には粘性応力が作用する．次に，これらの大きさと釣合いを考えてみよう．

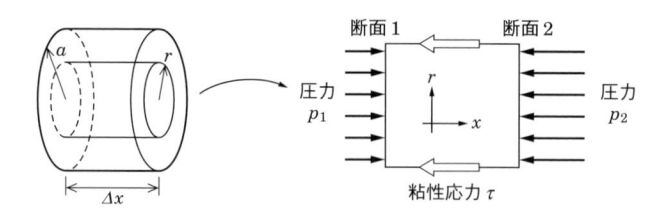

図 4.16 円管内流体に作用する力

断面 2 の圧力は近似的に次のように書ける．

$$p_2 \simeq p_1 + \frac{\partial p}{\partial x} \Delta x \tag{4.4}$$

一方，流速を u とすると，粘性応力はニュートンの法則（4.1.2「粘性応力」）から，

4-3 円管内の層流

$$\tau = \mu \frac{\partial u}{\partial r} \tag{4.5}$$

A, A_s をそれぞれ円柱の断面積および側面面積とすると，円柱部分に作用する力の釣合いは次式で表される．

$$(p_2 - p_1)A = \tau A_s \quad (A = \pi r^2,\ A_s = 2\pi r \Delta x) \tag{4.6}$$

これに先に求めた圧力や粘性応力を代入する．

$$\frac{\partial p}{\partial x} \Delta x \pi r^2 = \mu \frac{\partial u}{\partial r} \cdot 2\pi r \Delta x \tag{4.7}$$

式を整理して，流速に関する微分方程式を得る．

$$\frac{\partial u}{\partial r} - \frac{r}{2\mu} \frac{\partial p}{\partial x} = 0 \tag{4.8}$$

次に，この方程式を解く．まず，dp/dx を $-\alpha$ とおくと，

$$\frac{du}{dr} = -\frac{\alpha}{2\mu} r \tag{4.9}$$

これを r について積分すると，

$$u = -\frac{\alpha}{4\mu} r^2 + C \tag{4.10}$$

ここで，C は積分定数である．境界条件である滑りなし条件から，$r = a$ で $u = 0$ であるから，

$$C = \frac{\alpha}{4\mu} a^2 \tag{4.11}$$

これより最終的に次の流速分布を得る．

$$u = -\frac{\alpha}{4\mu}(r^2 - a^2) \tag{4.12}$$

この式から，円管内の流速は管中心で最大値をとる放物分布となることがわかる（図 4.17）．これを**ポアズイユ流れ**（Poiseuille flow）という．

以上の式導出をまとめると図 4.18 のようになる．

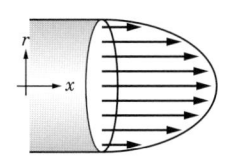

図 4.17　ポアズイユ流れの流速分布

第4章　層　流

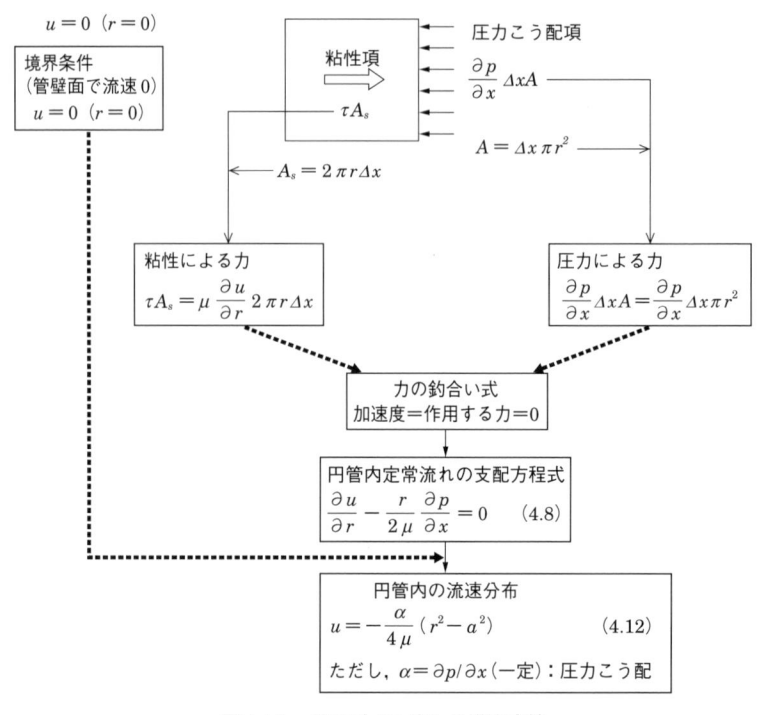

```
境界条件                        粘性項           圧力こう配項
(管壁面で流速0)    →  →                     ←  ←  ∂p/∂x ΔxA
u = 0 (r = 0)              τA_s               
                                            A = Δx πr²
           A_s = 2πrΔx

   粘性による力                        圧力による力
   τA_s = μ ∂u/∂r 2πrΔx              ∂p/∂x ΔxA = ∂p/∂x Δxπr²

                力の釣合い式
                加速度＝作用する力＝0

                円管内定常流れの支配方程式
                ∂u/∂r − (r/2μ)(∂p/∂x) = 0    (4.8)

                円管内の流速分布
                u = −(α/4μ)(r² − a²)    (4.12)
                ただし，α = ∂p/∂x (一定)：圧力こう配
```

図 4.18　ポアズイユ流れの導出方法

4.3.3　管内流れの流量，平均流速

次に管内流れにおける流量，平均流速，流速最大値を求めてみよう．

管を通る流量 Q は，管の断面積 A と流速 u との積 Au で求められる（3.2.4「流量」）．しかし，これが成り立つのは流速 u が管内で一様な場合，あるいは流速 u が平均流速の場合である．いま，流速は式（4.12）のように管内に分布を持つ．このような場合，流量は次式のように流速を断面内で面積について積分することによって求める．

$$Q = \lim_{\Delta A \to 0} \sum_i u_i \Delta A_i = \int u \, dA \qquad (4.13)$$

この積分は，管内を面積 ΔA の微小な要素に分割し，その要素内では流速が一定であると考えて流量を $u\Delta A$ として求め，これをすべての要素に足し合わせることによって管内の流量を求めていると考えればよい．

円管の場合，断面を図 4.19 のような円弧に囲まれた領域を微小な要素に分割

◻◻ 4-3　円管内の層流 ◻◻

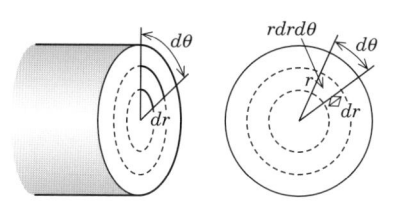

図 4.19　流量を求めるための積分

して考える．この面積は $rdrd\theta$ として表され，流量は次式で表される．

$$Q = \int_0^{2\pi}\int_0^a urdrd\theta = \frac{\pi a^4}{8\mu}\alpha \tag{4.14}$$

この関係式は流量と管径，圧力こう配，粘性の関係を与え，**ポアズイユの法則**と呼ばれる．

　　ポアズイユの法則：流量 $Q \propto$ [管径]^4 × [圧力こう配] × [粘性係数]$^{-1}$

平均流速は流量を断面積で割った値で，

$$U = \frac{Q}{A} = \frac{a^2}{8\mu}\alpha \tag{4.15}$$

最大流速は平均流速を用いて次のように表される．

$$U_{\max} = u|_{r=0} = \frac{a^2}{4\mu}\alpha = 2U \tag{4.16}$$

4.3.4　摩擦損失

　粘性流れでは流れは粘性応力に逆らって流れるため，下流にいくにつれてエネルギーが失われる．水平におかれた管路内流れの場合，摩擦によるエネルギーの損失は圧力降下という形で現れる．この圧力こう配は粘性応力と釣り合って定常に流れるために流体を「押す」力であるが，エネルギー的に見ると粘性応力に抗して流れることによって生じた結果でもある．このように粘性によるエネルギーの損失を**摩擦損失**（friction loss）という．

　図 4.20 に示すように，摩擦損失と同様の現象が他の分野にも存在する．たとえば，電気抵抗の両端に電流を流した場合，抵抗の存在によってその両側に電圧差が生じる．この場合，電流は流体運動の流れに，電圧は圧力に相当する．また，摩擦のある斜面を滑り落ちる物体運動では，物体と壁面との間に作用する摩擦力によってエネルギーが失われ，その分，位置エネルギーが減少する．

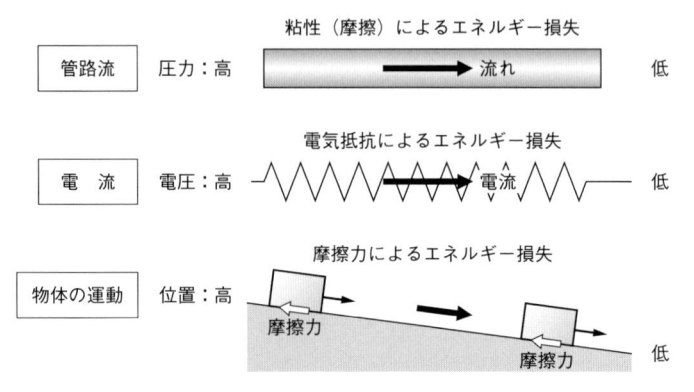

図4.20 摩擦などによるエネルギー損失の例

それでは，流れによってどれくらいエネルギーが失われるか，考えてみよう．粘性のない理想流体ではベルヌーイの定理が成り立ち，流体の持つエネルギーは流れに沿って一定である．しかし，粘性によってエネルギーが失われるとベルヌーイ式で表されるエネルギー E は下流にいくにつれ減少する（図4.21）．このとき，管のある断面におけるベルヌーイ式は次のように書ける．

$$\frac{1}{2}\rho v^2 + p + \rho g z = E(s) \tag{4.17}$$

理想流体と異なり，粘性流体では右辺は定数ではなく，流れに沿って変化する．これを**拡張されたベルヌーイ式**という．図4.21のような場合，長さ l 離れた断面間で ΔE だけエネルギーが失われたことを示す．

摩擦損失には以下のような特徴があり，次式で表される．

図4.21 管摩擦によるエネルギー損失

$$\Delta E \propto \frac{l}{d} \frac{1}{2} \rho U^2 \tag{4.18}$$

1. 管長 l に比例する ： $\Delta E \propto l$
2. 運動エネルギーに比例する ： $\Delta E \propto \frac{1}{2}\rho U^2$
3. 管径 d に反比例する ： $\Delta E \propto 1/d$

これらのことを考慮し式（4.18）に比例定数 λ を導入して次式のように表す．

□□ 4-3　円管内の層流　□□

$$\Delta E = \lambda \frac{l}{d} \frac{1}{2} \rho U^2 (\text{エネルギー}), \quad \Delta H = \lambda \frac{l}{d} \frac{U^2}{2g} (\text{ヘッド}) \tag{4.19}$$

この式は，管径 d，管内平均流速 U の管内流れにおいて長さ l の間に摩擦によって失われるエネルギーおよびヘッドを表している．この式を**ダルシー・ワイスバッハ式**（Darcy-Weisbach equation）という．比例定数 λ は**管摩擦係数**（friction factor）と呼ぶ．

4.3.5　層流の管摩擦係数

4.3.2「円管内の層流流速分布の理論解」で求めた流速分布をもとに，円管内層流の管摩擦係数を求めてみよう．

断面積一定で水平に設置された管内流れでは，管に沿う圧力降下率と平均流速との関係は，式（4.19）より次のように表すことができる．

$$-\frac{dp}{dx} = \frac{\lambda}{d} \frac{1}{2} \rho U^2 \quad \text{あるいは} \quad \Delta p = p_1 - p_2 = \lambda \frac{l}{d} \frac{1}{2} \rho U^2 \tag{4.20}$$

平均流速の式（4.15）より，

$$-\frac{dp}{dx} = \frac{32\mu}{d^2} U \quad (\text{半径 } a \text{ から直径 } d \text{ に変化していることに注意}) \tag{4.21}$$

両式から圧力こう配項を消去すると，

$$\frac{\lambda}{d} \frac{1}{2} \rho U^2 = \frac{32\mu}{d^2} U \tag{4.22}$$

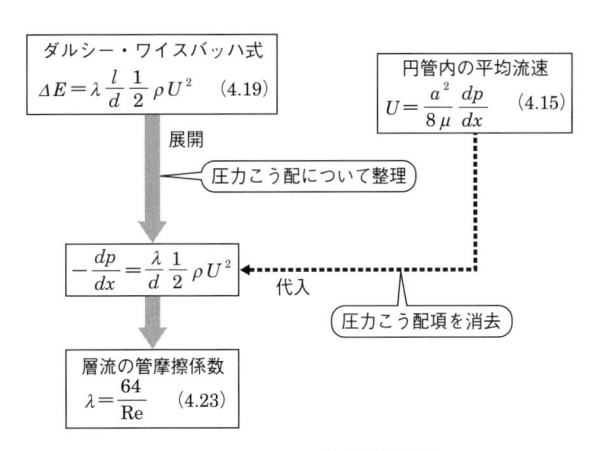

図 4.22　層流の管摩擦係数導出

これをλについて解くと，層流の管摩擦係数が求められる．

$$\lambda = \frac{64\mu}{\rho d U} = \frac{64}{\text{Re}} \tag{4.23}$$

以上の式導出をまとめると図 4.22 のようになる．

●例 題

直径 1 cm の円管内に 20℃の水が流れているとする．2 kPa/m の圧力こう配が作用している場合，流量はいくらか．

［答］ポアズイユの法則から，

$$Q = \frac{\pi (d/2)^4}{8\mu}\alpha = \frac{3.14 \times (0.01/2)^4}{8 \times (1.0 \times 10^{-3})} \times 2 \times 10^3 = 5 \times 10^{-4}\ [\text{m}^3/\text{s}]$$

4-4 平行壁の間の層流

二つの流れ（解）を重ね合わせる．

▶ポイント◀
- 壁が動いたとしても圧力こう配，粘性応力との釣合いで流れが決まる．
- 流れはクェット流れとポアズイユ流れの和として求められる．

4.4.1 平行壁間流れの流速分布

図 4.23 のように，h だけ離れて平行におかれた壁の間の定常流れについて考える．円管内流れと同様，圧力こう配が α である場合の流速分布を理論的に求めてみよう．ただし，ここでは上側の壁が速度 U で移動しているものとする．

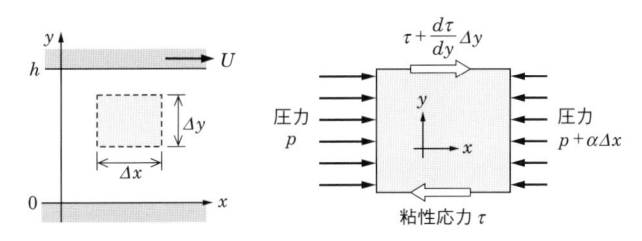

図 4.23　平行平板間の流体に作用する力

導出方法は円管内層流流れと同じである．図 4.23 に示すように，平行壁間の流体中の微小領域について力の釣合いを考えると，次式が得られる．

$$\alpha \Delta x \Delta y = \frac{d\tau}{dy} \Delta y \Delta x \tag{4.24}$$

ニュートンの法則を利用し，式を整理する．

$$\mu \frac{d^2 u}{dy^2} = \alpha \tag{4.25}$$

これを積分して，境界条件 $u=0$（$y=0$），$u=U$（$y=h$）を代入すると，次式で表される平行平板間定常流れの流速分布が求められる．この式の第 1 項は圧力こう配によって誘起される流れ，第 2 項は壁を速度 U で移動させたことによって生じた流れとなる．

平行平板間流れの理論解

$$u(y) = \underbrace{\frac{\alpha}{2\mu}(h-y)y}_{\substack{\text{圧力こう配に}\\\text{よる流れ}}} + \underbrace{\frac{U}{h}y}_{\substack{\text{壁が速度}U\text{で移動}\\\text{することによって}\\\text{生じた流れ}}} \tag{4.26}$$

4.4.2　圧力こう配がない場合（$\alpha = 0$）

　前項（4.4.1）で求めた平行壁間流れは圧力こう配，壁面の移動という二つの要素で生じたものである．圧力こう配，壁面移動それぞれがどのような流速分布を生じさせるのか見てみよう．

　まず，圧力こう配がない場合について考える．このとき $\alpha = 0$ となり，平行壁間の流体は上側の壁に引きずられるように運動する．流速分布は次のよう直線分布になる．この流れ場を**クェット流れ**（Couette flow）と呼び，次式で表される．

$$u(y) = \frac{U}{h}y \tag{4.27}$$

　このとき，流速分布と応力分布がどのようになるか見てみよう．まず，流速分布は式（4.27）からわかるように直線分布となる．この流速分布粘性応力を求めると，

$$\tau = \mu\frac{\partial u}{\partial y} = \mu\frac{U}{h} \tag{4.28}$$

となることから，平行壁間の応力分布は一定であることがわかる（図4.24）．

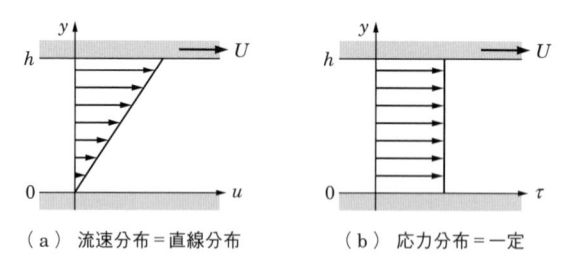

（a）流速分布＝直線分布　　　（b）応力分布＝一定

図4.24　平行平板間の流れにおける流速と粘性応力の分布（圧力こう配が0の場合）

4.4.3　上方の壁が静止している場合（$U=0$）

次に，上の壁が静止し，圧力こう配がある場合について考える．このときの流れ場は 4.3.2「円管内の層流流速分布の理論解」で求めた円管内流れと同じ流速分布となる．円管内流れと同様，平行壁間の場合も，この流れ場を**ポワズイユ流れ**（Poiseuille flow）と呼ぶ．

$$u(y) = \frac{\alpha}{2\mu}(h-y)y \tag{4.29}$$

流速分布は円管内流れ同様に放物線分布となる．粘性応力を式（4.29）から求めると，

$$\tau = \alpha\left(\frac{1}{2}h - y\right) \tag{4.30}$$

となることから，平行壁間の応力分布は直線分布となることがわかる．

（a）流速分布＝放物線分布　　（b）応力分布＝直線分布

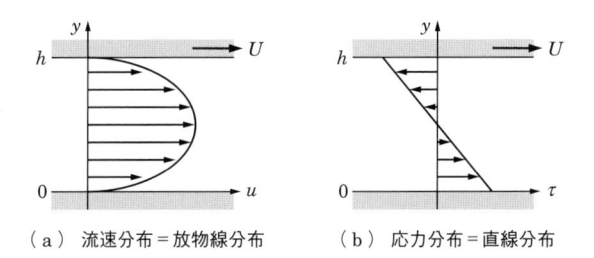

図 4.25　平行平板間の流れにおける流速と粘性応力の分布（平板速度が 0 の場合）

4.4.4　圧力こう配と上方壁速度がある場合

圧力こう配があり，壁面速度 U が 0 でない場合，すなわち $\alpha \neq 0$，$U \neq 0$ の場合の流速分布は，図 4.26 のようにクエット流れ，ポアズイユ流れを足し合わせた流速分布となる．

図 4.26 では，さまざまな圧力こう配に対して流速分布が表示してある．α が正の場合，クエット流れから増速する形でポアズイユ流れの流速分布が加わる．逆に，下流にいくにつれて圧力が増加する逆圧力こう配（$\alpha<0$）では，クエット流れより減速し，圧力こう配の絶対値がある程度大きくなると逆流域が生じる．

流速分布（$\alpha=0$, $U\neq 0$）
クェット流れ

流速分布（$\alpha\neq 0$, $U=0$）
ポアズイユ流れ

＋

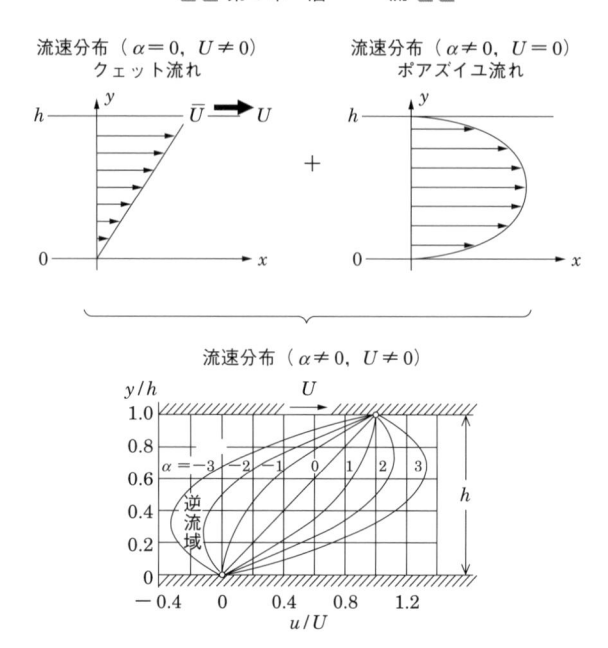

流速分布（$\alpha\neq 0$, $U\neq 0$）

図 4.26　平行平板間の流れにおける流速と粘性応力の分布
（平板速度，圧力こう配がともに存在する場合）

● 例　題

　自動車のエンジンなどではシリンダ内をピストンが往復運動する．ピストンとシリンダの間には摩擦による焼き付きを防ぐためのオイルが存在する．ピストンが速度 U で運動している場合，シリンダに作用する摩擦応力を求めよ．ただし，

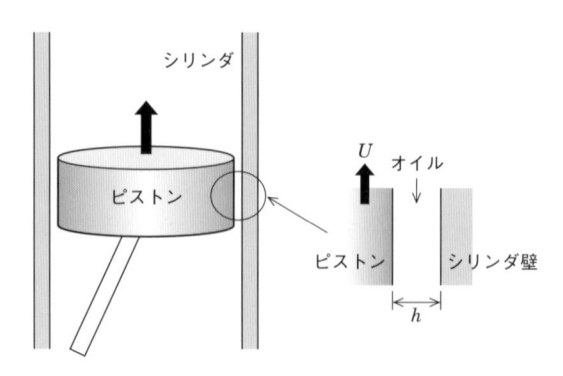

図 4.27　エンジンシリンダ内部

4-4 平行壁の間の層流

オイルには圧力こう配がなく，層流であるとする．また，オイルの粘性係数は $\mu = 1.0 \times 10^{-2}$ Pa·s，ピストンとシリンダ間の距離 $h = 2.0$ mm，ピストンの速度 $U = 20$ m/s であるとする．

［答］ オイルはクエット流れになることが予想される．壁面におけるせん断応力は式 (4.28) で与えられるから，これに与えられた条件を代入し，次のように求められる．

$$\tau = \mu \frac{U}{h} = 1.0 \times 10^{-2} \times \frac{20}{2.0 \times 10^{-3}} = 1.0 \times 10^{2} \ [\text{N/m}^2]$$

4-5 球の層流抵抗（ストークスの法則）

水の中を落ちていく微粒子の速さは？

▶ポイント◀
- レイノルズ数が非常に小さい場合はストークス近似が適用できる．
- 微小粒子の抵抗はストークスの抵抗法則で与えられる．

4.5.1 ストークス近似

　粉末やミストなどの微粒子が流体中に沈でんするような場合，微粒子まわりの流れはレイノルズ数が非常に小さくなる．レイノルズ数が1より小さくなるとき，流れ場は慣性力に比べて粘性力が卓越してくる．

　このように低いレイノルズ数では慣性力を無視して，流れ場の理論解を近似的に求めることができる．その一つの方法が**ストークス近似**（Stoke's approximation）である．ストークス近似を用いると球に作用する抵抗を計算することができ，次式のように与えられる．ただし，球の半径を a，速度を U とする．

$$D = 6\pi a \mu U \tag{4.31}$$

この式にはレイノルズ数が低い流れに特有の特徴がある．まず，この式には流体の密度が含まれていない．ストークス近似が成り立つような低レイノルズ数では慣性力が無視でき，流体の密度が抵抗に影響を及ぼさなくなる．また，一般的に流体力は速度の2乗に比例するが，慣性力が無視しうるような流れでは抵抗は速度に比例する．

　この式から抵抗係数を求めると次式となる．

$$C_D = \frac{24}{\mathrm{Re}} \tag{4.32}$$

これを**ストークスの抵抗法則**という．

4.5.2 沈降速度

　ストークス近似から求められた抵抗を利用して，微粒子が流体中を沈降する際の終端速度，すなわち沈降（沈下）速度を求めることができる．
　微粒子が速度 U で沈下しているとして，その微粒子の運動方程式を立てる．

4-5 球の層流抵抗（ストークスの法則）

$$\rho' V \frac{dU}{dt} = (\rho' - \rho) V g - D \tag{4.33}$$

ここで，ρ は流体の密度，ρ'，V はそれぞれ微粒子の密度，体積である．終端速度に達したとき，加速度は 0 になるから，

$$(\rho' - \rho)\frac{4\pi a^3 g}{3} = 6\pi a \mu U \tag{4.34}$$

ここで，微粒子の半径を a とした．これより，終端速度 U_∞ を求めると，

$$U_\infty = \frac{2}{9}\frac{\rho' - \rho}{\mu} a^2 g \tag{4.35}$$

これより，沈降速度は流体の密度，微粒子の密度と半径で決まることがわかる．

● 例 題

粒子径を求めよう．温度 20℃ の水の中を密度 1.2×10^3 kg/m³ の微粒子が速度 3.0×10^{-4} m/s で定常に沈下している．この微粒子が球形であるとして，その直径を求めよ．

［答］式 (4.35) を半径について整理し，与えられた数値を代入して直径 d を求めると，

$$a = \sqrt{\frac{9}{2}\frac{\mu}{(\rho'-\rho)}\frac{U_\infty}{g}} = \sqrt{\frac{9}{2}\frac{1.0 \times 10^{-3}}{(1.2-1.0) \times 10^3}\frac{3.0 \times 10^{-4}}{9.8}}$$

$$= 2.62 \times 10^{-5} \text{ [m]} = 2.62 \times 10^{-2} \text{ [mm]}$$

$$d = 5.2 \times 10^{-2} \text{ [mm]}$$

第 4 章 層　　流

章末問題

(1) 水の流速分布が次式で与えられている．このときの粘性応力分布を求めよ．また，$y = 1\,\text{m}$，$\mu = 0.1\,\text{Pa·s}$ での粘性応力を求めよ．

$$u(y) = (1-y)y + y \quad [\text{m/s}]$$

(2) 管径 $D = 20\,\text{mm}$，長さ $100\,\text{m}$ の管に毎秒 $3.0\,l$ の流体が層流で流れている．この流体の粘性係数が $\mu = 8.38 \times 10^{-4}\,\text{Pa·s}$ であるとき，この管の両端における圧力差（圧力損失）を求めよ．

(3) 問(2)の管内で失われる単位時間当りのエネルギーはいくらか．

(4) 直径 a，密度 ρ' の微粒子を密度 ρ，粘性係数 μ の液体の中に沈降させる．粒子の速度が時間とともにどのように変化するか求めよ．ただし，粒子速度は $t = 0$ で 0 であるとする．

第 5 章
管内の乱流

　第4章では，流体の運動には慣性力，圧力，粘性力が作用すること学んだ．管の中の流れが層流の場合についても詳しく学んだ．粘性がある場合でも層流については微分方程式を解くことによって解を求めることができることがわかった．しかし，一般の流体機械などの流れは乱流の場合が多く，乱流についてはまだよくわからないことも多い．

　この章では流れが乱流の場合の流れの力学について学習する．層流と乱流での管内の流れの振る舞いの違い，レイノルズ数の重要性，実験の必要性などについても解説する．

5-1 乱　　流

流れには渦がいっぱい．

▶ポイント◀
- 乱れた流れとはどんなもの？
- 層流と乱流で圧力損失がどのように変化するか？

5.1.1　層流と乱流

　第4章で学んだように，管の中に流体（水や空気）を流す場合，外部から流体を押し込むための圧力が必要である．管内を流体が流れると壁面付近の流れと管の中央付近の速度に差が出るため，粘性の影響によって損失が発生する．管の中に流体を流す場合，なるべく単位時間内に輸送できる流体の量を増やしたい（単位時間内の流量が大きければ，それだけ多くの流体を輸送できる．また，流体の速度が速ければ，運動量が大きくなるので取り出してエネルギーとして利用できる）．このことから管内に流体を流す場合は，できるだけ小さな入力（圧力）によって，できるだけ速い流れ（流量・慣性力）を作り出したい．そのためには損失（粘性力）を小さくする必要がある．このため，圧力と損失，流量の関係が古くから調べられてきた．

　第4章で学んだ**ポアズイユ流れ**はそのような研究の成果である．層流の場合は理論的に圧力と流量の関係を導くことができた．ところが，流量が増えたり，管が太くなったりするにつれて，ポアズイユ流れによる計算値と実験値が合わなくなるという問題が発生した．

　ハーゲン（ドイツ人）は下水道の設計の際に，図5.1に示すように，流体の振る舞いが流量に依存し，ある流量（または速度）から圧力損失が非常に大きくなることに気がついた．

　ハーゲンは，流れが遅い場合と速い場合とでは流れのようすが大きく異なるのではないかと考えた．この現象を力学的に詳しく調べたのがレイノルズである．

　レイノルズは図5.2に示すような装置を使ってパイプに水を流し，流速やパイプの太さ，粘性係数を変えた実験を行った．流速が低い場合や管の粘性が大きい場合は，パイプの中に色素を入れると色素は一筋の糸のように流れていくが，流速が速くなったり，管の径が大きくなったり，粘性が小さくなったりすると，パ

5-1 乱流

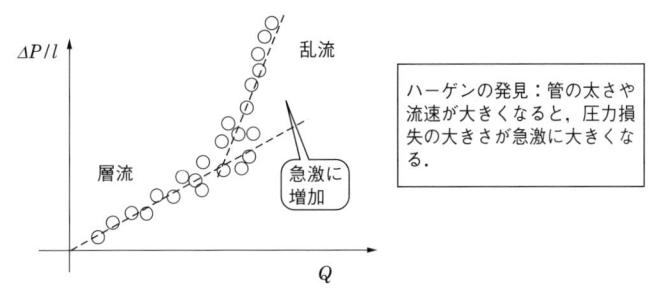

図 5.1 管路における流量と抵抗の関係

イプの中の流れが激しく混合し，色素の流れが変化することを実験により確認した．この実験により，流れのようすは単に速度だけで決まるのではなく，管内の流体に作用する慣性力と粘性力の比に依存することがわかった．慣性力と粘性力の比を表す無次元数を**レイノルズ数**という．

$$\mathrm{Re} = \frac{UD}{\nu} \tag{5.1}$$

レイノルズ数は，代表速度 U と代表寸法（管の直径）D の積を動粘性係数 ν で割った数値である．レイノルズの実験より，レイノルズ数が 2 320 より小さい場合は流れは層流となり，2 320 以上の場合は乱流になることがわかった．流れが層流から乱流に変わるレイノルズ数を**臨界レイノルズ数**と呼ぶ（臨界レイノルズ数の値は，流れの初期条件，境界条件にも依存する．実験装置には外部からの振動などさまざまな外乱が加えられるが，これらの外乱のない状態の場合，管内流の臨界レイノルズ数は 5 000 程度まで大きくなるという報告もある）．

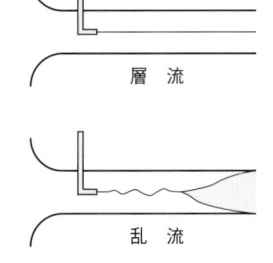

図 5.2 レイノルズの実験装置（複製）（左）と管の中の色素のようす（上：層流，下：乱流）
［写真提供］興和精機株式会社

第 5 章 管内の乱流

● 例 題

内径 100 mm の円管内を水温 20℃の水が 1 分間に 0.01 m³ 流れている．この場合のレイノルズ数を求め，流れが層流か乱流か調べよ．

◆ 解 答 ◆

管の内径が 100 mm であるから，

管の断面積 $A = (\pi/4)d^2 = \pi/4(100/1\,000)^2 = 0.0079$ m²

管内を流れる水の平均流速：

$$U = \frac{Q}{A} = \frac{0.01/60}{0.0079} = 0.021 \text{ [m/s]}$$

レイノルズ数：

$$\text{Re} = \frac{Ud}{\nu} = \frac{0.021 \times 0.1}{1 \times 10^{-6}}$$
$$= 2\,109.7 < 2\,320$$

したがって，流れは層流である．

> ・単位を合わせる．
>   　直径 100mm → 0.1m
> ・流量と直径から流速を求める．
> ・動粘性係数の値は水と空気では異なることに注意

---

coffee break ◀ レイノルズ数と代表寸法 ◀

流体力学の勉強をすると必ず習うレイノルズ数．誰でも名前くらいは知っているが，意味については理解されていないことも多い．その一つに代表寸法の問題がある．講義で初めてレイノルズ数を習うときに代表寸法，代表速度と聞いて，「代表」とはなんだろうと思った人もいるはずだ．

最初に習う管内流れだと円管の直径，飛行機の翼だと翼弦長，円柱だと直径，境界層なら板の先端からの長さなど，代表寸法といってもいろいろある．なぜ，飛行機の翼の場合，厚みではだめなのか．

レイノルズ数は本来，流れの渦の大きさや渦の移動速度に基づいて定義されるべきもの．ところが，渦の大きさなどは詳しく調べないとわからない．そこでさまざまな問題に対して，飛行機の翼なら翼弦長，円管なら管の直径（直径より大きな渦はできにくいから）というように経験的に決められている．このため，代表寸法はそれぞれの問題で取り方が異なることがある．

一口に代表寸法といっても扱う問題によって異なるので注意が必要である．

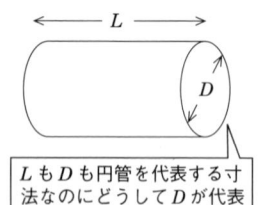

> L も D も円管を代表する寸法なのにどうして D が代表寸法なのだろう？

5-1 乱流

5.1.2 管の中の乱流

　レイノルズの実験によれば，管の中の流れはレイノルズ数2320以上で乱流になる．また，ハーゲンは流れの状態が層流から乱流に変化すると圧力損失が増えることを経験的に知っていた（ただし，ハーゲンの時代には層流，乱流という区別はなかった）．実用的な面から考えた場合，層流と乱流でどの程度，圧力損失が変わるのかが問題となる．層流は流れが層状に流れており，流体粒子の混合もなく定常である．このような場合，微分方程式を解くことによって，速度分布やせん断応力を求めることができることを，第4章で学んだ．

　それでは，管の中の流れが乱流になっている場合はどうだろうか．

　レイノルズの実験で染料が激しく混合したことから，乱流の場合，管の中の流体粒子は互いに位置を変え，複雑な流れになっていると予想される．図5.3は管の中の流れを模式的に表した結果である．層流と乱流で流れのようすが大きく異なることがわかる．

　乱流を定義することは実は非常にむずかしい．乱流の特徴として，3次元的な流れ，非定常な流れ，速度の変動の大きな流れなどがあげられるが，これだけで乱流の性質のすべてを記述することはできない．

　詳しくは専門書に譲るとして，本書で取り扱う範囲では，乱流は流体粒子が激しく混ざり合いながら流れる複雑な流れであり，管の中の流れが乱流になると，(1) 内部の流体が激しく混ざり合うので内部における物質移動が促進される，(2) 壁面付近の速度こう配が大きくなるため壁面せん断応力が大きくなる，(3) 流量の増加とともに圧力損失が増大するものとする．

　また，本書では，乱流の性質である流れの非定常性については取り上げずに，十分長い時間における平均的な振る舞いについてのみ考える．すなわち乱流のマクロな性質について考え，層流のときと同じように流量と圧力損失の関係について考えることにする．

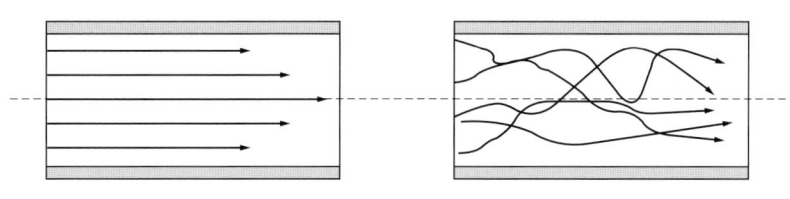

図5.3　管内の流れ（層流と乱流）

5-2 滑らかな管と粗い管

管の表面が粗いとか滑らかとは，どういうことだろう．

▶ポイント◀
- 顕微鏡で見れば，どんな管の表面も凹凸している．
- レイノルズ数と壁面の凹凸が管摩擦係数に影響する．

5.2.1 プラントルの壁法則

いま，滑らかな壁面を持った円管の中を流体が流れていると仮定しよう．管のレイノルズ数は十分大きく，管内の流れは乱流であるとする．このような条件であっても，図5.4に示すように，壁の極近傍では内部の乱流（渦）の影響は小さいと予測される．

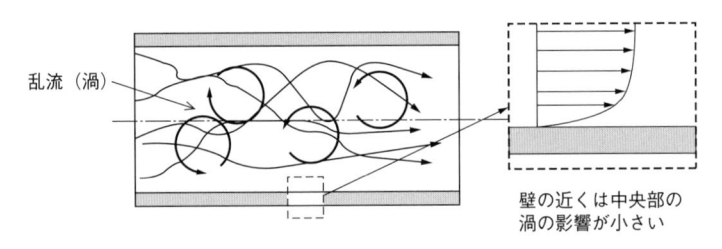

図5.4 管の中の流れと壁の近くの流れ

壁面では流体粒子は静止しているので，速度は0である．壁から離れた位置では流体粒子が移動しているので，壁面から管中央に向かって速度こう配が存在する．粘性流体では速度こう配に比例してせん断応力が作用するから，壁面には流体の運動によるせん断応力 τ_0 が作用する．

壁面せん断応力は流体の速度に依存するので何らかの速度の指標が必要であるが，壁面の近傍に問題を限定すれば，管全体のレイノルズ数とは無関係になると考えられる．このことから，壁面近傍の状態を表す物理量に基づいて代表速度を決める必要がある．ニュートン流体の性質から，壁面せん断応力 τ_0 は，壁面からの距離 y，流体の密度 ρ，動粘性係数 ν に依存するので，これらの指標を用いて壁面近傍のせん断応力と結びついた**摩擦速度**（friction velocity）U^* を新たに定義しよう．

5-2 滑らかな管と粗い管

$$U^* = \sqrt{\frac{\tau_0}{\rho}} \; [\text{m/s}] \tag{5.2}$$

この式の次元を調べてみると,

$$\sqrt{\frac{\tau_0}{\rho}} \;\to\; \sqrt{\frac{[\text{kgm/s}^2/\text{m}^2]}{[\text{kg/m}^3]}} = \sqrt{\left[\frac{\text{m}^2}{\text{s}^2}\right]} = \left[\frac{\text{m}}{\text{s}}\right]$$

となり,せん断応力と密度の組合せから速度が求められる.

摩擦速度は壁面近くの流れの代表速度を表している.プラントルは壁面近くの速度分布 $u(y)$ は管全体の流れ場よりも U^* に支配されていると仮定し,

$$\frac{u(y)}{U^*} = f\left(\frac{U^* y}{\nu}\right) \tag{5.3}$$

と表せると考えた.これを**プラントルの壁法則**という.この法則は壁面付近の流れが摩擦速度を代表速度とするレイノルズ数 Re^* に依存することを示している.

ハーゲン・ポアズイユの式(式(4.12))より管内のせん断応力 τ は,

$$\tau = \mu \frac{du}{dr} = \mu \frac{d}{dr}\left[\frac{1}{4\mu}\left(-\frac{dp}{dx}\right)(r^2 - R^2)\right] = \left(-\frac{dp}{dx}\right)\frac{r}{2} \tag{5.4}$$

となる.したがって,壁面 $r = R$ におけるせん断応力 τ_0 は,

$$\tau_0 = \left(-\frac{dp}{dx}\right)\frac{R}{2} \tag{5.5}$$

と表せる.流れが乱流の場合は,渦が激しく混ざり合うことによる損失があると考えられるので,渦が混ざり合うことによってせん断応力が発生する.プラントルは,この乱流によって発生する応力 τ_w を,

$$\tau_w = \rho(\kappa y)^2 \left|\frac{du}{dy}\right|\frac{du}{dy} \tag{5.6}$$

と仮定した.ここで,κ は比例定数である.壁面付近において τ_w と τ_0 は一致するので,式(5.5)を式(5.6)に代入して,

$$\frac{\tau_0}{\rho} = (\kappa y)^2 \left(\frac{du}{dy}\right)^2 \tag{5.7}$$

を得る.ところで,摩擦速度 $U^* = \sqrt{\tau_0/\rho}$ であるから,

$$U^* = \sqrt{\frac{\tau_0}{\rho}} = (\kappa y)\left(\frac{du}{dy}\right) \tag{5.8}$$

したがって,

$$\left(\frac{du}{dy}\right) = \frac{U^*}{\kappa y} \tag{5.9}$$

これを積分して，

$$\int du = \int \frac{U^*}{\kappa y} dy + C$$

$$u(y) = \frac{U^*}{\kappa} \ln y + C$$

$$\frac{u(y)}{U^*} = \frac{1}{\kappa} \ln y + C \tag{5.10}$$

が得られる．

この式をもとに実験により κ と C を求め，滑らかな管の速度分布，

$$\frac{u(y)}{U^*} = 5.75 \log_{10} \frac{U^* y}{\nu} + 5.5 \tag{5.11}$$

を得ることができる．これを**対数速度分布**（log-law）という．

さらに壁の極々近傍についても考えてみよう．顕微鏡で見るような壁の極近傍では乱流の渦によるせん断応力の影響はほとんどないと考えられるので，分子粘性によるせん断応力だけを考えればよい．この場合は，ニュートン流体のせん断応力について考えればよいことから，

$$\tau_0 = \rho U^{*2} = \mu \frac{du}{dy} \tag{5.12}$$

より，

$$\int du = \int \frac{\rho U^{*2}}{\mu} dy + C$$

すなわち，

$$u = \frac{U^* y}{\nu} U^* + C$$

ここで，$y = 0$ のとき $u = 0$ より $C = 0$ であるから，

$$\frac{u(y)}{U^*} = \frac{U^* y}{\nu} \tag{5.13}$$

が得られる．このように壁の極々近傍の分子粘性が支配的な領域では速度分布は直線分布となる．この領域を**粘性底層**（viscous sublayer）という．図5.5は管内乱流の速度分布を表したものである．

粘性底層では速度は壁面からの高さに比例し，乱流域では対数則に従う．粘性

5-2 滑らかな管と粗い管

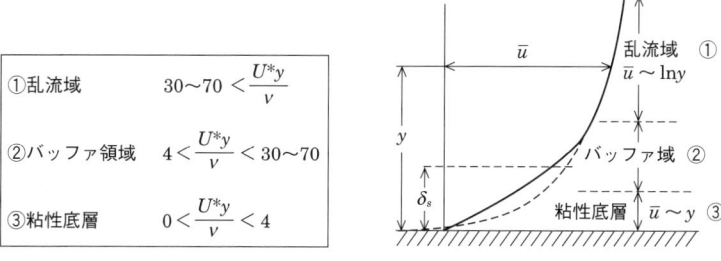

① 乱流域	$30\sim70 < \dfrac{U^*y}{\nu}$
② バッファ領域	$4 < \dfrac{U^*y}{\nu} < 30\sim70$
③ 粘性底層	$0 < \dfrac{U^*y}{\nu} < 4$

図 5.5 壁面近傍の流れの概念図（乱流境界層）

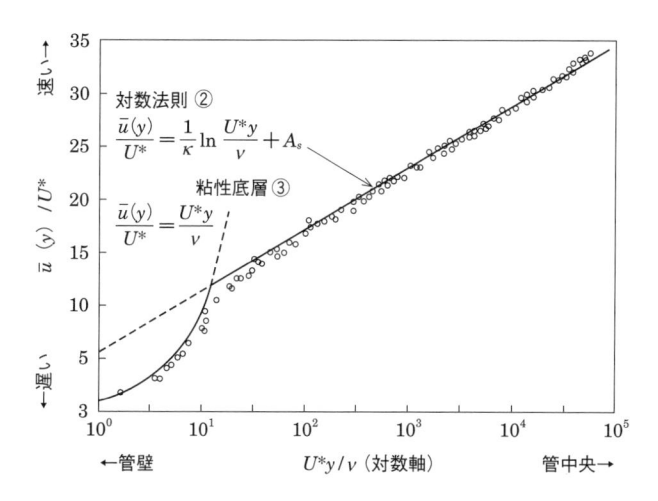

図 5.6 管内流れ分布の実験値と対数法則，壁法則の比較

底層と乱流域の間には両者の中間のバッファ領域が存在する．

　実験データから，管内の乱流は壁面からの距離によって図 5.5 に示す三つの領域に分類することができる．

[補足——**混合距離理論**]

　本節の説明の中にはいくつかの仮定が含まれている．詳細はやや専門的になるが，乱流によるせん断応力の式に κy という因子が含まれている理由を以下に示す．

　境界層（p.198 参照）のような速度こう配を持った流れでは，図 5.7 に示すように，速度差によって流体の塊が運動量を保ったまま輸送されると考えられる．このため，流体塊の変動の大きさは速度こう配に比例すると予想される．図中に示す l は流体の塊が乱流渦によって運動量を保ったまま運ばれる距離を表しており，混合距離（mixing length）と呼ばれる．

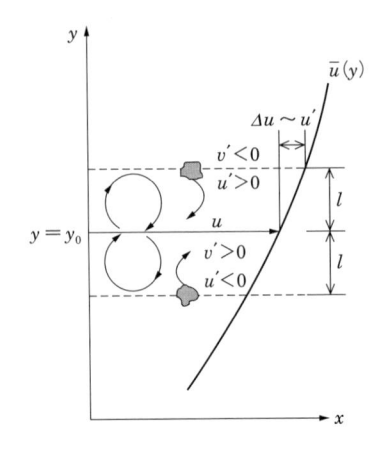

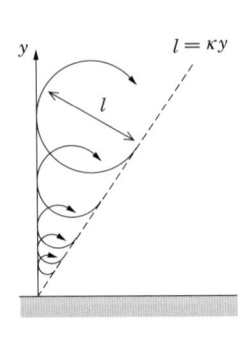

図5.7 境界層内における流体塊の運動　　図5.8 壁からの距離と渦の大きさの関係

一方，図5.8に示すように，壁近くの渦運動は壁面によって束縛されるため，乱流渦の大きさは壁面からの距離に比例して大きくなり，壁から離れた場所ほど，乱流渦の大きさは大きくなると考えられる．このような考えから，$l = \kappa y$なる関係が得られる．κ値は実験により求められる値であり，**カルマン定数**と呼ばれ，一般に0.4程度の値が用いられる．

●例　題

直径100 mmの滑らかな管内を毎秒2 mの速度で水が流れているとする．粘性底層外縁での速度を0.7 m/s，壁からの距離を2 mmとした場合，バッファ領域とみなせる壁からの距離を求めよ．

◆解　答◆

壁面摩擦応力は

$$\tau = \mu \frac{du}{dy} = 10^{-3} \frac{0.7}{2 \times 10^{-3}} = 0.35 \text{ [Pa]}$$

である．よって，摩擦速度U^*は，

$$U^* = \sqrt{\frac{\tau}{\rho}} = \sqrt{\frac{0.35}{1\,000}} = 0.0187$$

バッファ領域の外縁を$U^* y/\nu = 70$とすると，

$$y = \frac{70\nu}{u^*} = \frac{70 \times 10^{-6}}{0.0187} = 0.0037 \text{ [m]} = 3.7 \text{ [mm]}$$

5.2.2 壁面の粗さ

5.2.1「プラントルの壁法則」では滑らかな管路の乱流について考えた．層流の場合，流れは層状であり，定常である．流れの中に何らかの外乱が導入されても（粘性の影響によって）自然と減衰してしまう．一方，乱流の場合は流体粒子が激しく混合するため，たとえば管壁の凹凸などによって流れが乱されると状態が大きく変わってしまう可能性がある．そこで乱流について考える場合は，壁面の凹凸についても考える必要がある．しかし，管の凹凸の大きさはどのように評価すればいいのだろうか．

水道管の内壁を手で触れてみると少しざらざらしているが，新品の場合はそれでも滑らかな感じがする．古くなった水道管は錆びていてかなりざらざらしている．しかし，このような感触だけでは凹凸の大小を正確に表すことはできない．

粘性底層の内部では流れには分子粘性の影響しか作用しないので，粘性底層の厚さ δ_s に対する間壁の凹凸の大きさを指標とするのが妥当である．

壁面の凹凸が粘性底層よりも低い場合は，壁面の凹凸は流れに影響を与えないと考えられる．このような状態を水力学的に滑らかであるという．一方，図 5.9 に示すように，壁面の凹凸が乱流域の内部にまで到達しているような場合は，管の粗さは乱流に影響を与える．このような壁面を**完全粗面**という．壁面の高さがバッファ領域内にある場合を遷移領域と呼ぶ．

壁面の粗さを ε とすると，

水力学的に滑らかな面： $0 < \dfrac{U^* \varepsilon}{\nu} < 4$

遷移領域： $4 < \dfrac{U^* \varepsilon}{\nu} < 30 \sim 70$

完全粗面： $30 \sim 70 < \dfrac{U^* \varepsilon}{\nu}$

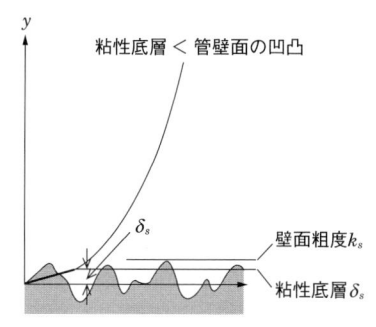

図 5.9 粘性低層の流れと壁面の凹凸

となる．これは滑面乱流の粘性底層，バッファ領域，乱流域と対応している．

壁面の粗さの幾何学的定義は以下のようになる．まず，壁面の凹凸を管路に沿って測定し，その測定結果を $f(x)$ とする．管の長さを l とした場合，$f(x)$ を長

第5章 管内の乱流

さ l にわたって積分し，その値を長さ l で割ったものを粗度 ε または**絶対粗度**と呼ぶ．流れの計算などでは，絶対粗度 ε を管の直径 d で割った，相対粗度が使われることが多い（p.163 に具体例を示す）．

滑らかに見える管の表面も顕微鏡で見ると凹凸がある

管の粗さ（粗度）を表す式
$$\varepsilon = \frac{1}{l}\int_0^l |f(x)|\,dx$$

絶対粗度 ε [m]
相対粗度 ε/D [-]

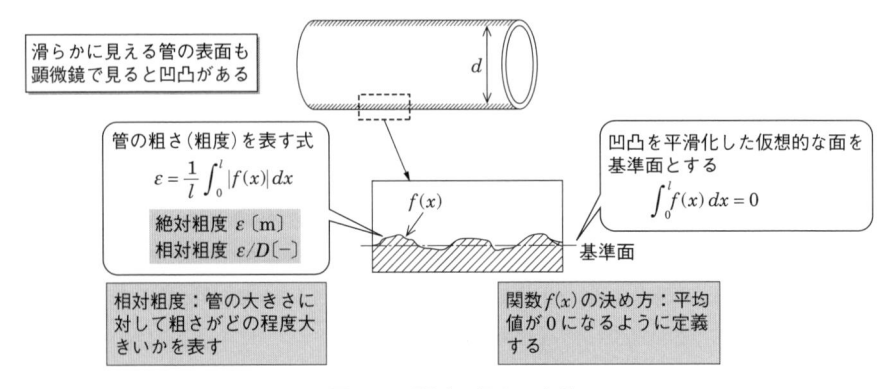

相対粗度：管の大きさに対して粗さがどの程度大きいかを表す

凹凸を平滑化した仮想的な面を基準面とする
$$\int_0^l f(x)\,dx = 0$$

関数 $f(x)$ の決め方：平均値が 0 になるように定義する

図 5.10　間壁の粗さの定義

$$\frac{u}{U^*} = \frac{1}{\kappa}\ln\frac{U^*y}{\nu} + A_s$$

対数分布

$$\frac{u}{U^*} = \frac{U^*y}{\nu}$$

直線分布
粘性底層 δ_s

粘性底層 δ_s

$$\frac{u}{U^*} = \frac{1}{\kappa}\ln\frac{y}{k_s} + A_r$$

δ_s

同じ管でも流れから見ると粗く見える場合もある

滑らかな管　　　　　　　　　　　　　　　　　　粗い管

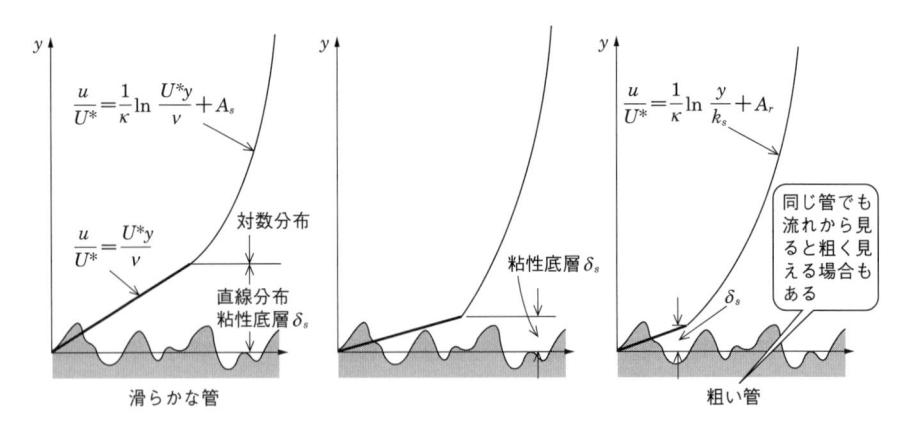

図 5.11　滑らかな管と粗い管の流れのようす

▶ポイント◀

・管壁面の「粗い」「滑らか」は単なる管壁面上の凹凸の高さではない．
・粘性底層の厚さと管壁面の粗度高さとの大小関係で決まる．
・粘性底層はレイノルズ数の増加とともに薄くなる．
・同一の管でも流速によっては「滑らか」な管であったり，「粗い」管であったりする（管の粗滑は壁面の幾何形状だけでは決まらない）（図 5.11 参照）．
・壁面上の凹凸の大きさは相対粗度 ε/d として表す．

5-2 滑らかな管と粗い管

表 5.1 各種管の粗度の目安

管の材質・種類	壁面の状態	粗度 ε [mm]
引抜鋼管	新品	0.01
鋳鉄鋼管	新品，塗装あり 錆あり 錆こぶあり	0.1 1 4
溶接鋼管	新品，塗装あり 錆あり 錆こぶあり	0.05 0.15 2
コンクリート	研磨 生地	0.5 1.3
ガラス管	新品，滑らか	～0.0015

● 例 題

コンクリート（生地）と引抜鋼管でできた同じ内径（300 mm）の管がある．この管に水を流す場合，管壁が流体力学的に滑らかとみなせる速度をそれぞれ求めよ．ただし，水温は 20 度で一定とし，水の動粘性係数を 10^{-6} m²/s とする．

◆ 解 答 ◆

滑らかな管では $U^*\varepsilon/\nu < 4$ であるから，表 5.1 より，コンクリートと引抜鋼管の粗さをそれぞれ 1.3，0.01 とする．摩擦速度は $U^* = 4\nu/\varepsilon$ と表せるから，それぞれ 0.003 m/s，0.4 m/s となる．

管中央の速度は，

$$\frac{u(y)}{U^*} = 5.75 \, \log_{10} \frac{U^* y}{\nu} + 5.5$$

に $y = 150$ mm を代入することによって求めることができる．

- コンクリートの場合：0.06 m/s
- 引抜鋼管の場合：13.2 m/s

したがって，コンクリートの管を滑らかとみなせる流速は非常に遅く，コンクリートでつくった管の壁面は流体力学的に滑らかでない．

5-3 滑らかな管と粗い管の管摩擦係数

水道管の表面が錆びると流れはどうなるだろう．

▶ポイント◀
- 乱流の場合の管摩擦抵抗
- 便利なムーディー線図を使いこなそう！

5.3.1 乱流場における摩擦損失

5.2節までに流体力学的な意味での滑らかな管，粗い管を考えてきた理由は，乱流における管路の性質を調べるためである．ハーゲンが発見したように，流れが層流から乱流に変化すると圧力損失が増大する．このことは流体機械を設計する技術者にとって重要な問題である．そこで乱流における管路の圧力損失について考えてみよう．

まずは層流の圧力損失について思い出してみよう．

4.3.4「摩擦損失」において拡張されたベルヌーイの式を用いて，管内の流れの摩擦損失を求めるための**ダルシー・ワイスバッハの式**

$$\Delta H = \lambda \frac{l}{d} \frac{U^2}{2g} \ [\mathrm{m}] \tag{5.14}$$

を導いた．前章ではヘッドの形で表したが，圧力損失 ΔP の形で表すには両辺に ρg を掛けて，

$$\Delta P = \lambda \frac{l}{d} \frac{\rho U^2}{2} \ [\mathrm{Pa}] \tag{5.15}$$

$$\Delta P = \rho g \Delta H$$

とすればよい．

ダルシー・ワイスバッハの式は圧力損失 ΔP が，管摩擦係数 λ，管の長さ l，流体の密度 ρ，速度 U の2乗に比例し，管の直径 d に反比例することを示している．管の直径や長さ，流速は利用者や設計者が任意に選ぶものであるから，管路を設計する場合，問題となるのは管摩擦係数 λ がどの程度の大きさかということになる．層流の場合，ハーゲン・ポアズイユの式から圧力損失を導き，ダルシー・ワイスバッハの式との比較から管摩擦係数 λ を理論的に求めることができる．層流の場合の管摩擦係数 λ は，

5-3 滑らかな管と粗い管の管摩擦係数

$$\lambda = \frac{64}{\text{Re}} \tag{5.16}$$

という非常に簡単な式になる．しかし，この式が使えるのは流れが層流の場合（Re＜2 320）だけである．乱流の場合はどうなるのだろう．

実は乱流の場合は，層流のように厳密な答えを求めることが非常にむずかしい．このため，管摩擦係数 λ を実験により求める必要がある．先に見たように乱流の場合は，レイノルズ数だけでなく，管路の壁面粗さも影響すると考えられるので，これまでに多くの研究者によってさまざまな条件における管摩擦係数 λ の測定が行われている．

===== 覚えよう！ =====

乱流は非定常で複雑な流れのため，管の中の乱流を調べるのはむずかしい．ただし，十分に長い時間をかけて平均すれば，**ダルシー・ワイスバッハの式**を適用できる．

管摩擦係数 λ は実験によって求めるのが一般的である．

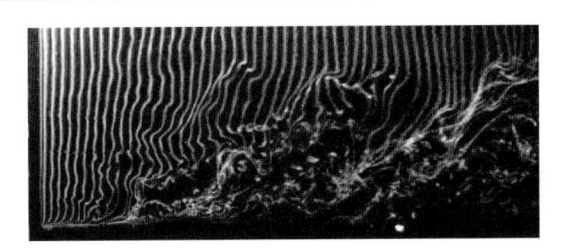

図5.12 乱流境界層（流れは左から右へ）

図5.12 に示すように，乱流境界層の中には大小さまざまなスケールの渦が含まれ，複雑な流れ場となる．このような流れ場であっても時間平均した場合の圧力損失や流量の性質はダルシー・ワイスバッハの式で表すことができる．

●例　題

比重 0.75 の油が流れている管のヘッドを測定したところ 2 m であった．管内の圧力を求めよ．

◆解　答◆

$\Delta P = \rho g \Delta H$ より，$\Delta P = 2 \times 0.75 \times 1\,000 \times 9.81 = 14\,715$〔Pa〕$= 14.7$〔kPa〕

5.3.2 滑らかな管と粗い管の管摩擦係数

管内の管摩擦係数はレイノルズ数と壁面の粗度に依存する（図5.13）．

<管摩擦抵抗 λ>
・流れが層流か乱流かに依存（レイノルズ数 Re）
・壁面がざらざらしているか滑らかに依存（粗さ ε）

$\lambda(Re, \varepsilon)$

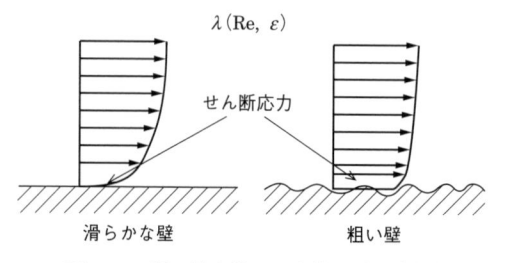

図5.13 粗い管と滑らかな管の壁面摩擦抵抗

[1] 滑らかな管

滑らかな管の乱流における管摩擦係数 λ を求める式として以下の式がある．

プラントル・カルマンの式は，円管内の対数速度分布から基礎式を導き，実験値を用いて補正したものである．この式は両辺に λ が含まれているため，λ を求めるためには，λ の値を少しずつ変えて繰り返し計算する必要がある．

$$\frac{1}{\sqrt{\lambda}} = 2.0 \log(Re\sqrt{\lambda}) - 0.80, \quad Re > 10^5 : \text{プラントル・カルマンの式} \tag{5.17}$$

現在では，表計算ソフトを使って繰返し計算を行えば，上記のような計算も簡単に行うことができるが，かつてはプラントル・カルマンの式を計算することはむずかしかったので，より実用的な実験式としてブラジウスの式やニクラゼの式も広く利用されていた．ブラジウスの式はプラントル・カルマンの式よりも適用レイノルズ数が小さいことに注意する必要がある（図5.14参照）．

$$\begin{aligned} &\lambda = 0.3164 \, Re^{-1/4}, \quad 3 \times 10^3 < Re < 10^5 : \text{ブラジウスの式} \\ &\lambda = 0.032 + 0.211 \, Re^{-0.23}, \quad Re \approx 10^5 \sim 3 \times 10^6 : \text{ニクラゼの式} \end{aligned} \tag{5.18}$$

5-3 滑らかな管と粗い管の管摩擦係数

図中の式:
- $\dfrac{64}{\mathrm{Re}}$
- $0.3164\,\mathrm{Re}^{-1/4}$ ブラジウス
- $0.0032 + 0.211\,\mathrm{Re}^{-0.23}$ ニクラゼ
- $\dfrac{1}{\sqrt{\lambda}} = 2.0\log(\mathrm{Re}\sqrt{\lambda}) - 0.8$ プラントル・カルマン

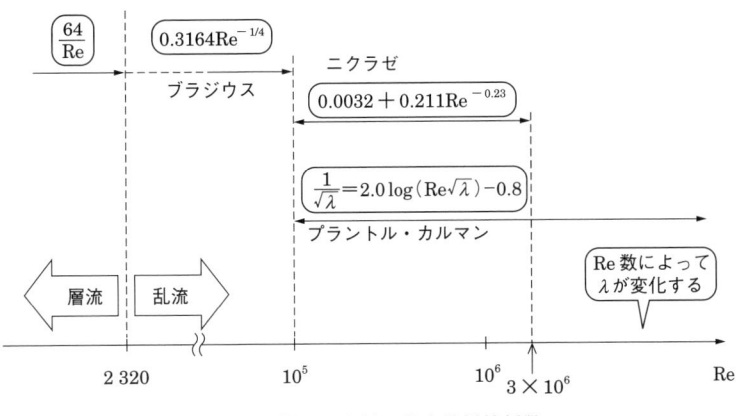

層流 / 乱流
2 320, 10^5, 10^6, 3×10^6, Re

Re 数によって λ が変化する

図 5.14 滑らかな管の管摩擦抵抗係数

● 例 題

流れが層流と乱流の場合で圧力損失がどのように変わるか見てみよう.

直径 200 mm, 長さ 50 m のパイプに 20℃の水を流すとする. 粘性係数 $\mu = 0.001\,\mathrm{Pa\cdot s}$, 密度 $\rho = 1\,000\,\mathrm{kg/m^3}$ とする. 流量が毎秒 $0.05\,l$ から $1\,l$ まで変化する場合, 圧力損失は何倍になるか.

◆ 解 答 ◆

流れが層流のままであれば, 圧力損失は管内の流量に比例して増加する (ダルシー・ワイスバッハの式は圧力損失が速度の 2 乗に比例することを示しているが, 層流の管摩擦係数はレイノルズ数に反比例するので, 層流の場合, 圧力損失は流量に比例する). このため, 毎秒 $0.05\,l$ から流量を少しずつ増やしていくと, 圧力損失はしだいに増加する. ところが流量が毎秒 $0.4\,l$ となるとレイノルズ数が臨界レイノルズ数 2 320 を越え, 管摩擦係数が 1/Re の関数でなくなる. このため, 流量 $0.4\,l$ 毎秒の場合は, 初期の圧力損失の 8 倍ではなく, 14 倍になる. 図 5.15 にレイノルズ数, 管摩擦係数, 圧力損失の変化を示す.

このように流れが層流から乱流になると圧力損失が急激に増えることがわかる. ハーゲンが苦労したのは, この問題である.

第 5 章　管内の乱流

Q〔l/s〕	u〔m/s〕	レイノルズ数 Re	摩擦係数 λ	圧力差 ΔP〔Pa〕	倍率
0.05	0.0016	318.31	0.201	0.064	1
0.1	0.0032	636.62	0.101	0.127	2
0.2	0.0064	1273.24	0.050	0.255	4
0.3	0.0095	1909.86	0.034	0.382	6
0.4	0.1273	2546.48	0.045	0.903	14.2
0.8	0.0255	5092.96	0.037	3.036	47.7
1	0.0312	6366.20	0.035	4.486	70.5

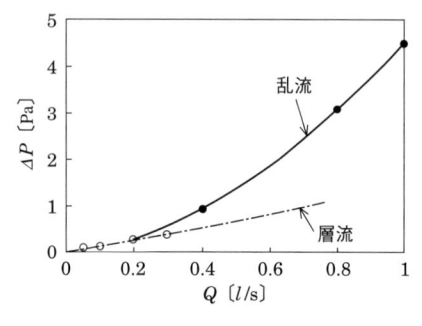

図 5.15　円管内を流れる流体の流量と圧力損失の関係

● 例　題

図 5.16 のように，直径 400 mm，長さ 55 m の滑らかな管内を常温（20℃）の水が流れている．圧力損失が 20 kPa のとき，管内の断面平均流速を求めよ．ただし，管摩擦係数はブラジウスの式を用いて求めよ．

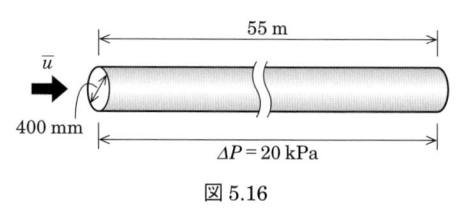

図 5.16

◆ 解　答 ◆

$$\Delta P = \lambda \frac{l}{d} \frac{\rho u^2}{2}$$

$$\lambda = 0.3164 \, \text{Re}^{-1/4} = 0.3164 \left(\frac{Ud}{\nu} \right)^{-1/4} \text{より}$$

$$\Delta P = 0.3164 \left(\frac{Ud}{\nu} \right)^{-1/4} \cdot \frac{l}{d} \frac{\rho U^2}{2}$$

$$= \frac{0.3164}{2} \rho \nu^{1/4} \times l d^{-1/4-1} \cdot U^{2-1/4}$$

$$= \frac{0.3164}{2} \rho \nu^{1/4} \times l d^{-5/4} \cdot U^{7/4}$$

5-3 滑らかな管と粗い管の管摩擦係数

$$u = \left(\Delta P / \left[\frac{0.3164}{2} \rho \nu^{1/4} l d^{-5/4} \right] \right)^{4/7}$$

$$= \left[20\,000\,[\text{Pa}] / \frac{0.3164}{2} \cdot 1\,000\,[\text{kg/m}^3] \times \left(1 \times 10^{-6}\right)^{1/4} [\text{m}^2/\text{s}] \right.$$

$$\left. \times 55\,[\text{m}] \times 0.4^{-5/4}\,[\text{m}] \right]^{4/7}$$

$$= 6.02\,[\text{m/s}]$$

[2] 粗い管の管摩擦抵抗

ニクラゼは粗い管における速度分布を実験により求めた．管の粗さを ε とすると粗い管の速度分布は，

$$\frac{u(y)}{U^*} = 5.75\,\log_{10} \frac{y}{\varepsilon} + 8.5 \tag{5.19}$$

と表すことができる．この式から粗い管（直径 d）の管摩擦抵抗 λ は，

$$\frac{1}{\sqrt{\lambda}} = -2.0\,\log\left(\frac{\varepsilon}{d}\right) + 1.14 \tag{5.20}$$

と表すことができる．この式より完全に粗い管の管摩擦係数 λ は粗さにのみ依存し，レイノルズ数に無関係であることがわかる．

[3] コールブルック・ホワイトの経験式

実際の工業製品に利用される管の表面の粗さは一様でないため，粗い管の管摩抵抗を理論的に求めることは非常にむずかしいが，コールブルック・ホワイトは多くの実験データから以下の経験式を導いた．

$$\frac{1}{\sqrt{\lambda}} + 2.0\,\log\left(\frac{\varepsilon}{d}\right) = 1.14 - 2\,\log\left(1 + 9.35 \frac{d/\varepsilon}{\text{Re}\sqrt{\lambda}}\right) \tag{5.21}$$

この式は広い範囲のレイノルズ数と粗度について，管摩擦係数 λ を求めることができる便利な式である．しかし，式 (5.21) も陽的に計算できないという欠点がある．このため，これまでの経験式をすべて一つにまとめたムーディー線図というものが作られており，設計などで広く利用されている．

ムーディー線図は設計などに広く利用されている便利なものであるが，初心者には使いかたがわかりにくいため，とまどうことが多い（特に対数グラフに慣れていないと間違いやすい）．

第 5 章　管内の乱流

ムーディー線図を使って，実際に管摩擦抵抗係数を求めてみよう（図 5.17）．

直径 d = 100 mm の管路に 20℃の水が流れているとする．平均速度 2 m/s，管の粗さ ε が 0.2 mm の場合の管摩擦抵抗係数 λ を求める．ただし，水の動粘性係数を 10^{-6} m^2/s とする．

ムーディー線図は横軸がレイノルズ数，右側の縦軸が相対粗度，左側の縦軸が管摩擦係数であり，すべて対数であることに注意する．

① Re 数を計算する：2×10^5 ┐
② Re 数に相当するところに線を引く：横軸が Re 数 ┘（a）
③ 相対粗度 ε/d を計算する（d は管の直径）：0.002 ┐
④ 相対粗度（右縦軸）に印をつける． ├（b）
⑤ 粗度の線に沿って線を引く． ┘
⑥ ①の Re 数に沿った線と⑤の粗度に沿った線の交点を求める． ┐
⑦ 交点を左に延長し，左縦軸の値を読み取る：管摩擦抵抗 λ = 0.025 ┘（c）
　　　　　　　　　　　　　　　　　　　　　　　　　↑求めるべき値

したがって，レイノルズ数 2×10^5，相対粗度 0.002 の流れ場の管摩擦抵抗係数 0.025 が得られる．コールブルック・ホワイトの式から計算される結果は 0.0234 であり，若干誤差があるが，これは対数グラフの読取り誤差によるものである．

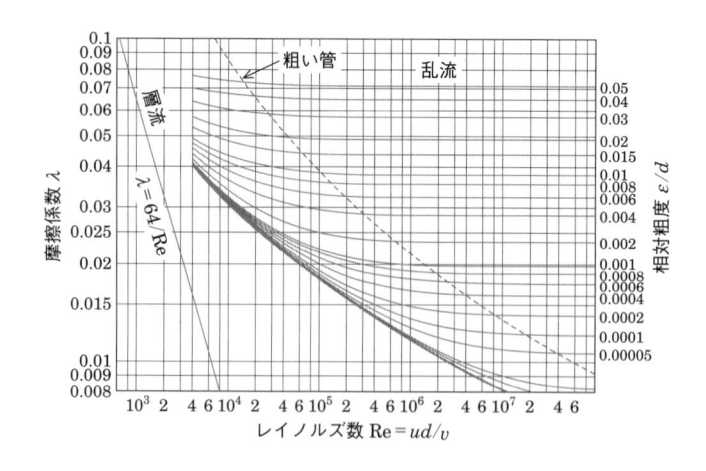

5-3 滑らかな管と粗い管の管摩擦係数

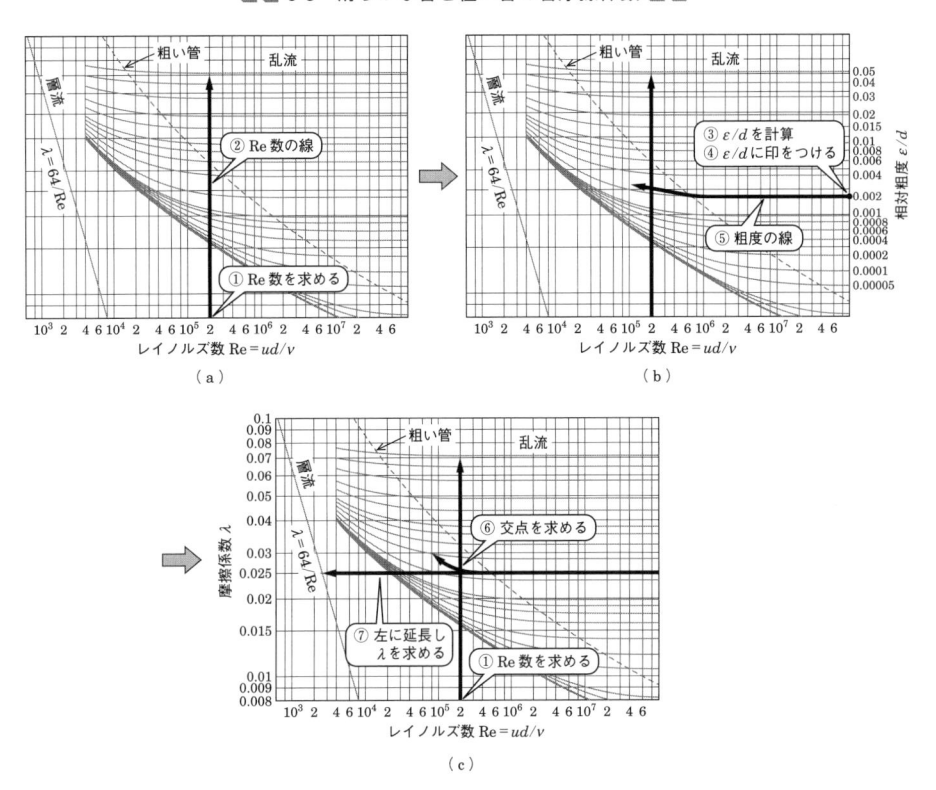

図5.17 ムーディ線図を用いたレイノルズ数の求め方

═══ 覚えよう！ ═══

<ムーディー線図>
(a) レイノルズ数が大きい場合（乱流）でも，層流でも管摩擦抵抗を求めることができる．
(b) 管の粗さを考慮した計算が可能である．

5-4 非円形断面の管

円管以外の管路の流れの計算方法は？

▶ポイント◀
- 円形のパイプ以外はどうするか？
- キーワードは断面積と周囲の長さ

5.4.1 流体平均深さ

　水道管やガスパイプのほとんどは円形である．円形の管は製作も容易だし，内部の圧力が均等にかかるので扱いやすい．しかし，世の中には円形以外の管もある．たとえば，最近のユニットバスは狭い空間に排水パイプを取り付けるために超扁平のパイプを使うこともある（図5.18）．

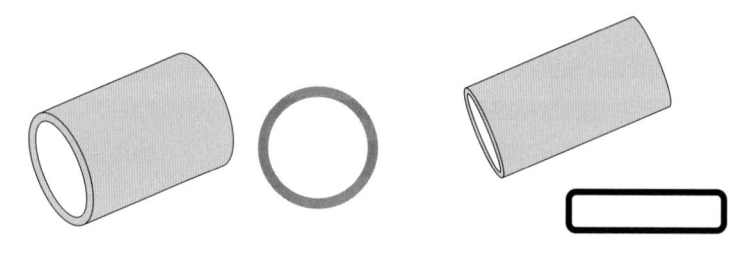

図 5.18　円形配管（左）と扁平配管（非円形配管）（右）

　前節までの検討は円管についてである．微分方程式の解は円形の配管と平行平板では異なることも見てきた．原理的にはどのような形状の配管でも内部の流体の微小体積に対して，力の釣合いを考えれば配管内の流れを計算することはできる．しかし，複雑な形状の配管について個別に計算するには大変な労力を必要とする．そこで，円形配管の計算結果をもとに，形状の異なる配管の管摩擦係数を見積もる方法が検討されている（図5.19）．
　管路の断面積をA，断面の周囲長さをSとする．管の長さをl，圧力損失をΔP，壁面に作用するせん断応力をτとする．
　管に作用する力の釣合い式は，

$$\Delta PA = \tau Sl \tag{5.22}$$

と書くことができる．粘性による摩擦応力を$f(\rho U^2/2)$と仮定すると，

■■ 5-4 非円形断面の管 ■■

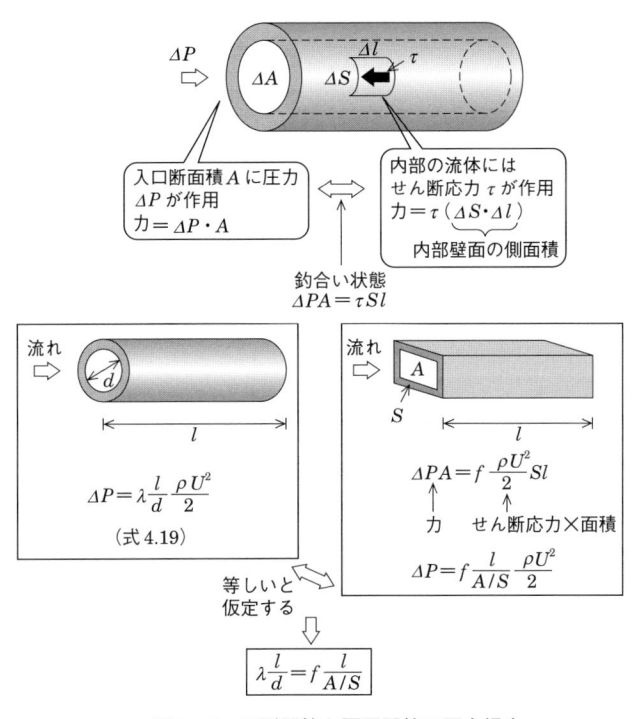

図 5.19 円形配管と扁平配管の圧力損失

$$\left.\begin{array}{l}\Delta PA = \tau Sl = f\dfrac{\rho U^2}{2}Sl \\ \Delta P = \left(\dfrac{Sl}{A}f\right)\dfrac{\rho U^2}{2} = f\dfrac{l}{A/S}\dfrac{\rho U^2}{2}\end{array}\right\} \quad (5.23)$$

となる．円管における圧力損失を表すダルシー・ワイスバッハの式と比較すると，

$$\Delta P = \lambda\frac{l}{d}\frac{\rho U^2}{2} = f\frac{l}{A/S}\frac{\rho U^2}{2} \quad (5.24)$$

と表すことができる．この式から，非円管の代表寸法 A/S を**流力平均深さ**（hydraulic mean depth）を，記号 m で表す．

円管の流力平均深さは $A = (\pi/4)d^2$，$S = \pi d$ より $m = d/4$ であるから，流力平均深さ m の 4 倍が直径 d に相当する．したがって，非円形配管の圧力損失は，

$$\Delta P = \lambda(\mathrm{Re}_m)\frac{l}{4m}\frac{\rho U^2}{2} \quad (5.25)$$

となる．Re_m は代表長さを $4m$ とした場合の等価直径レイノルズ数である．

非円形配管の場合でも管摩擦係数は等価直径を用いて，ムーディー線図から求めることができる．したがって，配管の周囲の長さと断面積がわかれば摩擦損失を見積もることができる．この式を用いることにより，断面内での微小体積に対する力の釣合い式を計算しなくても管の圧力損失が計算できるので便利である．

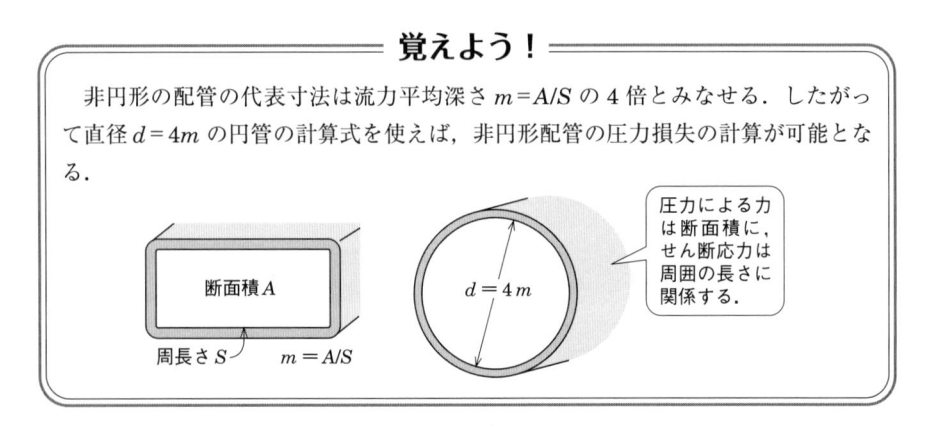

=== 覚えよう！ ===

非円形の配管の代表寸法は流力平均深さ $m=A/S$ の 4 倍とみなせる．したがって直径 $d=4m$ の円管の計算式を使えば，非円形配管の圧力損失の計算が可能となる．

圧力による力は断面積に，せん断応力は周囲の長さに関係する．

5.4.2 長方形配管の設計

図 5.20 に示すような，直径 100 mm，長さ 50 m の円管に毎分 2.5 m³ の空気（$\nu = 1.5 \times 10^{-5}$ m²/s，$P = 1.2$ kg/m³）を流す場合と長方形断面の管 A_1（$a = 100$ mm，$b = 50$ mm），A_2（$a = 100$ mm，$b = 78.54$ mm），A_3 =（$a = 100$ mm，$b = 100$ mm）に同じ流量の空気を流した場合の圧力損失を比較しよう．ただし，管は十分滑らかであるとする．

円管の平均流速は流量 $Q = 2.5$ m³/min を断面積で割れば，

$$U = \frac{Q}{A} = \frac{2.5/60}{\pi/4 \times 0.1^2} = 5.31 \text{ [m/s]}$$

となる．同様にして，$U_1 = 8.333$ m/s，$U_2 = 5.31$ m/s，$U_3 = 4.17$ m/s である．ここで添字は長方形管の番号に相当するものとする．

各長方形管の等価直径は $d_e = 4m = 4ab/(2(a+b)) = 2ab/(a+b)$ より，それぞれ $d_{e1} = 0.067$ m，$d_{e2} = 0.088$ m，$d_{e3} = 0.1$ m である．

ブラジウスの式を使って，管摩擦係数を求めると，それぞれ，円管 $\lambda = 0.023$，長方形管 $\lambda_1 = 0.023$，$\lambda_2 = 0.024$，$\lambda_3 = 0.025$ である．

5-4 非円形断面の管

圧力損失は円管の場合は $\Delta P = 195$ Pa, 長方形管の場合は $\Delta P_1 = 713$ Pa, $\Delta P_2 = 229$ Pa, $\Delta P_3 = 128$ Pa である. A_2 は円管と面積の等しい長方形管の場合であり, 面積が等しい場合は, 円管の圧力損失のほうが小さいことがわかる. 同じ流量を流す場合, 円管に比べて扁平な長方形管では, 管内の平均流速が速いために圧力損失は大きくなる. 扁平配管は配管系をコンパクトにまとめるのに適しているが, 圧力損失とのバランスを考えて設計する必要がある.

長方形管の場合において幅 a を円管の直径 $d = 100$ mm と合わせた場合, $b = 83.8$ mm とすると, 円管の圧力損失と長方形管の圧力損失が一致する.

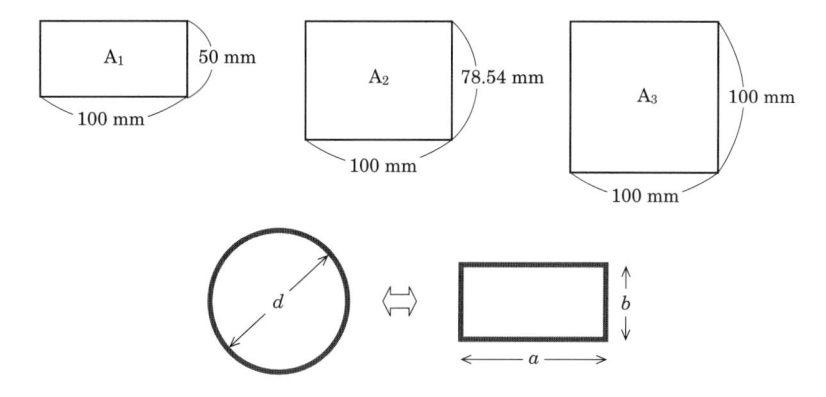

図 5.20 円管と長方形断面の管

5-5 入口部や弁による圧力損失

空気取入口や弁の形によって抵抗が変わる.

▶ポイント◀
- 水は方円の器に従うというけれど,形に合わせて流れるのはむずかしい.
- レーシングカーや航空機の空気取入口の形の秘密は?

5.5.1 損失係数

これまでに粘性による速度こう配に起因する管摩擦損失について学習してきた.管路系の損失には,他にも管の断面積の急激な変化や曲がり管などによる流れの方向の変化に起因するものがある.管摩擦損失以外の損失をまとめて以下の式で表す.

$$\Delta P = \zeta \frac{\rho U^2}{2} \tag{5.26}$$

ζ(ゼータまたはジータ)を損失係数といい,管路の形状およびレイノルズ数の関数である.ζを理論的に求めることは特殊な場合を除いて困難であり,一般に実験によって決定される.代表速度Uは一般に対象とする損失部分の速い方の値を用いる.

損失係数は動圧に対する圧力損失の割合を示す.動圧は運動する流体の持つエネルギーを表す指標であるから,損失係数は管路の形状変化などによって失われるエネルギーの大きさを示している.

〔1〕入口損失

広い空間から空気や水を取り込もうとする場合,管の入口の周囲の流体は管の方向に向けて流れの向きを変えなければならないので,入口部分で運動量の変化が生じる.また,入口部分の形によっては流れがはく離して,うまく流れない可能性もある.配管の入口部分の損失を軽減するため,ラッパのような形をしたベルマウスを取り付けることがある.ベルマウスは配管の断面積よりも十分大きな緩やかなカーブを描いたラッパ状の装置であり,流れは入口に向かって少しずつ加速しながら入口に流れ込む.急激な曲がりなどがないので,流れはスムーズに管内に誘導されるため,損失を小さくすることができる.

5-5 入口部や弁による圧力損失

入口損失の場合は，広い空間から流れを取り込むこともあるため，入口の速度が 0 となることもあるので代表速度は管内の平均速度を用いるのが一般的である．管路ではないが自動車や航空機などの空気取入口でも流れの損失を小さくするために，図 5.21 に示すようなダクトが取り付けられることが多い．

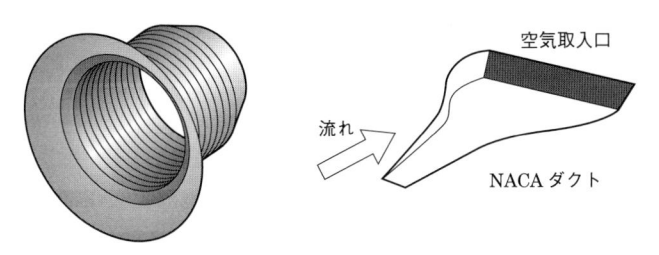

図 5.21 空気取入口の例

入口損失は図 5.22 に示すように，入口部の形状によって大きく異なる．壁面に管を取り付けただけの場合，損失係数は 0.5 程度であり，動圧の半分が入口で失われる．ベルマウスを取り付けた場合の損失は動圧の 6 ％程度である．ベルマウス部の形状を工夫すれば 1 ％程度にすることも可能である．

$$\Delta P = \zeta_{\text{in}} \frac{\rho U^2}{2} : 入口損失$$

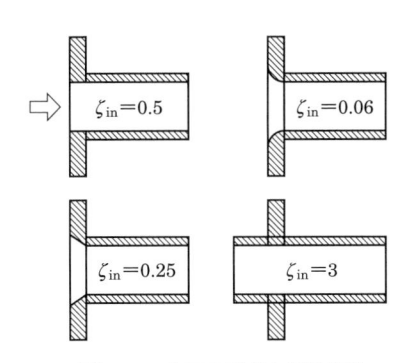

図 5.22 入口の形状と抵抗係数

〔2〕入口区間の流れ

ベルマウスなどを取り付けた場合，流れはほぼ一様な層流となる．ベルマウスによって流れが加速されながら管に入ってきた場合，入口部分の境界層は非常に薄いものとなる．しかし，粘性の影響によって下流に進むにつれて，境界層は厚

くなっていく．十分下流では，壁面から発達した境界層は管路中心部にまで発達する．境界層が管路中央まで発達すると，それより下流では管路全体に粘性の作用の及んだ十分発達した流れとなる．管路入口から流れが十分に発達するまでの距離 l_E を**助走距離**（inlet length）という（図 5.23）．

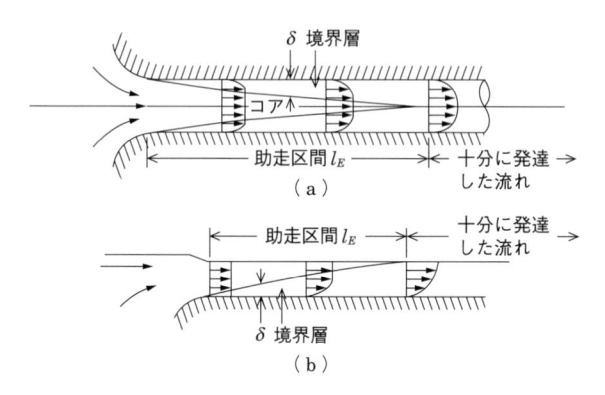

図 5.23　管路入口部の流れ（助走区間）

円管の直径を d とすると，層流における助走距離 l_E は $0.065\,\mathrm{Re}$ である．臨界レイノルズ数を 2320 とすると助走距離は直径 d の約 150 倍程度となる．

管内の流れが乱流の場合については，流れがどのような条件（入口の乱れなど）で乱流になるかにも依存するが，$l_E = 50 \sim 100\,d$ 程度といわれている．流れが乱流になると壁面付近の境界層内での流体粒子の混合が促進されるため，境界層の発達が早められる．このため，助走距離は層流の場合よりも短くなる．

管路入口から助走区間の距離を l_E，入口部の損失を ζ_{in} とすると，入口部における損失は次式で表される．

$$\Delta P_{\mathrm{in}} = \left(\lambda \frac{l_E}{d} + \zeta_{\mathrm{in}} \right) \frac{\rho U^2}{2} \tag{5.27}$$

5.5.2　弁とコック

弁やコックは管路の断面積を局所的に小さくして，流量を制御するのに用いる．管路内に流路をふさぐ仕切りを入れて流れを調整するものが多い．ちょう形弁（図 5.24）（butterfly valve）は流路の中に板を入れて，板の角度で流れを調整する．構造が簡単なため広く利用されているが，弁の傾き角度が大きくなると損失が急激に大きくなる．

5-5 入口部や弁による圧力損失

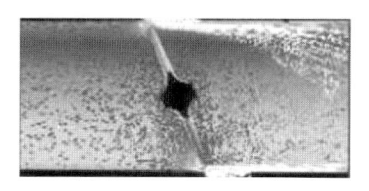

図 5.24 ちょう形弁とそのまわりの流れ
[写真提供] (株)日立製作所機械研究所

ちょう形弁の損失係数は,

$$\zeta_v = \left(\frac{1.4}{1 - \sin\theta / \sin\theta_0} - 1 \right)^2 \tag{5.28}$$

として求めることができる．ここで，θ_0 は全開時の弁の傾き角度である．

コック（cock）またはボールバルブ（図 5.25）は管路内に穴の空いた部材を挿入し，穴の位置を変えることにより流量を調整する機構である．全開時は流路と穴がほぼ同じ大きさになるため，損失が小さい．

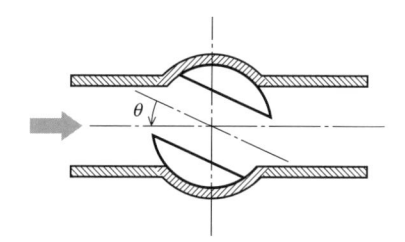

図 5.25 ボールバルブの構造

表 5.2 弁とコックの損失係数

弁	損失係数
玉形弁（全開）	10
アングル弁（全開）	5
仕切弁（全開）	5
仕切弁（3/4 開）	0.2
仕切弁（1/2 開）	1.0
コック（全開）	0.2
コック（3/4 開）	1
コック（1/2 開）	20

5-6 断面積が変化する管の損失

管がやせたり，太ったり，損失も大変だ．

▶ポイント◀
- 急に狭くなると抵抗は増えるのか，減るのか？
- 広げるときはゆっくりと．

5.6.1 断面積が急に広くなる場合

　図 5.26 に示すような，断面積が急激に広くなる場合は，流れが急激に広げられるため急拡大部で渦ができて大きな損失が発生する．入口部の断面積 A_1 の速度を U_1，拡大部分の断面積 A_2，拡大部分から十分離れた位置での速度を U_2 とすると，図 5.26 に示すように，運動量の式とベルヌーイの式から以下の式を導くことができる．

$$\left(1-\left(\frac{A_1}{A_2}\right)\right)^2 \frac{\rho}{2}U_1^2 = \zeta_d \frac{\rho}{2}U_1^2 \tag{5.29}$$

したがって，急拡大管の損失係数は断面積の変化から求めることができる．下流側が十分大きな場合は，$A_1/A_2 = 0$ より損失係数は 1 となる．このことから管路出口部では入口部の動圧がすべて失われると考えられる．

5.6.2 断面積が緩やかに広くなる場合（ディフューザー）

　図 5.27 に示すように，断面積が緩やかに変化する場合は，急拡大の場合のような渦ができないため，流れは壁面に沿って流れる．

　角度 θ を広がり角（angle of divergence）と呼ぶ．円形管の場合，広がり角が 5°の場合に損失係数が最小となる．矩形管の場合は広がり角 6°で損失係数が最小となる．広がり角が 60°付近で損失係数が最大となり，広がり角度が 120°程度になると損失係数は，急拡大の場合とほぼ等しくなる．断面積が緩やかに変わる場合の損失係数は，急拡大管の損失係数に補正係数 ξ（グザイ）を掛けたものである．ξ の値は最小値 0.13（$\theta = 5～6°$）から最大値 1.2（$\theta = 60°$）の値である．急拡大管は $\xi = 1$ に相当する．

$$\Delta P_d = \zeta_d \frac{\rho}{2}U_1^2 = \xi\left(1-\left(\frac{A_1}{A_2}\right)\right)^2 \frac{\rho}{2}U_1^2 \tag{5.30}$$

5-6　断面積が変化する管の損失

入口部の運動量
$P_1 A_1 + \rho(A_1 U_1) U_1 + P_0(A_2 - A_1)$
$P_0 \approx P_1$
$\rho(A_1 U_1) U_1 + P_1 A_2$

出口部の運動量
$P_2 A_2 + \rho(A_2 U_2) U_2$

運動量保存則
$\rho(A_1 U_1) U_1 + P_1 A_1 - P_2 A_2 - \rho(A_2 U_2) U_2 = 0$
$A_2(P_1 - P_2) = \rho(A_2 U_2) U_2 - \rho(A_2 U_2) U_1$
$(P_1 - P_2) = \rho(U_2^2 - U_2 U_1)$

ベルヌーイの式
$\boxed{\dfrac{\rho U_1^2}{2} + P_1} \iff \boxed{\dfrac{\rho U_2^2}{2} + P_2 + \Delta P}$
等しい

代入して圧力を消去

$\dfrac{\rho U_1^2}{2} + P_1 = \dfrac{\rho U_2^2}{2} + P_2 + \Delta P$

$\Delta P = P_1 - P_2 + \dfrac{\rho U_1^2}{2} - \dfrac{\rho U_2^2}{2} = \rho(U_2^2 - U_2 U_1) + \dfrac{\rho U_1^2}{2} - \dfrac{\rho U_2^2}{2}$

$\Delta P = \rho(U_2^2 - U_2 U_1) + \dfrac{\rho U_1^2}{2} - \dfrac{\rho U_2^2}{2} = \dfrac{\rho}{2}(2U_2^2 - 2U_2 U_1 + U_1^2 - U_2^2)$

$\Delta P = \dfrac{\rho}{2}(U_1^2 - 2U_2 U_1 + U_2^2) = \dfrac{\rho}{2}(U_1 - U_2)^2 = \left(1 - \dfrac{A_1}{A_2}\right)^2 \dfrac{\rho U_1^2}{2} \quad (\because A_1 U_1 = A_2 U_2)$

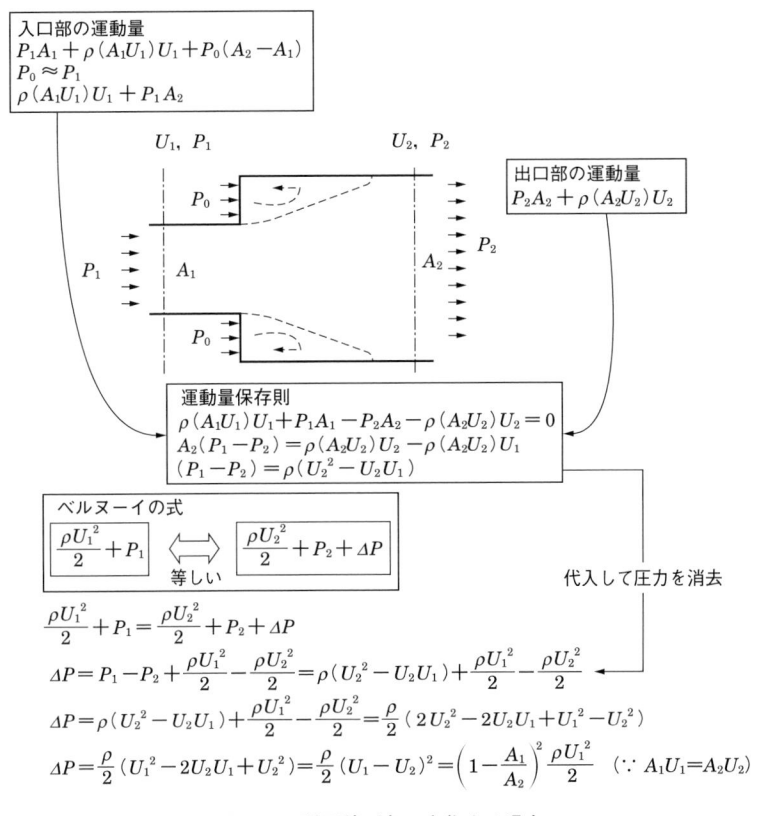

図 5.26　断面積が急に変化する場合

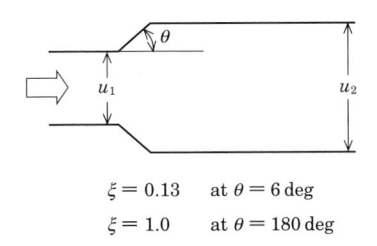

$\xi = 0.13$　　at $\theta = 6\,\mathrm{deg}$
$\xi = 1.0$　　at $\theta = 180\,\mathrm{deg}$

図 5.27　断面積が緩やかに広くなる管とその損失

ディフューザーの中央部では圧力が低下するので，工業的にいろいろな利用方法がある．

たとえば，自動車のキャブレターでは，ディフューザー中央部の負圧を利用してガソリンを吸い上げ，エンジンに供給している．F1などのレーシングカーでは車体の床面形状をディフューザー形状にすることにより床下の流れを加速し，床面の圧力を低下させる．この負圧によって，車体に下向きの力（ダウンフォース）が発生する．自動車は4本のタイヤに作用する摩擦力によって走行するが，摩擦力はタイヤに作用する鉛直方向の荷重に比例する．流体力学的なダウンフォースは，車体の重量を変えることなく，タイヤの摩擦力を高めることができるので，レーシングカーの設計では非常に重要である．

5.6.3 断面積が急に狭くなる場合

断面積が急激に狭くなる管では流れは縮流を起こし，下流の断面積 A_2 よりもさらに流路断面積が小さくなる（図5.28）．縮流部の断面積を A_c とし，**縮流係数**（coefficient of contraction）を $C_c = A_c/A_2$ と定義すると，断面積が急激に小さくなる管路の損失係数 ζ_c は，

$$\zeta_c = \left(\left(\frac{1}{C_c}\right) - 1\right)^2 \tag{5.31}$$

と表せる．急縮小管の場合は，下流の平均速度を代表速度とすることから，速度 U_2 を用いて，断面積が急激に小さくなる管路の圧力損失を表すと次式となる．

$$\Delta P_c = \zeta_c \frac{\rho}{2} U_2^2 = \left(\left(\frac{1}{C_c}\right) - 1\right)^2 \frac{\rho}{2} U_2^2 \tag{5.32}$$

また，縮流係数は，

$$h_s = \left(\frac{1}{A_c/A_2} - 1\right)^2 \frac{u_2^2}{2g}$$

$$\frac{A_c}{A_2} = 0.582 + \frac{0.0418}{1.1 - d_2/d_1}$$

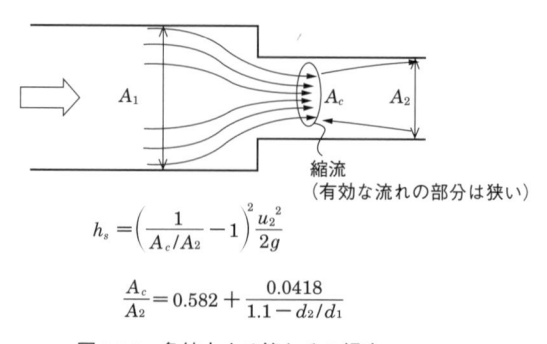

図5.28 急縮小する管とその損失

5-6 断面積が変化する管の損失

$$C_c = 0.582 + \frac{0.0418}{1.1-(d_2/d_1)} \tag{5.33}$$

によって求めることができる．

断面積が緩やかに変化する場合は，流れは壁面に沿って徐々に縮小するため，縮流のような大きな損失が発生しない．断面が緩やかに変化する場合，壁面摩擦による管摩擦損失以外の損失はほとんど発生しない．風洞用のノズル（図 5.29）などのように，緩やかに変化する管の場合の損失係数は 0.03 程度である．

表 5.3 急縮小損失係数

A_2/A_1	0.1	0.2	0.3	0.4	0.5	0.6	0.7	0.8	0.9	1.0
C_c	0.61	0.62	0.63	0.65	0.67	0.70	0.73	0.77	0.84	1.00
ζ_c	0.41	0.38	0.34	0.29	0.24	0.18	0.14	0.089	0.036	0

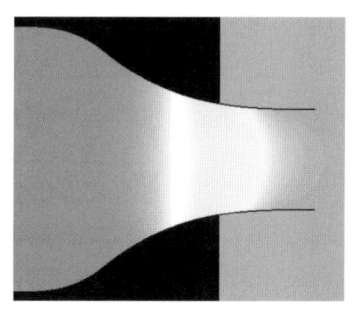

図 5.29 風洞のノズルとノズル内の圧力分布
（流れは左から右へ：上流から下流に向けて圧力が低くなっていく）
［写真提供］（株）日立製作所機械研究所

5-7 曲がり管の損失

急カーブを曲がるには流れも苦労する．

▶ポイント◀
- 流れは急に曲がれない．
- カーブの内側には渦ができる．

流れの方向を変えるために管を曲げると，内部の流体も管に沿って曲がるが，旋回によって流体粒子には遠心力が作用する．旋回による遠心力の強さは流速に依存するので，流速の速い管の中央付近には強い遠心力が作用する．このため，曲がり管の内側の流れは外側に押しつけられるため，管内に渦が発生する（図5.30）．また，管内の速度分布が不均一になるため，粘性によるせん断応力が大きくなる．

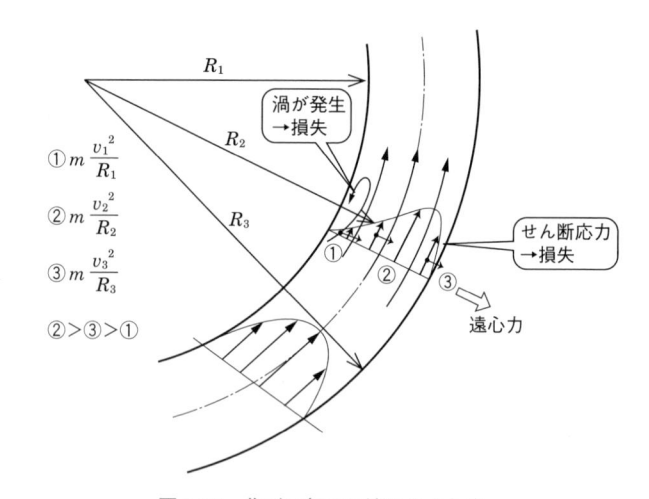

① $m\dfrac{v_1^2}{R_1}$
② $m\dfrac{v_2^2}{R_2}$
③ $m\dfrac{v_3^2}{R_3}$

②>③>①

図5.30 曲がり部での流れのようす

曲がり管は曲率によって分類され，管の代表直径に比べて，曲率半径の大きなものを**ベンド**（bend）と呼ぶ．二つの管をひじのように曲がった部材（管）を用いて，溶接などで角度をつけて接続したものを**エルボ**（elbow）と呼ぶ．

曲がり管に関する圧力損失を求めるための経験式として，ワイスバッハの式が

5-7 曲がり管の損失

広く利用されている.ここで,管の代表直径を d,曲がり角度を θ〔°〕,曲率半径を R とすると,曲がり管の損失係数は,

$$\zeta_b = \left\{0.131 + 1.847\left(\frac{d}{2R}\right)^{3.5}\right\}\frac{\theta}{90} \quad \left(0.5 < \frac{R}{(d/2)} < 2.5\right) \tag{5.34}$$

と表すことができる.

ワイスバッハの式より,曲がり管の圧力損失は次式となる.

$$\Delta P = \zeta_b \frac{\rho}{2}U_1^2 \tag{5.35}$$

エルボの場合についてもワイスバッハの実験式が得られており,損失係数 ζ_e は

$$\zeta_e = 0.94\sin^2\left(\frac{\theta}{2}\right) + 2.047\sin^4\left(\frac{\theta}{2}\right) \tag{5.36}$$

となる.曲がり角度が 90° のエルボの場合 ζ_e は,ほぼ 1 である(図 5.31).

ベンド ζ_b=0.2〜0.3   エルボ ζ_e=1.0

$\zeta_b = 0.131 + 1.847\left(\dfrac{d}{2R}\right)^{3.5}\dfrac{\theta}{90}$

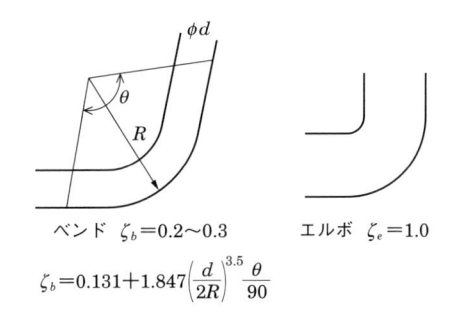

図 5.31 ベンドとエルボ

表 5.4 曲がりダクトの損失係数

継ぎ手形状	損失係数
エルボ(曲率半径小)	0.9
エルボ(曲率半径中)	0.8
エルボ(曲率半径大)	0.6
45°エルボ	0.4
90°エルボ	1.0
返しベンド	2.2

coffee break ◀ 大木と管摩擦 ◀

　大気圧に相当する水頭は約 10 m であるため，地球上では大気圧に対して管内の圧力を減圧しても 10 m しか水を汲み上げることができない．樹齢数百年にもなる大木は，どのようにして水を汲み上げているのだろうか．

　木の幹の内部の毛細管現象による効果もあるが，これだけではとても数十 m の高さに水を汲み上げることはできない．

　樹木の導管内の水は葉の細胞の浸透圧によって吸い上げられていると考えられている．浸透圧によって作用する張力は数十 MPa にもなるため，導管内の圧力損失を差し引いても 100 m 以上水を汲み上げることが可能になる．浸透圧によって細胞内に送り込まれた水は，葉の表面から大気に蒸発していくので，連続的に水を汲み上げることができる．したがって，植物の成長には葉の表面の水分を蒸発させるのに十分な太陽光（エネルギー）が必要となる．流体機械の設計では抵抗と流量のバランスが大切であり，自然界でも，このことは変わらない．

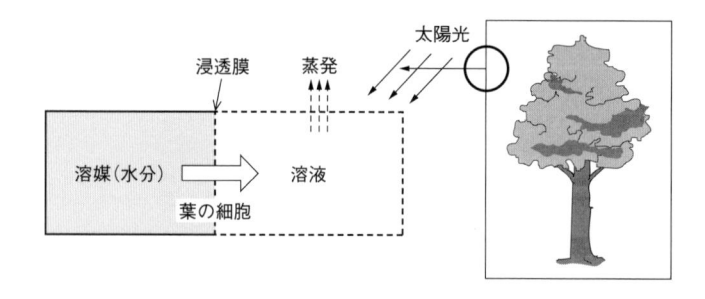

5-8 管路で失われる全損失

損失もいろいろ．大きいのも小さいのも全部考えよう．

▶ポイント◀
- 損失は動圧に比例する．
- 損失係数はほとんど実験で求める．

　工業製品などの配管では入口から出口までまっすぐで，断面積の変化のないものはまれである．これまでに見てきたように，配管にはさまざまな損失が存在する．入口から出口までの管路システムにおける損失を計算するには，単純にこれまでの損失を足し合わせればよい．注意すべき点は，急縮小部では平均流速に縮小部の流速を使うなどであるが，基本的には，図5.32に示すように，各部の平均速度と損失係数をもとに損失の合計を求めればよい．

　したがって，管路の損失は次式となる．

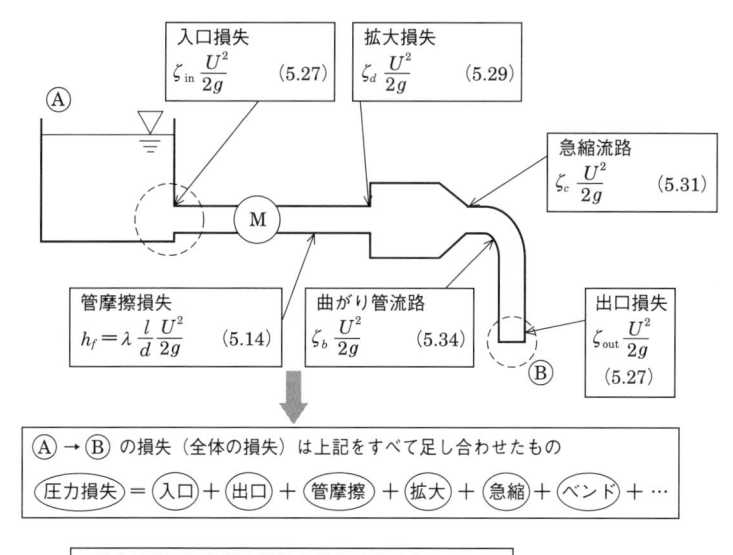

入口損失　$\zeta_{in} \dfrac{U^2}{2g}$　(5.27)

拡大損失　$\zeta_d \dfrac{U^2}{2g}$　(5.29)

急縮流路　$\zeta_c \dfrac{U^2}{2g}$　(5.31)

管摩擦損失　$h_f = \lambda \dfrac{l}{d} \dfrac{U^2}{2g}$　(5.14)

曲がり管流路　$\zeta_b \dfrac{U^2}{2g}$　(5.34)

出口損失　$\zeta_{out} \dfrac{U^2}{2g}$　(5.27)

Ⓐ → Ⓑ の損失（全体の損失）は上記をすべて足し合わせたもの

圧力損失 ＝ 入口 ＋ 出口 ＋ 管摩擦 ＋ 拡大 ＋ 急縮 ＋ ベンド ＋ …

・損失は動圧に各部の係数を掛けて求める．
・それぞれを足し合わせると全体の損失が得られる．

図5.32　管路の全損失を考慮した計算

第 5 章　管内の乱流

$$\Delta P = \lambda \frac{l}{d} \frac{\rho}{2} U_l^2 + \zeta_{in} \frac{\rho}{2} U_{in}^2 + \zeta_{out} \frac{\rho}{2} U_{out}^2 + \zeta_d \frac{\rho}{2} U_d^2 + \zeta_c \frac{\rho}{2} U_c^2$$
$$+ \zeta_b \frac{\rho}{2} U_b^2 + \zeta_e \frac{\rho}{2} U_e^2 + \zeta_v \frac{\rho}{2} U_v^2 + \cdots \tag{5.37}$$

ここで，U_l は局所的（local）な部位の流速とする．

● 例　題

図 5.33 に示すように，管径 80 mm，管の絶対粗さ 0.064 mm，管路長さ 55 m の暖房配管に 80℃の温水を 270 l/min 流す．この配管は途中に損失係数 0.4 の曲がりが 12 か所ある．この系の圧力損失を求めよ．

◆ 解　答 ◆

・管内の平均流速：
$$u = \frac{Q}{A} = \left\{ \left(\frac{270}{1\,000} \right) / 60 \right\} \bigg/ \left\{ \pi \frac{0.08^2}{4} \right\} = 0.895 \text{ m/s}$$

・レイノルズ数：
$$\text{Re} = \frac{Ud}{\nu} = \frac{0.895 \times 0.08}{0.37 \times 10^{-6}} = 1.94 \times 10^5$$

・層流か乱流かの判別：
$$\text{Re} > 2\,320 \text{ より} \quad \rightarrow \quad 乱流$$

・管路の相対粗さ：
$$\frac{\varepsilon}{d} = \frac{0.064}{80} = 0.0008$$

・管摩擦係数の算出
$$\text{ムーディー線図より} \quad \rightarrow \quad \lambda = 0.021$$

・管摩擦による圧力損失：
$$\Delta P_f = \lambda \frac{l}{d} \frac{\rho U^2}{2} = 0.021 \times \frac{55}{0.08} \frac{0.97 \times 10^3 \times 0.895^2}{2} = 5.61 \text{ kPa}$$

・配管中のエルボによる圧力損失：
$$\Delta P_e = 12 \times \xi_e \frac{\rho U^2}{2} = 12 \times 0.4 \times \frac{0.97 \times 1\,000 \times 0.895^2}{2} = 1.86 \text{ kPa}$$

・全損失の計算：
$$\Delta P_{total} = \Delta P_f + \Delta P_b = 5.61 \text{ kPa} + 1.86 \text{ kPa} = 7.47 \text{ kPa}$$

5-8 管路で失われる全損失

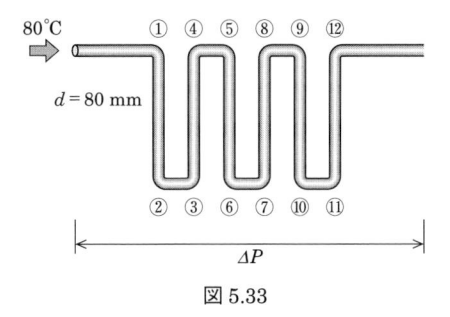

図 5.33

5-9 損失を考慮したベルヌーイの式

ベルヌーイの式を活用しよう.

▶ポイント◀
- 理想流体以外でもベルヌーイの式は使えるのか？
- ポンプや風車は流体にエネルギーを与えたり，もらったり．

これまでに管路を中心に粘性や管路形状の急激な変化による圧力の損失について学んできた．

圧力損失やせん断応力の発生は流体に作用する力学的エネルギーを減少させる．これは理想流体で見られなかった問題である．理想流体の場合，同一流線上におけるエネルギー保存則が成り立つこと学んだ．ベルヌーイの定理と流体の各種損失にはどのようなつながりがあるのだろうか．

エネルギー保存則，質量保存則は古典物理学を構築するための基礎である．流体力学においてもエネルギー保存則，質量保存則は成り立たなければならないから，実用的な問題では流体の各種損失によるエネルギーの減少分とベルヌーイの定理を整合させる必要がある．

また，流体が各種の損失によってエネルギーを失うということは，流体の運動を維持するためには外部からのエネルギーの供給が必要であることを示唆している．

ポンプやファンは外部のエネルギーによって翼列を回転させて，流体にエネルギーを供給する装置である．一方，風車や水車は風や水の流れを羽根車の回転力に変換することによって流体の持つエネルギーを力学的エネルギーの形で外部に取り出す装置である．

風車が風からエネルギーを取り出す場合，流体がもともと持っていた以上のエネルギーを取り出すことはできないし，流体のエネルギーの一部は力学的エネルギーとして利用できない，むだなエネルギーとして消費されるはずである．

ベルヌーイの定理は流体の運動に伴う力学的エネルギーの保存則であり，孤立した系において，流体の運動エネルギー，位置エネルギー，圧力の持つエネルギーが保存されることを示している．風車のように流体のエネルギーを外部に取り出す場合は，**外部に取り出されるエネルギー** E_{out} を考慮して，ベルヌーイの定理を修正する必要がある．

5-9 損失を考慮したベルヌーイの式

図 5.34 に示すように，水路にポンプや水車がおかれている場合を考える．上流側における流体の持つエネルギーと下流における流体の持つエネルギーはベルヌーイの定理により求めることができる．水車は流体からエネルギーを受け取り外部に対して仕事をしている．また入口部のポンプは流体に外部からエネルギーを与えているので，水路全体では，エネルギー保存則より，

$$\frac{1}{2}U_1^2 + \frac{p_1}{\rho} + gZ_1 + E_{in} = \frac{1}{2}U_2^2 + \frac{p_2}{\rho} + gZ_2 + E_{out} \tag{5.38}$$

が成り立つ．さらに一般化して，水路の壁面摩擦抵抗などのさまざまな損失 E_{loss} を考慮した場合は，

$$\frac{1}{2}U_1^2 + \frac{p_1}{\rho} + gZ_1 + E_{in} = \frac{1}{2}U_2^2 + \frac{p_2}{\rho} + gZ_2 + E_{out} + E_{loss} \tag{5.39}$$

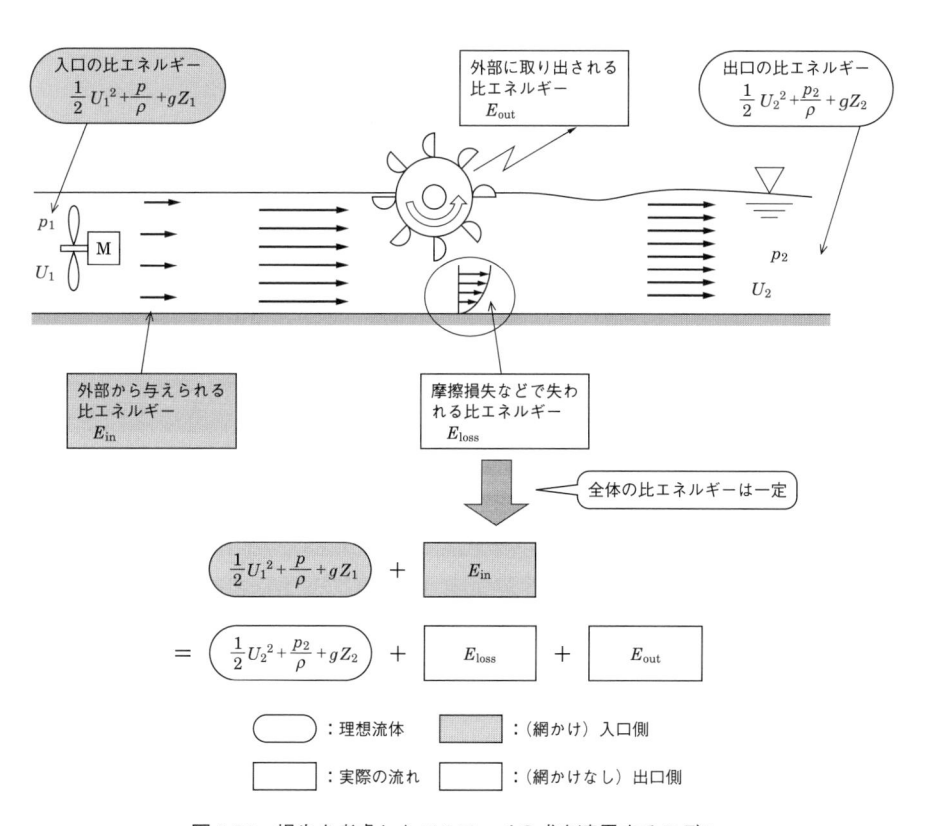

図 5.34 損失を考慮したベルヌーイの式を適用するモデル

となる．これを**拡張したベルヌーイの式**という．図 5.34 において，◯は理想流体の項を，☐は実存流体の項を表している．また，アミかけの項は入口側，アミかけのない項は出口側を示す．ベルヌーイの定理と流れに与えられるエネルギー，損失すべてを考えれば，エネルギー保存則が成りたっていることがわかる．

ポンプや風車の動力は $\rho Q E$ 〔W〕で表すことができる．ここで，ρ は流体の密度〔kg/m³〕，Q は体積流量〔m³/s〕，E は単位質量当りの流体のエネルギー〔J/kg〕である．ポンプやファンの場合，モータなどで軸を回転させて，流体に外部からエネルギーを供給する．したがって，ポンプやファンの効率 η は流体が得た動力（水動力 P_{in}）を，モータの軸動力 P_s で割ったものになる．一方，タービンや水車の場合，流体がタービンに与えた動力（水動力 P_{out}）のうち，実際に軸を回転させるのに利用できる動力はそれよりも小さいから実際に軸が得た動力 P_s を水動力で割ったものが効率 η となる．

＜流体機械の効率＞

ポンプ：$\eta = \dfrac{P_{in}}{P_s} = \dfrac{水動力}{軸動力}$

タービン：$\eta = \dfrac{P_s}{P_{out}} = \dfrac{軸動力}{水動力}$

● 例 題

図 5.35 のように，高さ 20 m の貯水タンクに 0.36 m³/min の水を揚水する．
(1) ポンプが水に与えなければならない全ヘッドを求めよ．
(2) 水動力を求めよ．
(3) ポンプの効率を 70 ％ とするとき，このポンプの軸動力を求めよ．

◆ 解 答 ◆

(1) $h_f = \lambda \dfrac{l}{d} \dfrac{u^2}{2g}$, $u = \dfrac{Q}{A} = \dfrac{0.36/60}{\pi/4 \times 0.06^2} = 2.12$ 〔m/s〕

$\quad = 0.03 \times \dfrac{20+2}{0.06} \dfrac{2.12^2}{2 \times 9.81} = 2.52$ 〔m〕

$h_e = \zeta_e \dfrac{u^2}{2g} = 1.0 \dfrac{2.12^2}{2 \times 9.81} = 0.23$ 〔m〕

$h_v = \zeta_v \dfrac{u^2}{2g} = 0.3 \dfrac{2.12^2}{2 \times 9.81} = 0.069$ 〔m〕

◻︎◻︎ 5-9 損失を考慮したベルヌーイの式 ◻︎◻︎

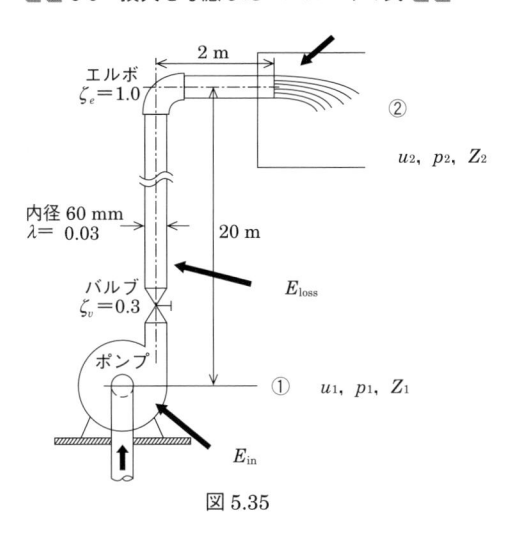

図 5.35

$$h = H + h_f + h_e + h_v = 20 + 2.52 + 0.23 + 0.069 = 22.8 \ [\text{m}]$$

(2) $\Delta P = \rho g h$

$P_\text{in} = \rho g h Q$

$= 1\,000 \times 9.81 \times 22.8 \times \dfrac{0.36}{60} = 1\,342 \ \text{W}$

$= 1.34 \ \text{kW}$

(3) $\eta = \dfrac{P_\text{in}}{P_s}$ より $P_s = \dfrac{P_\text{in}}{\eta}$

$= \dfrac{1\,342}{0.70} = 1\,917 \ \text{W} \fallingdotseq 1.92 \ \text{kW}$

═══════ 覚えよう！ ═══════

ポンプ→入力：電気エネルギーなどで羽根車を回転（軸動力）
　　　　出力：羽根車の回転によって流体にエネルギーを供給
　　　　　　（力学的エネルギー）
タービン→入力：流体の運動によって羽根車を回転（力学的エネルギー）
　　　　出力：羽根の回転によって流体のエネルギーを外部に取り出す
　　　　　　（軸動力）

● 例 題

図 5.36 のポンプにより，流量 $Q = 30 \text{ m}^3/\text{min}$ の水が送水されている．水平な管路の①，②断面で圧力を測定したところ $p_1 = -40 \text{ kPa}$, $p_2 = 300 \text{ kPa}$ であった．ポンプの水動力および軸動力を求めよ．ただし，ポンプ効率 η を 80％とし，管径は入口，出口ともに $\phi 200 \text{ mm}$ とする．また，水の密度は $1\,000 \text{ kg/m}^3$ とする．ここで，入口および出口の管の全長さを 10 m，また，このときの管摩擦係数は 0.025 とする．

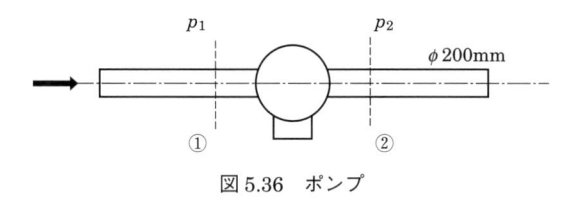

図5.36　ポンプ

◆ 解 答 ◆

断面①から②における単位質量当りのエネルギーは，

$$E = \frac{U_1^2}{2} + \frac{p_1}{\rho} + gZ_1 + E_\text{in} = \frac{U_2^2}{2} + \frac{p_2}{\rho} + gZ_2 + E_\text{loss}$$

である．管の直径が入口と出口で変わらないことから，$U_1 = U_2$ である．また，管が水平に置かれていることから $Z_1 = Z_2$ であるから，単位質量当りのエネルギは，

$$\frac{p_1}{\rho} + E_\text{in} = \frac{p_2}{\rho} + E_\text{loss}$$

である．また，

$$E_\text{loss} = \frac{\Delta P}{\rho} = \frac{1}{\rho}\lambda\frac{l}{d}\frac{1}{2}\rho U^2 = \lambda\frac{l}{d}\frac{1}{2}\left(\frac{Q}{A}\right)^2$$

であるから，ポンプによって流体に与えられる単位質量当りのエネルギーは，

$$E_\text{in} = \frac{p_2 - p_1}{\rho} + \lambda\frac{l}{d}\frac{1}{2}\left(\frac{Q}{A}\right)^2$$

となる．したがって，水動力 P_in は，

$$P_\text{in} = \rho Q E_\text{in} = Q(p_2 - p_1) + \rho Q \lambda \frac{l}{d}\frac{1}{2}\left(\frac{Q}{A}\right)^2$$

5-9 損失を考慮したベルヌーイの式

ポンプの効率 $\eta = P_{in}/P_s$ より軸動力 P_s は，

$$P_s = \frac{P_{in}}{\eta} = \frac{1}{\eta}\rho Q E_{in} = \frac{Q}{\eta}\left[(p_2 - p_1) + \lambda \frac{l}{d}\frac{1}{2}\rho\left(\frac{Q}{A}\right)^2\right]$$

具体的な値を入れて計算する．

$$P_s = \frac{1}{0.8}\frac{30\,[\mathrm{m^3/min}]}{60\,[\mathrm{s/min}]}$$

$$\times \left[(300\,000\,[\mathrm{Pa}]-(-40\,000\,[\mathrm{Pa}]))\right.$$

$$\left. + 0.025\frac{10\,[\mathrm{m}]}{0.2\,[\mathrm{m}]}\cdot\frac{1}{2}\cdot 1\,000\,[\mathrm{kg/m^3}]\left(\frac{30\,[\mathrm{m^3/min}]}{60\,[\mathrm{s/min}]}\right)^2\left(\frac{\pi\times 0.2^2}{4}\,[\mathrm{m}]\right)^{-2}\right]$$

$$= 311.4\,\mathrm{kW}$$

章末問題

(1) 原油（比重 0.96，粘度 0.49 Pa·s）を，内径 800 mm の円管で 10 km 離れた土地に輸送するときの圧力損失を求めよ．ただし，油の平均流速を 0.6 m/s とする．

(2) 新しい鋳鉄管で 20℃の水を毎分 6 m³ 輸送する．長さ 100 m 当りの圧力損失を 10 kPa 以内にするには，管の直径をどの程度にすればよいか．

(3) 滑らかな管（$d=0.4$ m）で毎分 4 m³ の水を輸送する．摩擦による圧力損失が 30 kPa のとき，水を輸送することができる距離を求めよ．ただし，管摩擦係数を 0.025 とする．

(4) 水槽の下部に，縦 200 mm，横 100 mm，長さ 50 m のコンクリートの管が設置されていて，0.1 m³/s の水が流れている．水温 15℃，コンクリートの表面粗さが 0.5 mm のとき，水槽の水位を求めよ．ただし，水槽は十分に大きいものとする．

(5) 内径 1 000 mm の管路が内径 300 mm の管路に急縮小する場合の損失係数を求めよ．また，この管路に 15℃の空気が 3 m³/s 流れる場合の圧力損失を求めよ

(6) 内径 20 mm の円管と内径 50 mm の円管を，広がり角 6°の広がり管でつないだ場合の圧力回復率を求めよ．

(7) 水位 4 m の水槽の底面に管を取り付け，水を外部に供給している．管の直径を 50 mm，長さを 5 m，管摩擦係数 $\lambda=0.025$ とし，入口損失を 0.4，出口損失を 1 とした場合に管内を流れる水の流量を求めよ．また，トリチェリの定理を用いて損失のない場合の流量を計算し，両者を比較せよ．

(8) 層流状態の管内流れにおいて管摩擦係数とレイノルズ数の関係を示せ．

　　(1) $\lambda \propto \dfrac{1}{\mathrm{Re}}$

　　(2) $\lambda \propto \left(\dfrac{1}{\mathrm{Re}}\right)^2$

　　(3) $\lambda \propto \mathrm{Re}$

　　(4) $\lambda \propto \mathrm{Re}^2$

第6章
揚力と抗力

　飛行機は大きくて重いのに空を飛ぶことができる．飛行機が飛ぶには空気の流れによって作用する力が必要である．その一方，自動車を走らせるときは，空気の流れが走行を妨げる．空気や流体によって物体に作用する力は，時には有益で，時にはじゃまなものになる．
　「揚力と抗力」すなわち，流れによって物体に作用する力について学習する．

6-1 物体に働く抗力と揚力

飛行機は流体の力を利用して浮き上がる！

▶ポイント◀
- 流れによって物体に作用する流体力は速度の2乗に比例する．
- 揚力は飛行機を浮き上がらせるが，抗力はじゃまなもの．

流れの中に物体がおかれると物体の表面には圧力とせん断応力が作用する．圧力やせん断応力の大きさは物体の各部で異なるが，これらを物体表面で積分して合力を求めると物体に作用する流体力が得られる．

流体力学では，流れの方向に作用する力を**抗力**（drag），流れに対して直交し，上向きに作用する力を**揚力**（lift），横方向に作用する力を**横力**（side force）と呼ぶ．

一般に流体力は動圧 $\rho U^2/2$ に比例する．そこで，動圧に対する抗力，揚力の割合をそれぞれ**抗力係数** C_d（coefficient of drag），**揚力係数** C_l（coefficient of lift）と定義する．

抗力係数，揚力係数はレイノルズ数の関数であり，流れの状態（層流か乱流）によっても大きく変化する．レイノルズ数の大きな流れでは流体力は速度の2乗，物体の大きさ，流体の密度，抗力係数に比例する．

$$
\left.\begin{aligned}
&D = C_d(\mathrm{Re})\frac{1}{2}\rho U^2 A \\
&抗力 = 抗力係数 \times 密度 \times 速度の2乗 \times 面積 \\
&\qquad = 抗力係数 \times 動圧 \times 面積 \\
&L = C_l(\mathrm{Re})\frac{1}{2}\rho U^2 A \\
&揚力 = 揚力係数 \times 密度 \times 速度の2乗 \times 面積 \\
&\qquad = 揚力係数 \times 動圧 \times 面積
\end{aligned}\right\} \quad (6.1)
$$

ここで，A は物体の面積を表し，自動車などの場合，**前面投影面積**（物体を正面から見たときのボディのシルエットの面積）を用いる．

□□ 6-1 物体に働く抗力と揚力 □□

● **例 題**

物体に作用する抗力が動圧に比例する理由について検討せよ．

◆ **解 説** ◆

物体に作用する抗力 D は速度，物体の大きさ，流体の密度，粘度のべき乗に比例すると考えられる（図 6.1 参照）．これを数式で表すと，

$$D = f(U, A, \rho, \mu) = kU^\alpha A^\beta \rho^\gamma \mu^\delta$$

と書くことができる．質量，長さ，時間の次元をそれぞれ M, L, S で表すと上の式は，

$$[\text{MLS}^{-2}] = [\text{LS}^{-1}]^\alpha [\text{L}^2]^\beta [\text{ML}^{-3}]^\gamma [\text{ML}^{-1}\text{S}^{-1}]^\delta$$

と表すことができる．右辺と左辺の次元は等しいから（次元の同次性），M に関して $1 = \gamma + \delta$, L に関して $1 = \alpha + 2\beta - 3\gamma - \delta$, S に関して $-2 = -\alpha - \delta$ が成立する．

この連立方程式を解くと $\alpha = 2 - \delta$, $\beta = 1 - \delta/2$, $\gamma = 1 - \delta$ が得られる．したがって，

$$D = kU^{2-\delta} A^{1-\delta/2} \rho^{1-\delta} \mu^\delta = k\rho U^2 A \left(\frac{\mu}{\rho U A^{1/2}}\right)^\delta$$

$$= k'\left(\frac{1}{\text{Re}}\right)^\delta \frac{1}{2}\rho U^2 A = C_d\,(\text{Re})\frac{1}{2}\rho U^2 A$$

ここで，

$$C_d\,(\text{Re}) = k'\left(\frac{\mu}{\rho U A^{1/2}}\right)^\delta = k'\left(\frac{1}{\text{Re}}\right)^\delta$$

である．

上式から，抗力係数が速度の 2 乗，物体の大きさ，流体の密度に比例することがわかる．抗力係数はレイノルズ数の関数であり，べき乗数 δ と係数 k' は特別な場合を除いて，解析的に求めることは困難なので，一般的には実験や数値計

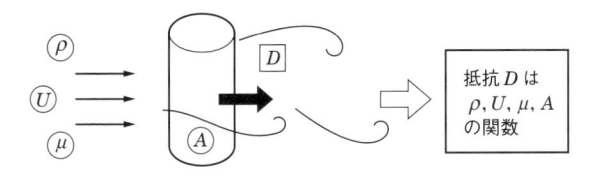

図 6.1 物体に作用する抵抗 D と ρ, U, μ, A の関係を示す模式図

□□ 第6章 揚力と抗力 □□

算によって求める．自動車や飛行機の形がさまざまなのは抗力係数の値が理論的には求められないためで，条件に合わせて最適なものを検討する必要がある．ここが設計者や研究者のアイデアの出しどころとなる．

　自動車や航空機にとって空気抵抗（抗力）は有害なので，できるだけ小さくしたい．一方，重い飛行機を空気中で浮かせるには，大きな揚力が必要である．図 6.2 に示すように，飛行機は推進力と抗力，揚力と機体重量が釣り合った状態で飛行する．レーシングカーにウィングがついているのは揚力を反対向き（下向き）に作用させて，車体が浮き上がるのを防ぐためである．

図 6.2　飛行機に作用する力の釣合い

6-2 物体の抗力係数

レーシングカーの形が似てしまうのはなぜだろう．

▶ポイント◀
- 抗力係数は物体の形によって異なる．
- 動圧が抵抗の原因．

6.1「物体に働く抗力と揚力」で空気抵抗が動圧に比例することを学んだ．その比例定数を一般に**抗力係数**と呼ぶ．抗力係数は物体の形状や表面の粗さ，レイノルズ数に依存する．非常に遅い流れの中におかれた球や円柱のような特殊な場合を除いて抗力係数を解析的に求めることはむずかしく，自動車の開発などでは実験やコンピュータによる解析によって抗力係数を求めるのが普通である．

たとえば乗用車の抗力係数はおおよそ 0.3 から 0.4 である．トラックやバスは 0.6 から 0.7 と大きい．出力の小さなソーラーカーは空気抵抗や車輪の走行抵抗を小さくするため，図 6.3 に示すような空気抵抗の小さな（ゴキブリ）型が多い．抗力係数は 0.15 程度と乗用車の半分以下である．

反対にエンジン出力が大きく，タイヤがむき出しの F1 は空気抵抗がかなり大きい．車体を浮き上がらせないようにするため，車両の前後にウィングを取り付けるため，抗力係数は 0.6 程度とトラックと同程度である．このため，速く走るにはエンジン出力を大きくする必要がある．

普通自動車
0.3 〜 0.4

トラック
0.6 〜 0.7

ソーラーカー
0.1 〜 0.15

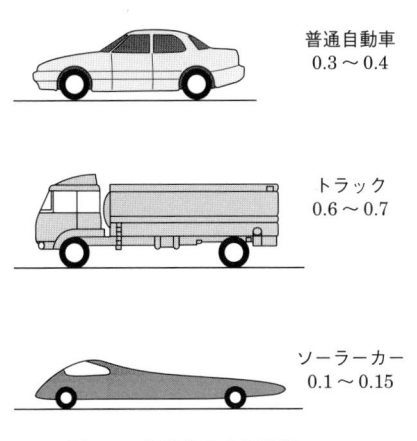

図 6.3　自動車の空気抵抗

第6章 揚力と抗力

F1が時速300 kmで走行するときの空気抵抗をエンジン出力に換算すると600馬力以上となる．空気抵抗に打ち勝つためだけに必要なエンジン出力であるから，空気の抵抗がいかに大きいかがわかる．

空力抵抗を小さくすると車両の燃費も良くなるので，車両の空力特性を調べるために，図6.4に示すような風洞実験を行う．自動車メーカーでは実物大の車両を測定できるような大型の風洞が利用されている．アメリカには飛行機やヘリコプターを収容できる大きな風洞がある．

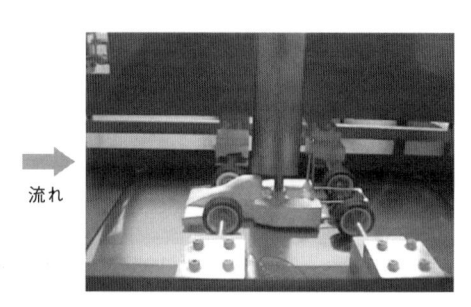

図6.4 自動車風洞実験（模型のようす）

● **例 題**

トラックが80 km/hで走行している．トラックの進行方向への投影面積を7.11 m^2，抗力係数を1.8とすると，空気抵抗はいくらか．ただし，空気の密度を1.2 kg/m^{3}とする．

◆ **解 説** ◆

走行速度80 km/hは$U = 80 \times 1\,000/(60 \times 60) = 22.2$ m/s

$$D = C_d(\text{Re})\frac{1}{2}\rho U^2 A = 1.8 \times \frac{1}{2} \times 1.2 \times 22.2^2 \times 7.11 = 3\,784.4 \text{ N}$$

したがって，トラックに作用する空気抵抗は3 784.4 Nとなる．

図6.5 トラックに作用する抗力

6-2 物体の抗力係数

表6.1 さまざまな物体の抗力係数

対象	条件	抵抗係数 C_d
円柱	$L/d = 1$, $Re = 10^5$	0.63
	$L/d = 5$, $Re = 10^5$	0.74
	$L/d = 20$, $Re = 10^5$	0.90
	$L/d = \infty$, $10^3 < Re < 5 \times 10^5$	1.20
	$L/d = \infty$, $Re > 5 \times 10^5$	0.33
	$L/d = 1$, $Re = 10^3$	1.16
	$L/d = 5$, $Re = 10^3$	1.20
	$L/d = \infty$, $Re = 10^3$	1.90
	半円弧	1.3
	反円弧	0.4
	三角錐	0.2
	$Re < 10$	20.4/Re
	$10^3 < Re < 3 \times 10^5$	0.40
	$Re > 3 \times 10^5$	0.10

6-3 流れのはく離

物体の周囲の流れのようす

▶ポイント◀
- 壁の近くの流れは粘性の影響を受ける．
- 物体に沿った流れと沿わない流れを考える．

6.3.1 はく離と境界層

　物体のまわりの流れを観察してみると，物体からある程度離れた位置では流れは物体の形状に沿って流れ，物体から遠く離れた位置では物体の形状とは関係なく流れていく．一方，物体の極近傍と物体の後ろ側を観察してみると，物体表面では流体が物体に粘着しているため，速度が0になっている．物体の周囲の速度は0ではないから，物体近傍から外側に向けて流れが急激に変化する．また，物体の後方は速度が遅い領域が形成され，その部分には図6.6に示すような複雑な渦が観察される．

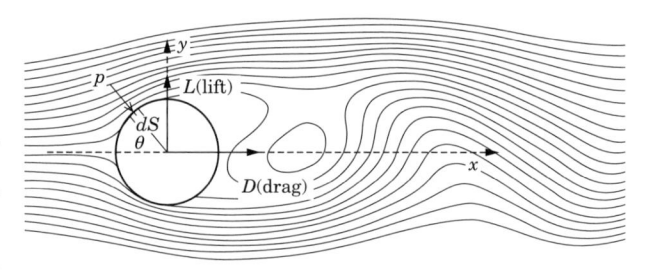

図6.6　円柱まわりの流れの模式図

　流れが物体に沿って流れている部分の流れは理想流体に近い流れであり，その性質がはっきりとわかっている．しかし，物体の極近傍の速度こう配の大きな部分の流れは粘性によるせん断応力によって流れの運動エネルギーが消費されるとともに，速度差によって渦が生じている複雑な流れとなっている．プラントルは物体の極近傍の薄い層と物体周囲の流れの性質が大きく異なることから，物体近傍の流れを**境界層**と名づけた．

　境界層内部では速度こう配が大きいため，流体の運動エネルギーはせん断応力によって失われていく．このため，境界層内部の速度が低下し，境界層内の圧力が高くなる．境界層は下流にいくに従って，物体の形状に沿って流れることがむずかしくなり，物体の表面からはがれて下流に渦を形成する．一方，境界層の外部の流れは理想流体に近いため，損失が小さく一様な速度を保っているため，境

6-3 流れのはく離

図 6.7　境界層のはく離のようす

図 6.8　円柱表面の圧力分布

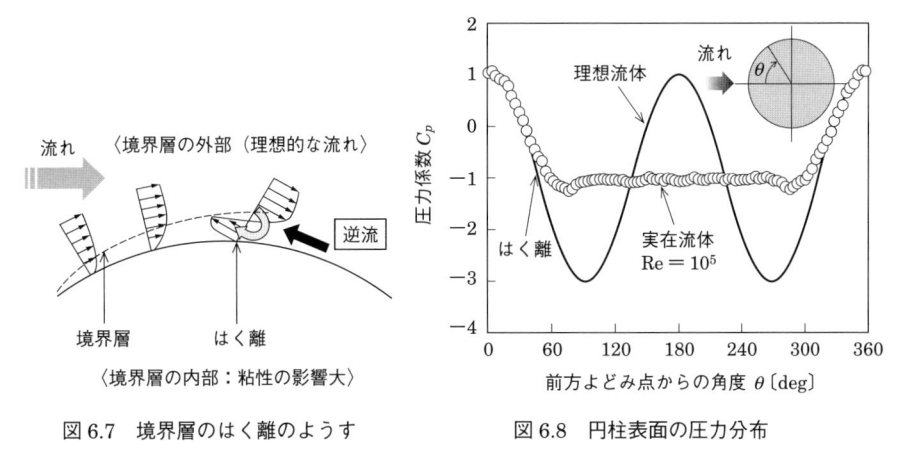

界層の内側と外側では流れのようすが大きく異なる．この状態を流れが**はく離**した状態という（図 6.7）．

理想流体の場合，円柱表面の圧力分布は次式で表される．

$$\frac{p - p_0}{\rho U^2/2} = 1 - 4\sin^2\theta \tag{6.2}$$

ここで，θ はよどみ点（円柱の前方で流れがせき止められて速度が 0 になる点）から計った角度である．理想流体では式（6.2）に示すように圧力分布は円柱の前後で対称であり，円柱には抗力が作用しない．これは実際の現象と異なるので，**ダランベールのパラドックス**（D'alembert's paradox）と呼ばれている．実際には流れのはく離によって円柱の下流方向の圧力分布は，図 6.8 に示すように式（6.2）と一致しなくなる．

図 6.9 に示すようにはく離点の位置は境界層が層流の場合と乱流の場合で異なるが，円柱の場合，境界層が層流のときは $\theta = 75°$ から 80°付近ではく離する．境界層が乱流になると壁面近傍でせん断応力によってエネルギーを失った流体粒子と主流付近の流体粒子が混合するため，層流の場合よりも下流まで流れがはく離しないで物体に沿って流れる．このため，境界層が層流から乱流になるとはく離角度がより下流に移動する．乱流の場合は $\theta = 110°$ 程度ではく離する．境界層が層流から乱流に代わるレイノルズ数を**臨界レイノルズ数**（critical Reynolds number）と呼ぶ．円柱の臨界レイノルズ数は 3×10^5 である．ただし，臨界レイノルズ数は主流の乱れにも影響を受ける．一般に速度変動の大きな流れでは，より低いレイノルズ数で境界層が層流から乱流に遷移する．境界層が乱流になる

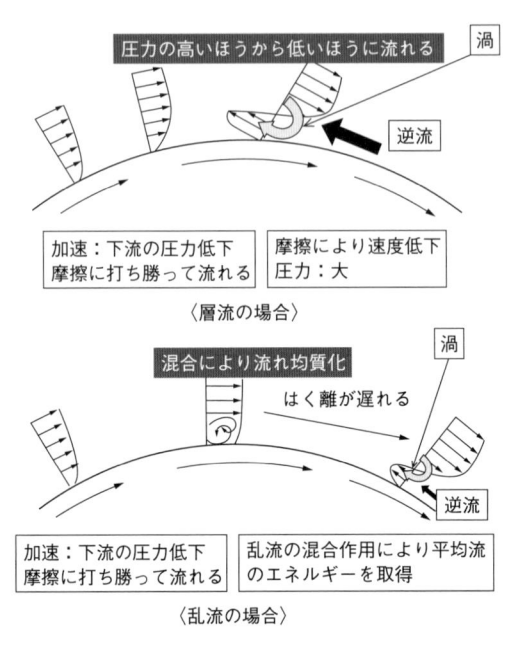

図6.9 円柱表面の流れのはく離

とはく離点が下流に移動するため，物体後方の渦が小さくなる．

流体によって物体に作用する流体力は，圧力分布によるものと壁面の摩擦応力に起因するものに分けられる．前方よどみ点では，速度が0になるため，ベルヌーイの定理から周囲に比べて圧力が上昇する．一方，物体の下流には渦ができるが，渦の中心部分は圧力が低下するため，下流側は負圧になる．境界層が層流から乱流になると下流の渦が小さくなり，負圧領域が小さくなるため，前後の圧力差が小さくなり，圧力に起因する抵抗は小さくなる．また，壁面せん断応力は乱流の場合のほうが層流の場合よりも大きくなる．しかし，円柱のような物体（鈍頭物体）では圧力抵抗が摩擦抵抗よりも大きいため，圧力抵抗が小さくなると円柱全体に作用する抗力が小さくなる．この現象は球の場合（図6.10）も同様であり，流れが層流から乱流に遷移すると抗力が小さくなる．

ゴルフボールのディンプル（表面にある凹凸）は，この効果を応用したものである．プロゴルファーが打ってもゴルフボール周囲の境界層は層流であるため，ボールに作用する抗力係数は0.4程度である．そこでゴルフボールの表面に凹凸をつけ，境界層を強制的に乱流に遷移させてはく離を遅らせ，抵抗を小さくして

6-3 流れのはく離

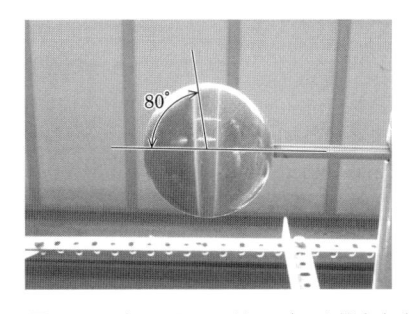

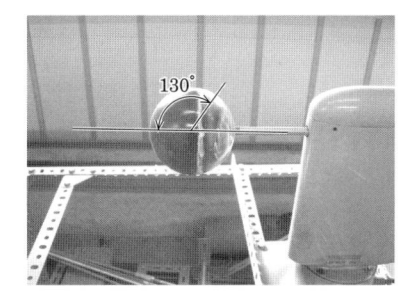

図 6.10 球のまわりの流れ（はく離点角度 左：層流 $\theta = 80°$，右：乱流 $\theta = 130°$）

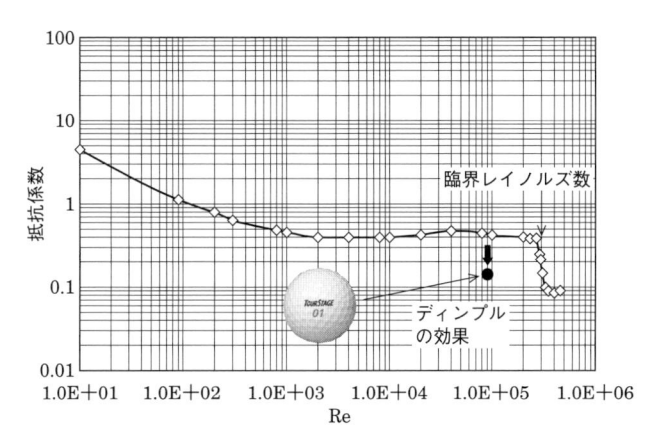

図 6.11 球の抵抗曲線とゴルフボールのディンプルの効果

いる（図 6.11）．球の場合，境界層が層流から乱流に遷移すると，はく離角度が80°から130°まで後退し，空気抵抗は0.1程度まで小さくなることが知られている．このときのレイノルズ数（臨界レイノルズ数）は $3 \sim 5 \times 10^5$ である．

=== **覚えよう！** ===

圧力抵抗：物体の前後の圧力差に起因する抗力で，形状抵抗ともいう．
摩擦抵抗：物体表面の摩擦応力に起因する抗力．
前面投影面積：物体を真正面から見たときの面積．無限に離れた前方位置から光を当てたときに，物体のうしろにできる影の面積．

● 例　題

直径 40 mm のゴルフボールを時速 80 km で打ち出した場合の抗力を求めよ．ただし，ボールの回転は無視する．

(1) ディンプルがない場合　$C_d = 0.4$
(2) ディンプルがある場合　$C_d = 0.2$

◆ 解　説 ◆

$D = C_d \dfrac{1}{2}\rho U^2 A$ より

(1) $D = 0.4 \times \dfrac{1}{2} \times 1.2\,[\mathrm{kg/m^3}] \times \left(\dfrac{80 \times 1000}{3600}\right)^2 [\mathrm{m/s}] \times \dfrac{\pi}{4}(0.04^2)\,[\mathrm{m^2}]$
$= 0.15\,[\mathrm{N}]$

(2) $D = 0.2 \times \dfrac{1}{2} \times 1.2 \times \left(\dfrac{80 \times 1000}{3600}\right)^2 \times \dfrac{\pi}{4}(0.04^2)$
$= 0.075\,[\mathrm{N}]$

6.3.2　流線形と鈍頭物体

物体に働く抗力には物体の前後の圧力差に起因するものと，物体表面の粘性による摩擦に起因するものがあることを学んだ．一般に，速度が同じであれば圧力抵抗 D_p のほうが摩擦抵抗 D_f よりも大きくなりやすい．ゴルフボールの表面に凹凸をつけてはく離を遅らせると物体後方にできる渦が小さくなるため，抗力が小さくなるが，実は摩擦抵抗は大きくなっている．しかし，もともと摩擦抵抗 D_f が圧力抵抗 D_p に比べて小さいため，摩擦抵抗 D_f が多少増えても，圧力抵抗 D_p の減少分のほうが大きいため，全体の抗力は小さくなる．

このように，物体に作用する抗力は圧力に起因するものと粘性による摩擦に起因するものとが互いに関係している．一般に圧力抵抗 D_p が摩擦抵抗 D_f よりも大きいとしたが，圧力抵抗 D_p が小さいような場合もある．**流線形**（stream line body）と呼ばれる形状は圧力抵抗 D_p が全抵抗に占める割合の小さな形状である．もともと摩擦抵抗 D_f は小さいので，圧力抵抗 D_p の占める割合が小さい形状では抗力が小さくなる．

魚や飛行機の翼は流線形（図 6.12）の代表である．流線形は流線に沿ったような形状も考えられる．魚は長い進化の過程の中で抵抗の小さな形を生み出してきた．反対に図 6.13 のように，圧力抵抗の割合が大きな物体を**鈍頭物体**（bluff

6-3 流れのはく離

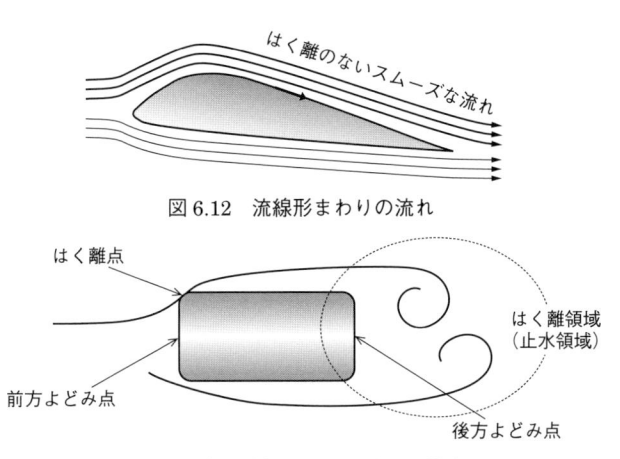

図 6.12 流線形まわりの流れ

図 6.13 鈍頭物体まわりの流れの模式図

図 6.14 鈍頭物体のうしろに生じる渦

> **覚えよう！**
>
> 流線形：$D_f > D_p$ —— 魚や飛行機の翼
> 鈍頭形：$D_f < D_p$ —— ゴルフボール

body）と呼ぶ．図 6.14 に示すように，鈍頭物体のうしろには大きな渦ができる．このため，抗力が大きくなる．

　摩擦抵抗が大きな問題になるのは，航空機やロケットのように流線形をした高速の移動物体である．高速で運動する物体の場合，表面付近の速度差が大きいことからせん断応力が非常に大きくなる．このため，表面に段差ができないように設計する必要がある．空気抵抗の大きな F1 マシンでも，なるべく空力特性を良くするため，ステッカー 1 枚分の段差もできないように塗装やステッカーの貼り方に気をつける．

<流れのはく離を調べる方法（油膜法）>

図 6.15 はドアミラー模型の表面に顔料を混ぜた油を塗り，風洞中に設置し，時速 100 km 程度の風を通風した後の写真である．最初，模型は顔料（二酸化チタン）で白くなっているが，二酸化チタンは気流によって下流に流される．流れが表面に沿って流れている場合は色が落ちてくるが，流れがはく離すると顔料が表面に付着したままになる．その結果，はく離している部分では顔料が白く残る．顔料を含ませた油を塗るだけで，流れの状態が簡単にわかる．この方法を油膜法と呼び，自動車や航空機の開発に古くから利用されている．

図 6.15　ドアミラーまわりの流れ（流れは左から右）

● 例　題

前面投影面積 $1.4\,\mathrm{m}^2$，抗力係数 0.6 のレーシングカーが時速 350 km で走行している．空気抵抗に打ち勝つのに必要なエンジン出力を求めよ．ただし，空気の比重を $1.2\,\mathrm{kg/m}^3$ とする．

◆ 解　説 ◆

時速 350 km を秒速に直すと，

$$U = \frac{350 \times 1\,000}{3\,600} = 97.2\,\mathrm{[m/s]}$$

抗力 D は，

■■ 6-3 流れのはく離 ■■

> **coffee break ◀ 圧力抵抗と摩擦抵抗 ◀**
>
> 　高速で走行する新幹線は新型車両を開発するたびに先頭部の形状が変わるので，空気抵抗を小さくするための研究が行われていると思われがちだが，実は，空気抵抗に関しては先頭の形状を変えてもあまり効果がないことがわかっている．
> 　新幹線の前面投影面積が高々 $10 \sim 16 \mathrm{~m}^2$ 程度なのに対して，長さは $400 \mathrm{~m}$ もあるため，側面および上下面の面積の合計は $6\,000 \mathrm{~m}^2$ もある．したがって前面投影面積の 400 倍近い値となり，表面の摩擦抵抗の影響が非常に大きくなる．特に床下にはさまざまな電装品などの機器が積まれているため，空気抵抗のほとんどは床下における摩擦抵抗が原因となる．
> 　先頭部の形状を変えているのは，トンネルなどに突入したときに発生する微気圧波（紙鉄砲を押し出したときに出るポンというような音）を小さくするためである．もちろん，先頭形状としての空気抵抗を小さくする努力も続けられているが，先頭形状の変更が空気抵抗全体に及ぼす影響はあまり大きくない．

$$D = C_d A \frac{\rho}{2} U^2 = 0.6 \times 1.4 \times \frac{1.2}{2} 97.2^2 = 4.76 \text{ [kN]}$$

動力は単位時間当りの仕事であるから，抗力 D に速度 U を掛けることによって求めることができる．

$$P = DU = C_d A \frac{\rho}{2} U^3 = 4\,763.9 \times 97.2 = 463 \text{ [kW]}$$

1 馬力 [PS] = 735.5 W であるから，馬力に換算すると，

$$P_s = \frac{P}{735.5} = 629.6 \text{ [PS]}$$

したがって，空気抵抗に打ち勝つには約 630 馬力必要であることがわかる．

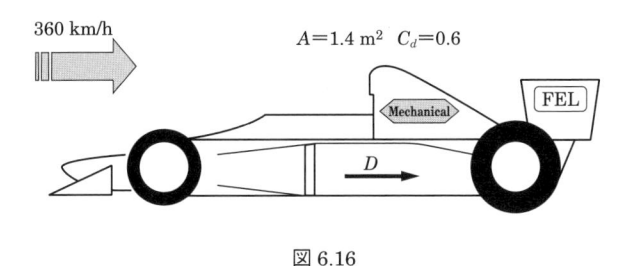

図 6.16

6-4 カルマン渦とストローハル数

物体のうしろにできる美しい渦の正体は？

▶ポイント◀
- 物体のうしろに規則的な渦が現れる．
- 冬の寒い日に電線から出る音の周波数を求めよう．

6.4.1 カルマン渦

　流れの研究に境界層を導入したことで知られるプラントルは，部下のヒーメンスに円柱のうしろの流れを測定するように指示した．ヒーメンスが実験をしてみると，円柱のうしろに交互に渦が発生して，安定した計測ができない．円柱は上下左右対称であり，渦が交互に出る理由が思いつかないことから，実験に問題があると考えたヒーメンスは円柱の真円度を調整したりしてみたが，実験はうまくいかなかった．実験室でそのようすを見ていたカルマン（Theodore Von Kármán）はいろいろと調整しても必ず交互に渦ができるのであれば，渦が交互にできることのほうが自然ではないかと考えた．カルマンは，上下 a だけ離れた位置に渦を距離 b だけ離して並べた場合の流れの安定性を解析（ポテンシャル解析）を行ってみた．その結果，上下の渦が交互に配列し，$\cosh(\pi a/b) = \sqrt{2}$，すなわち $a/b = 0.2806$ の場合以外は渦列は不安定であることを証明した．したがって，ヒーメンスの実験で渦列が互い違いに発生するのは実験装置の不備ではなく，自然なことだったのである．

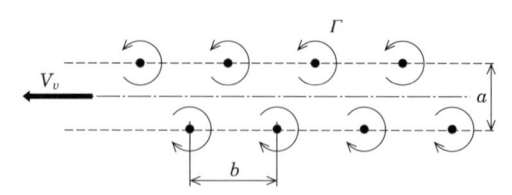

図 6.17　カルマンの考えた渦列モデル（強さ $\varGamma$ の渦が互い違いに配列されている）

　この渦列の配置または渦列のことを**カルマン渦列**（Kármán's vortex street）という．この渦列は静止流体に対して，

$$V_v = \frac{\varGamma}{2\sqrt{2}b} \tag{6.3}$$

6-4 カルマン渦とストローハル数

の速度で移動することも，カルマンによって導かれた．カルマン渦列は円柱だけでなく，角柱やその他の柱状物体の下流にも見られる．カルマン渦はレイノルズ数 100 程度の流れから発生し，レイノルズ数が 10^5 の流れでも観察される．レイノルズ数の増加とともに渦列の形状は少しずつ崩れるが，基本的な構造は変わらない．

図 6.18 は，風洞実験で可視化された円柱（直径 10 mm）まわりの流れと，韓国の済州島の下流に現れる地球規模のカルマン渦である．両者の渦の配置がよく似ていることがわかる．実験室でつくった流れと地球規模の流れが同じであることに驚かされる．

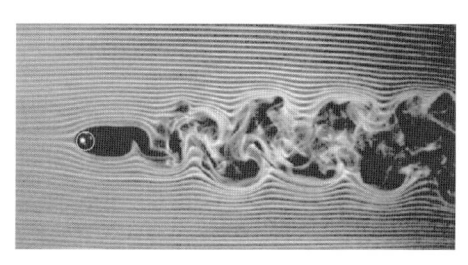

図 6.18 カルマン渦（左：直径 10 mm の円柱，韓国済州島まわりの流れ）

カルマン渦が幅広いレイノルズ数範囲で観察されるのに対応して，円柱の抗力係数はレイノルズ数 10^3 から 3×10^5 の広い範囲でほぼ一定であり $C_d = 1 \sim 1.2$ である．

● 例 題

タッパに水と牛乳を混ぜて水平においておく．タッパの端の部分に墨汁を少したらし，その部分に筆（もしくは丸棒）を入れ，ゆっくりと動かしてみる．どの程度の速度で筆を動かせばカルマン渦が観察できるか（問題を解くよりも実際にやってみたほうがいい）．

◆ 解 説 ◆

筆のレイノルズ数が 40 以上になると，筆のうしろに二つの渦が観察され，レイノルズ数 100 程度で非常に規則的な渦が観察されるようになる．丸棒の直径を 8 mm 程度，牛乳の粘性を水と同程度とみなせば，筆を毎秒 1.25 cm 程度で動かせばカルマン渦が観察される．

6.4.2 ストローハル数

流れの中に物体がおかれると下流にカルマン渦が発生する．流れの速度を U とすると，カルマン渦は V_v で流れと逆向きに進行する．単位時間当りに物体から放出される渦対の数を f とすれば，

$$f = U - V_v \tag{6.4}$$

となる．このとき，渦の放出周期 f は物体の代表寸法 d と主流の速度 U を用いて無次元化すると，

$$\frac{fd}{U} = \left(1 - \frac{V_v}{U}\right)\frac{d}{b} \tag{6.5}$$

となる．

円柱の場合，$fd/U = 0.2$ でほぼ一定になる．この無次元周波数をストローハル数（Strouhal number）といい，St と表す．

St 数はレイノルズ数と物体形状の関数である．円柱の場合は Re = 300 から 3×10^5 の範囲でほぼ一定であり，0.18 から 0.21 である．角柱の St 数は 0.135 程度である．

冬の寒い（風の強い）日に電線がヒューヒューと鳴ることがある．これは電線の下流にカルマン渦列が発生し，一定の周期で渦が放出されることによって発生する音である．この場合，電線が振動しなくても渦によって音が発生する．

カルマン渦のこの性質を利用して，渦の放出周波数から流速を計測する技術もある．

● 例 題

A 君の自動車には直径 5 mm のアンテナ（円柱）が取り付けられている．物体の後流にカルマン渦ができると，カルマン渦の放出周波数と同じ周波数の音が発生する．時速 90 km で走行した場合に，A 君の車のアンテナから放出される音の周波数を求めよ．

◆ 解 説 ◆

ストローハル数を 0.2 とすると，St = fd/U より，

$$f = 0.2 \times \frac{90 \times 1\,000/3\,600}{5 \times 10^{-3}} = 1\,000 \text{ Hz}$$

およそ 1 kHz の音が聞こえることになる．

6-4 カルマン渦とストローハル数

coffee break ◀ 渦と橋 ◀

　カルマン渦列は周期的な渦を放出するため，時には構造物を壊してしまうことがある．1940年11月7日にアメリカ・ワシントン州にあるタコマ橋が風にあおられて崩壊してしまった．タコマ橋は4か月前に完成したばかりの新しい吊り橋であった．事故発生時の風速は19 m/sであり，耐風設計速度の60 m/sよりも低い速度であった．

　タコマ橋の事故は風によってタコマ橋の下流に作られたカルマン渦の放出周波数と橋の振動周期とが一致し，渦と橋の振動が共振してしまったために発生した．

　この事故の後，橋の設計に動的な振動解析が行われるようになった．

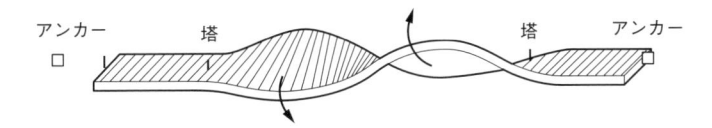

6-5 翼 型

飛行機は流体の力を利用して浮き上がる！

▶ポイント◀
- 飛行機の翼の形にはどんな意味があるのか．
- 揚力の発生する原因は何か．

6.5.1 揚 力

抗力（6.1.1）のところでも触れたが，流れに対して直角に作用する力のうち「鉛直方向に作用する力を**揚力**（lift）」と呼ぶ．翼型は揚力をうまく発生させるために考えられた形状である．

静止流体中で翼型を動かした場合，ポテンシャル流れを仮定すると，翼の下面の流れは翼の後端の鋭い角を回り込むように流れる（図 6.20（a））．鋭角部を回るには，下面の流れは角部では無限に速い流速で回る必要がある．実際の流れでは，このように早く角を回れないので，翼の後端の流れは不連続になる（図 6.20（b））が，粘性の影響によって翼のうしろに渦ができる．渦運動は角運動量を伴うので，渦度は保存量である．したがって，初めに翼が静止していて，翼の周囲の速度が 0 であり，また，翼のまわりに渦が存在しないのであれば，翼が進行方向に動いても渦度の総量は変化しないはずである．したがって，翼が進行方向に移動したことにより渦が発生したとすると，翼のうしろにできた渦を打ち消すように翼のまわりに逆向きの循環が作られる必要がある．翼のまわりに十分な強さの循環ができると不連続面がなくなる．逆に不連続面がなくなるように循環が発生しないと保存則が満たせないことになる．この条件を**クッタ条件**という（図 6.20（c））．

図 6.20 において翼のまわりに時計回りの循環ができるということは，翼の上面の流れが下面の流れよ

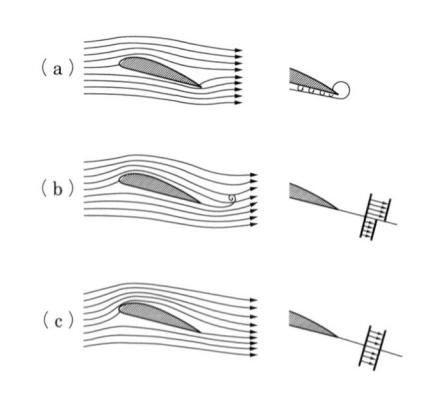

図 6.20 翼まわりの循環とクッタ条件
［出典］日野幹雄著「流体力学」（1992）朝倉書店

□□ 6-5 翼　　　型 □□

り速くなることを意味する．翼の上面での速度が増加するとベルヌーイの定理により圧力が小さくなる．反対に翼の下面は速度が遅いので圧力が高くなる．したがって，循環の発生によって翼の上面と下面に速度差が発生し，その結果として上下の面に圧力差が発生し，上向きの力すなわち揚力が発生する．

ここで注意しなければいけないのは，翼の上下面に生じる速度差は，循環の影響によるものであるということである．ベルヌーイの定理は翼の上下面の速度差を説明できないから，間違っているという説明を聞くことがあるが，これは誤りである．ベルヌーイの定理は速度差のある場合に揚力が発生することを計算するためのものであり，速度差の起源は翼の下流にできる渦（出発渦）と循環によるものである．

したがって，翼形状は，上流側では流れをスムーズに上下に分けるように滑らかな曲面を持ち，下流側は鋭い角を持つことが多い．平板翼や円弧翼のように前側に丸みや厚みのないものあるが，一般的な翼では前側に丸みをつけ，下流側を鋭い角にすることが多い．

6.5.2 翼

代表的な翼型としてアメリカの NACA が研究した NACA 翼，ドイツのゲッチンゲンで開発されたゲッチンゲン翼があげられる．

NACA 翼は NACA0012 などのように 4 桁あるいは 5 桁の数字を使って表すことが多い．NACA 翼では**翼弦長 C** を基準として，翼のそり（**キャンバー**），そりの位置，厚みを翼弦長との割合〔%〕で表す．

翼の各部の名称を図 6.21 に示す．翼の設計では最大キャンバーの大きさと位置，最大厚み，前縁の半径が主要設計パラメータとなる．

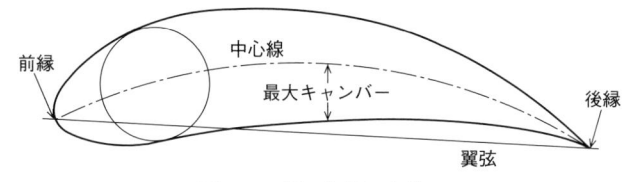

図 6.21 翼の各部の定義

また，翼を機体に取り付けた場合を図 6.22 に示す．翼の幅をスパン長といい，スパン長 S と翼弦長 C の比をアスペクト比 S/C という．

翼面積は翼弦長をスパン方向に積分して求める．これは翼を上から見たときの

□□ 第6章 揚力と抗力 □□

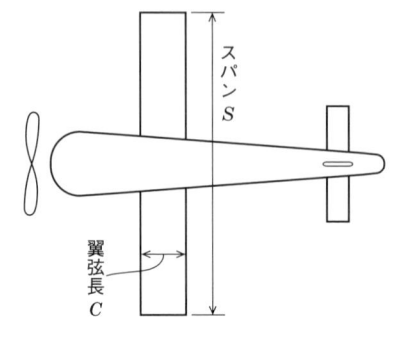

図 6.22 翼の各部の名称

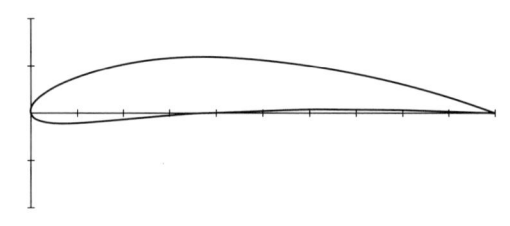

図 6.23 翼型の一例（NACA6412）

面積に相当する．自動車では前面投影面積を代表面積としたが，翼の場合は面積の取り方が違うので注意が必要である．

翼型の例として図 6.23 に NACA6412 を示す．キャンバーの大きさが 6 ％で，その位置は前縁から 40 ％，最大翼厚さが 12 ％の翼である．

翼の性能は主流の流れと翼弦のなす角に依存する．主流と翼弦のなす角を**迎角**（angle of attack）という．

翼に流入する流れの方向に作用する力を抗力，抗力に対して鉛直に作用する力を揚力とする．翼に迎角がついている場合は翼弦の方向と抗力の方向は一致しなくなる．

翼面積を A，抗力係数 C_d，揚力係数 C_l，主流速度を U とすると，式（6.1）に示したように，翼に作用する抗力と揚力は次のように表される．

$$\left.\begin{array}{l}\text{流体力} = \text{係数} \times \text{動圧} \times \text{面積} \\ D = \dfrac{1}{2} C_d \rho U^2 A \, [\text{N}], \ C_d : \text{抗力係数} \\ L = \dfrac{1}{2} C_l \rho U^2 A \, [\text{N}], \ C_l : \text{揚力係数}\end{array}\right\} \quad (6.5)$$

翼の性能を表す指標として，揚力と抗力の比を表す揚抗比（lift-drag ratio）

6-5 翼　　型

がある．動力を持たない滑空機（鳥人間コンテストの飛行機）では，揚抗比が大きいほど遠くまで飛ぶことができる．鳥人間コンテストの飛行機では揚抗比は 40 以上の数値になる（揚力が抗力の 40 倍）．

また，前縁から翼弦長の 1/4 点を空力中心として，この点まわりに作用するモーメント M，**モーメント係数** C_M も翼の性能を表す指標である．C_M は反時計回り（頭下げ）を正にとるのが一般的である．

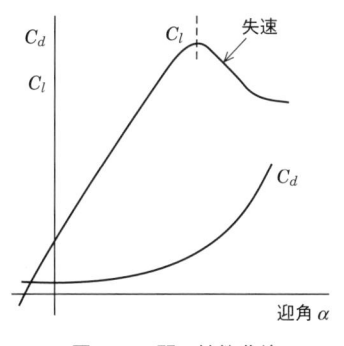

図 6.24　翼の性能曲線

$$M = \frac{1}{2} C_M \rho U^2 AC \; [\text{N}], \quad C_M：モーメント係数 \tag{6.7}$$

ここで，C は翼弦長である．

翼性能を表す性能曲線には揚力，抗力，モーメント係数を迎角に対してプロットする．揚力が 0 となる迎角を**零揚力角**（zero lift angle）という．キャンバーのある翼型では，迎角が 0° になっても翼の反りによって揚力が発生することから，零揚力角は負の値になる．キャンバーのない対称翼では零揚力角は 0° とな

覚えよう！

〈抵抗係数〉
抵抗係数は一般に物体形状とレイノルズ数の関数である．
円柱　$C_d = 1.2$（Re = 1 000 〜 300 000）　$C_d = 0.33$（Re > 500 000）
球　　$C_l = 0.4$（Re = 1 000 〜 300 000）　$C_l = 0.1$（Re > 300 000）
翼　　（NACA0012）$C_d = 0.02$　$C_l = 1.0$　（仰角 $\alpha = 8°$）

〈流線型と鈍頭物体〉
　　流線型：流れ場が物体に沿ってスムーズに流れるような形状
　　　　　（翼や魚の形状）
　　　　　（圧力抵抗＜摩擦抵抗）
　　鈍頭物体：流れが物体のうしろではく離し，大きな渦ができるような物体
　　　　　（球や円柱）
　　　　　（圧力抵抗＜摩擦抵抗）

$C_{d1} \fallingdotseq C_{dw} < C_{d2} < C_{d3}$

る．迎角を大きくすると揚力は増加する．そのとき抗力はほとんど変化しないので，揚抗比が大きくなり，翼の性能が良くなるが，迎角が一定角度以上になると，揚力が急激に低下し，逆に抵抗が急激に大きくなる．これは，流れが翼面に沿って流れなくなり，流れがはく離したことによる．流れがはく離してしまうと揚力はほとんど得られなくなる．このときの迎角を**失速角**（stalling angl）といい，この状態を**失速**（stall）という．失速角は翼型やレイノルズ数によっても異なるが，レイノルズ数が高い場合（10^6）は 15°から 20°程度，レイノルズ数が低い場合（〜 10^5）は 9°から 12°程度である．

＜ヨットが風上に向かって前進できる理由＞

アメリカズカップでおなじみのヨットは，風上に向かって進んでいく．実際にはまっすぐ風上に進むのではなく，ジグザグに進んでいく姿を見たことがあるかもしれない．ジグザグとはいえ，風を利用しているヨットが風上に進んでいける理由は何だろう．実はヨットは揚力を利用しているからである．

ヨットの帆は飛行機の翼のように曲率を持って張られているため，帆には揚力が作用する．一方，ヨットの下部にはキールと呼ばれる板が取り付けられており，帆に作用する揚力とキールに作用する流体力の合力がヨットの進行方向を決めている．ヨットの推進力は帆に作用する揚力を利用したものであることがわかる．

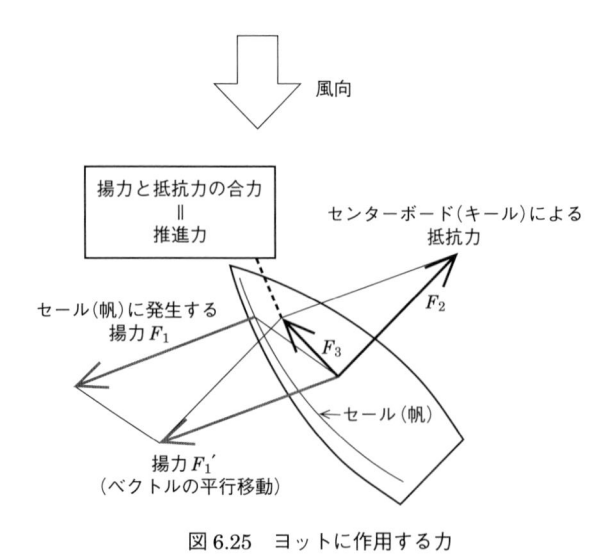

図 6.25 ヨットに作用する力

6-5 翼　　型

> **coffee break ◀ 鳥人間のひみつ ◀**
>
> 　飛行機を設計する場合，できるだけ多くの揚力を翼によって発生させ，かつ空気抵抗を小さくしなければならない．揚抗比は翼に作用する揚力と抗力の比であるが，揚抗比を大きくするには，翼のアスペクト比（縦横比）を大きくする必要がある．これは翼の端の部分には翼端渦と呼ばれる渦ができるためで，この渦は抵抗として作用する．このため，グライダーや鳥人間用の滑空機ではアスペクト比の大きな翼が用いられる．
> 　たとえば，通常の旅客機ではアスペクト比が 6 〜 7 程度であるのに対して，鳥人間滑空機ではアスペクト比が 20 以上の値になる．
> 　高度 h〔m〕の高さから動力なしで飛行し，着地するまでの距離を**滑空比**という．滑空比は機体全体の揚力と抗力の比で決まるため，鳥人間滑空機では機体の空気抵抗を軽減することが重要である．現在，優勝チームの滑空比は 41 以上であり，国内で使用されている旅客機の 2 倍以上である．このような高い滑空比を実現できるようになったのは，材料の進歩に追うところが大きい．軽くて丈夫なカーボンファイバを使用することによりアスペクト比の大きな翼を製作することができるようになり，飛行距離が非常に長くなった．エンジンも何もない鳥人間滑空機も意外にハイテクなのである．

● 例　題

　体重 70 kg の人がスカイダイビングを行った．パラシュートを開く前までは等速落下するものとする．落下速度〔km/h〕を求めよ．ただし，人間の前面投影面積を 0.5 m²，抗力係数を 1.1 とする．

◆ **解　説** ◆

$$F = \frac{1}{2}\rho C_d A U^2$$

$$U = \sqrt{\frac{2F}{\rho C_d A}} = \sqrt{\frac{2 \times 70〔\text{kg}〕\times 9.81〔\text{m/s}^2〕}{1.2〔\text{kg/m}^3〕\times 1.1〔-〕\times 0.5〔\text{m}^2〕}} = 45.6〔\text{m/s}〕$$

$U = 164.2$ km/h

● 例 題

重量 4 t，翼面積 32 m² の飛行機が高度 1 500 m（空気密度：1 kg/m³）を 260 km/h で水平に飛行している．このときのエンジン推力は 5.82 kN である．この飛行機の翼の揚力係数，抗力係数，揚抗比を求めよ．

◆ 解　説 ◆

$$D = \frac{1}{2}\rho C_d A U^2$$

$$L = \frac{1}{2}\rho C_l A U^2$$

$$C_d = \frac{2D}{\rho A U^2} = \frac{2 \times 5\,820\,[\mathrm{kgm/s^2}]}{1.0\,[\mathrm{kg/m^3}] \times 32\,[\mathrm{m^2}] \times (260/3.6)^2\,[\mathrm{m/s}]} = 0.07$$

$$C_l = \frac{2L}{\rho A U^2} = \frac{2 \times 4\,000\,[\mathrm{kg}] \times 9.81\,[\mathrm{m/s^2}]}{1.0\,[\mathrm{kg/m^3}] \times 32\,[\mathrm{m^2}] \times (260/3.6)^2\,[\mathrm{m/s}]} = 0.47$$

$$\frac{C_l}{C_d} = \frac{0.47}{0.07} = 6.72$$

6-6 相似則

模型を使って車の流れを調べる．

▶ポイント◀
- 流体の運動を支配する無次元数について考える．
- 自動車や飛行機を開発するときに小さな模型を使う理由を考える．

6.6.1 レイノルズ数

　水道の蛇口を少しだけ開いた場合，糸のような細い水の流れができる．蛇口を大きく開くと流れは荒々しくなる（図6.26）．このような水の「運動」の違いには何か理由や法則があるのだろうか．流体の運動の性質について考えてみる．

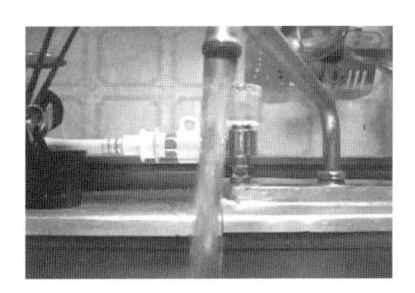

図6.26　水道の蛇口の開きを変えたときの水の流れ

　流体の運動は，流体に作用する慣性力，面に作用する圧力，流体の粘性によって生じるせん断応力と流体に作用する外力の釣合いによって決定される．
　慣性力はニュートンの運動方程式から，

$$F = m\alpha \tag{6.8}$$

と記述できる．一方，ニュートン流体の場合，せん断応力は，

$$\tau = \mu \frac{\partial U}{\partial y} \tag{6.9}$$

と記述することができる．
　流体の場合，

$$m = \rho V \propto \rho L^3, \quad \alpha = \frac{dU}{dt} \propto \frac{U}{L/U}, \quad \frac{\partial U}{\partial y} \propto \frac{U}{L} \tag{6.10}$$

であるから，慣性力，せん断応力に起因する粘性力はそれぞれ，

$$F = m\alpha = m\frac{dU}{dt} \propto (\rho L^3)\frac{U}{L/U} = \rho U^2 L^2 \tag{6.11}$$

$$\tau A = \mu \frac{\partial U}{\partial y} A \propto \mu \frac{U}{L} L^2 = \mu UL \tag{6.12}$$

と表すことができる．流体の運動を表す**ナビエ・ストークス**（Navier-Stokes）**方程式**は，

$$\begin{cases} \dfrac{\partial u}{\partial t} + u\dfrac{\partial u}{\partial x} + v\dfrac{\partial u}{\partial y} = -\dfrac{1}{\rho}\dfrac{\partial p}{\partial x} + \nu\left(\dfrac{\partial^2 u}{\partial x^2} + \dfrac{\partial^2 u}{\partial y^2}\right) \\ \dfrac{\partial v}{\partial t} + u\dfrac{\partial v}{\partial x} + v\dfrac{\partial v}{\partial y} = -\dfrac{1}{\rho}\dfrac{\partial p}{\partial y} + \nu\left(\dfrac{\partial^2 v}{\partial x^2} + \dfrac{\partial^2 v}{\partial y^2}\right) \end{cases}$$

であり，この式は慣性力＝圧力＋粘性力という形をしており，流体に作用する慣性力と粘性力，圧力の釣合いを表している．この式を粘性力で割ると，

$$\frac{慣性力}{粘性力} = \frac{圧力}{粘性力} + 1$$

$$\frac{\rho U^2 L^2}{\mu UL} = \frac{\rho UL}{\mu} = \frac{UL}{\nu} = \mathrm{Re} = \frac{圧力}{粘性力} + 1 \tag{6.13}$$

と表すことができる．ここで慣性力と粘性力の比をレイノルズ数 Re とする．この式から，レイノルズ数が小さい場合，慣性力の項を無視することができる．したがって，流体の運動は圧力と粘性力のバランスが支配的になる．一方，レイノルズ数が大きい場合は粘性の影響は無視できるので，慣性力と圧力が運動を支配する．図 6.27 に Re 数に対して慣性力，圧力，粘性力がどのように作用するかの模式図を示す．

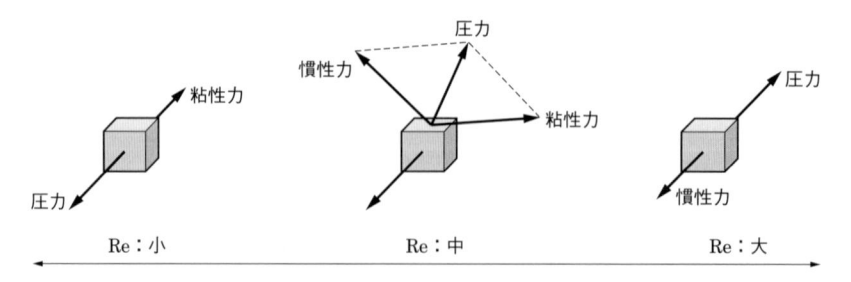

図 6.27 流体粒子に働く力の釣合い（慣性力，圧力，粘性力）

□□ 6-6 相　似　則 □□

6.6.2　相似則

　レイノルズ数の小さい流れは粘性の影響の大きなねばねばした流れ，レイノルズ数の大きな流れは粘性の影響の小さなさらさらした流れとなる．レイノルズ数の大きな流れでは粘性の影響が小さいので個々の流体粒子は自由に振る舞う．このため，水道の蛇口を大きく開くと，水の運動が「荒々しく」なる．同様の理由から，トンボにとってねばねばした流れも，ロケットにとってはさらさらした流れとなる（図 6.28）．

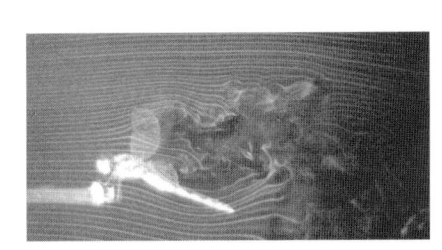

［写真提供］　宇宙航空研究開発機構（JAXA）

図 6.28　トンボのまわりの流れとロケットのまわりの流れ

　レイノルズ数が流体の基礎方程式であるナビエ・ストークスの式と結びついていることは非常に重要なことである．いま，図 6.29 に示すように，幾何学的に相似な物体があって，その流れのレイノルズ数が一致しているとする．レイノルズ数が一致していることからナビエ・ストークスの式は数学的には二つの相似模型において相違がない．したがって，一方が模型，一方が実際の車のような場合もレイノルズ数が一致していれば，流れは力学的に相似である．

　実際に，おのおのの流れを代表速度と代表寸法で無次元化したナビエ・ストークス方程式は，

第6章　揚力と抗力

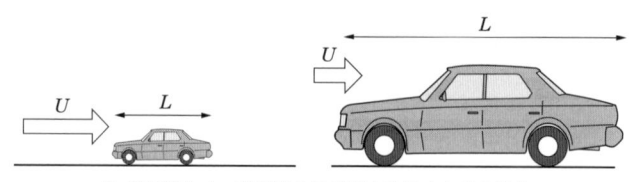

Re数が等しく，幾何学的に相似な物体まわりの流れ

図 6.29　幾何学的に相似な模型とレイノルズ数

$$\frac{\partial \hat{u}}{\partial t} + \hat{u}\frac{\partial \hat{u}}{\partial \hat{x}} + \hat{v}\frac{\partial \hat{u}}{\partial \hat{y}} = \frac{\partial \hat{p}}{\partial \hat{x}} + \frac{1}{\text{Re}}\left(\frac{\partial^2 \hat{u}}{\partial \hat{x}^2} + \frac{\partial^2 \hat{u}}{\partial \hat{y}^2}\right)$$

となる．ここで，^ は無次元の値を示す．パラメータは Re 数だけである．

　このことは，模型実験の結果から実際の流れを推定することが可能であることを示している．実際には縮尺モデルを使う（代表寸法が小さくなる）と流速を速くするか，動粘性係数を変えなければならないので，レイノルズ数を合わせることは容易ではないことも多い．しかし，模型と実物との間に相似則が成り立つ可能性があることは設計開発においては非常に重要であり，設計の初期段階では模型を使った実験が行われることが多い．模型であればコストも少なくてすみ，ちょっとした改良・変更も比較的簡単である．多くの飛行機，自動車，船舶が相似則の考えのもとに設計・開発されている．

● 例　題

　1/3 の縮尺模型を使って時速 100 km の速度で走る自動車の実験をしたい．模型実験の速度の大きさを求めよ．ここで，車の代表寸法は 1 m とせよ．

◆ 解　説 ◆

　実物のレーシングカーのレイノルズ数は，

$$\text{Re} = \frac{ud}{\nu} = \frac{100 \times 1\,000/3\,600\,[\text{m/s}] \times 1\,[\text{m}]}{1.5 \times 10^{-5}\,[\text{m}^2/\text{s}]} = 1.85 \times 10^6$$

である．模型のレイノルズ数と実物のレイノルズ数を合わせるには，動粘性係数が変わらないので，流速を実物の 3 倍にする必要がある．したがって，模型実験における流速は 300 km/h となる．

□□ 6-6 相 似 則 □□

coffee break ◀ 模型実験 ◀

　自動車や航空機を設計する場合，できれば本物と同じサイズの試作品を作って実験したい．ところが，本物と同じ大きさのものを作るにはお金もかかるし，実験も大変である．そこで，レイノルズの相似則を使って模型で実験する方法が用いられてきた．しかし，模型にすると部品が小さくなるために幾何学的な形状が同じでなくなる場合や，縮尺模型を使うと速度が速くなり，流速が音速を超えてしまうなど，いろいろな問題が発生する．

図 6.30　風洞実験用のモデル（大きさの違う模型を使用する）

　この問題を解決するために実験装置内部の圧力を下げてレイノルズ数を大きくする試みなども開発されている．レイノルズ数ばかりでなくマッハ数の影響も考えながら実験装置を開発する必要がある．

第6章 揚力と抗力

章末問題

(1) 直径 5.0 cm のアルミニウム製の球が空気中を落下している．球の抗力係数を 0.5，アルミの密度を 2.7×10^3 kg/m³，空気の密度を 1.1 kg/m³ とするとき，以下の問に答えよ．
  (a) 重力と抵抗の釣合い式を求めよ．
  (b) 球の質量を求めよ．
  (c) 平衡状態における球の速度（終端速度）を求めよ．

(2) 花粉の沈降速度を求めよ．
　　花粉は球体と仮定し，その半径を $R = 35\ \mu$m，密度を $\rho_p = 500$ kg/m³，花粉に作用する空気抵抗を $D = 6\pi\mu RU$（ストークスの式：レイノルズ数が 1 より小さい場合の球の抵抗に関する式）とする．

(3) 翼幅 $l = 10$ m，弦長 $C = 1.8$ m の翼を持つ飛行機が迎角 1.5°，速度 $U = 450$ km/h で飛行する場合の揚力 L と抗力 D を求めよ．ただし，迎角 1.5° における翼の揚力係数を $C_l = 0.5$，抗力係数を $C_d = 0.025$ とし，胴体の影響は無視できるものとする．空気の密度は $\rho = 1.25$ kg/m³ とする．

(4) 以下の条件の自動車が時速 100 km で走行しているときの空気抵抗を求めよ．
  (a) 投影面積 2.2 m²，抗力係数 0.25
  (b) 投影面積 7.11 m²，抗力係数 1.80

(5) あるハンググライダーの翼面積は 14 m²，機体質量は 33 kg である．このハンググライダーに体重 75kg のパイロットが 25 kg の装備をつけて乗る．揚力係数を 1.0 とするとき，空中を水平に定常飛行するときの飛行速度を求めよ．

(6) レイノルズ数 $10^4 \sim 10^5$ の範囲では，円柱の C_{dc} はおよそ 1.2 である．また翼の C_{dw} は翼型や迎角によって異なるが，迎角 0° では 0.005 程度である．直径 $d = 1$ mm のワイヤと同じ抗力が働く翼の翼弦長 C を求めよ．ただし，円柱の長さ l と翼のスパン長さ S を同じ長さとする．

章末問題の解答

第1章

(1) 手にかかる力 F は，式 (1.3) より，
$$F = 5\,[\text{kg}] \times 9.81\,[\text{m/s}^2] = 49.05\,[\text{N}]$$

また，台の上にかかる圧力 p は，式 (1.1) より，

$$p = \frac{49.05\,[\text{N}]}{0.25\,[\text{m}^2]} = 196.2\,[\text{Pa}]$$

[答] 力：49.05 [N]，圧力：196.2 [Pa]

(2) 水銀の比重を s，密度を ρ，水の密度を ρ_w とすると，式 (1.6) より，

$$s = \frac{\rho}{\rho_w}$$

$\therefore \quad \rho = \rho_w \cdot s = 1\,000\,[\text{kg/m}^3] \times 13.55 = 13\,550\,[\text{kg/m}^3]$

[答] 13 550 [kg/m³]

(3) ロープにかかる引張力 F は，式 (1.3) より，
$$F = 80\,[\text{kg}] \times 9.81\,[\text{m/s}^2] = 784.8\,[\text{N}]$$

[答] 784.8 [N]

(4) 自動車が床に及ぼす力 F は，式 (1.3) より，
$$F = 1\,500\,[\text{kg}] \times 20 \times 9.81\,[\text{m/s}^2] = 294\,300\,[\text{N}] = 294\,[\text{kN}]$$

[答] 294 [kN]

(5) 水の質量 m は，式 (1.4) より，
$$m = 1\,000\,[\text{kg/m}^3] \times 360\,[\text{m}^3] = 360\,000\,[\text{kg}]$$

プールの底にかかる力 F は，式 (1.3) より，
$$F = 360\,000\,[\text{kg}] \times 9.81\,[\text{m/s}^2] = 3\,531\,600\,[\text{N}]$$

よって，プールの底にかかる圧力 p は，式 (1.1) より，

$$p = \frac{3\,531\,600\,[\text{N}]}{300\,[\text{m}^2]} = 11\,772\,[\text{Pa}] = 11.7\,[\text{kPa}]$$

[答] 11.7 [kPa]

第2章

(1) 重力加速度を g, 水の密度を ρ_w, 海水の比重を s, 海水の密度を ρ, 深さを h とする. 海水の密度 ρ は, 式 (1.6) より,

$$s = \frac{\rho}{\rho_w}$$

$$\therefore \ \rho = \rho_w \cdot s = 1\,000 \,[\text{kg/m}^3] \times 1.05 = 1\,050 \,[\text{kg/m}^3]$$

式 (2.13) より,

$$p_2 - p_1 = -\rho g h = -1\,050 \,[\text{kg/m}^3] \times 9.81 \,[\text{m/s}^2] \times 7\,770 \,[\text{m}]$$
$$\fallingdotseq -80 \times 10^6 \,[\text{Pa}] = -80 \,[\text{MPa}]$$

よって, $p_1 = p_2 + 80 \,[\text{MPa}]$

[答] 80 [MPa] (ゲージ圧力)

(2) A 点の圧力を p_A, B 点の圧力を p_B, 重力加速度を g, 水の密度を ρ_1, 油の密度を ρ_2, 水銀の密度を ρ_3 とする. まず油の密度 ρ_2 は, 式 (1.6) より,

$$s = \frac{\rho_2}{\rho_1}$$

$$\therefore \ \rho_2 = \rho_1 \cdot s = 1\,000 \,[\text{kg/m}^3] \times 0.873 = 873 \,[\text{kg/m}^3]$$

同様に水銀の密度は

$$\rho_3 = 13\,600 \,[\text{kg/m}^3]$$

と求められる. 次に, 2.5.2 節の例題のように各点における釣合い式をたて, 圧力差 $p_A - p_B$ を求める. C 点における釣合い式は,

$$p_C - p_A - \rho_1 g h_1 = 0$$

$$\therefore \ p_C = p_A + \rho_1 g h_1 \ \text{———} \ ①$$

D 点における釣合い式は,

$$p_D - p_E - \rho_3 g h_2 = 0$$

$$\therefore \ p_D = p_E + \rho_3 g h_2 \ \text{———} \ ②$$

G 点における釣合い式は,

$$p_G - p_F - \rho_2 g h_3 = 0$$

$$\therefore \ p_G = p_F + \rho_2 g h_3 \ \text{———} \ ③$$

H 点における釣合い式は,

$$p_H - p_I - \rho_3 g h_4 = 0$$

$$\therefore \ p_H = p_I + \rho_3 g h_4 \ \text{———} \ ④$$

I 点における釣合い式は，
$$p_I - p_B - \rho_1 g(h_5 - h_4) = 0$$
$$\therefore \quad p_I = p_B + \rho_1 g(h_5 - h_4) \quad —— ⑤$$

となる．ここで，$p_C = p_D$ なので，式①，②より，
$$p_A + \rho_1 g h_1 = p_E + \rho_3 g h_2 \quad —— ⑥$$

また $p_G = p_H$ なので，式③，④より，
$$p_F + \rho_2 g h_3 = p_I + \rho_3 g h_4 \quad —— ⑦$$

さらに式⑥は，
$$p_E = p_A + \rho_1 g h_1 - \rho_3 g h_2$$

となり，$p_E = p_F$ より式⑥を式⑦に代入する．さらに式⑤を式⑦に代入すると，
$$p_A + \rho_1 g h_1 - \rho_3 g h_2 + \rho_2 g h_3 - \rho_1 g(h_5 - h_4) - \rho_3 g h_4 = p_B$$
$$\therefore \quad p_A - p_B = g\{\rho_1(h_5 - h_4 - h_1) - \rho_2 h_3 + \rho_3(h_2 + h_4)\}$$
$$= 9.81\{1\,000(0.85 - 0.48 - 1.00) - 873 \times 0.45 + 13\,600 \times (0.60 + 0.48)\}$$
$$= 134\,055\,[\text{Pa}] \fallingdotseq 134\,[\text{kPa}]$$

［答］134 [kPa]

(3) 水の密度を ρ_w，重力加速度を g，全圧力を P，水門の図心までの深さを $\bar{h}$，P の着力点を C，図心を G，図心 G を通り水平軸に平行な軸に関する慣性モーメントを I_G とする．まず $\bar{h}$ は，
$$\bar{h} = L - \frac{H}{2} = 6.0\,[\text{m}] - \frac{4.0\,[\text{m}]}{2} = 4.0\,[\text{m}] —— ①$$

これより，式（2.27）を用いて着力点 C にかかる全圧力を求めると，
$$P = \rho_w g \bar{h} A = \rho_w g \bar{h} BH = 1\,000 \times 9.81 \times 4.0 \times 3.0 \times 4.0 = 470\,880\,[\text{N}]$$

ここで，水面から全圧力 P の着力点（圧力中心）C までの水深を η とすると，式（2.31）より，
$$\eta = \bar{h} + \frac{I_G}{A\bar{y}} = \bar{h} + \frac{I_G}{\bar{h}BH} —— ②$$

また，図心 G を通り水平軸に平行な軸に関する慣性モーメント I_G は図のとおり．

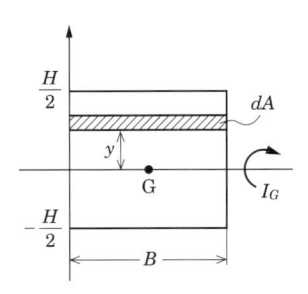

□□ 章末問題の解答 □□

$$I_G = \int_{-H/2}^{H/2} y^2 dA = \int_{-H/2}^{H/2} y^2 B dy = B\left[\frac{1}{3}y^3\right]_{-H/2}^{H/2} = \frac{1}{3}B\left\{\left(\frac{H}{2}\right)^3 - \left(-\frac{H}{2}\right)^3\right\}$$

$$= \frac{1}{3}B\left\{\frac{H^3}{8} - \left(-\frac{H^3}{8}\right)\right\} = \frac{1}{3}B\left(\frac{2}{8}H^3\right) = \frac{1}{12}BH^3 \quad \text{──③}$$

式②に式①と③を代入して，点Cまでの水深 η を求めると，

$$\eta = \bar{h} + \frac{(1/12)BH^3}{\bar{h}BH} = \bar{h} + \frac{H^2}{12\bar{h}} = 4.0 + \frac{4.0^2}{12 \times 4.0} = 4.0 + \frac{4.0}{12} \fallingdotseq 4.33 \text{ [m]}$$

となるので，求める力のモーメント M_o は，

$$\therefore M_o = PR = P \times (L - \eta) = 470\,880 \times (6.0 - 4.33) = 786\,369.6 \text{ [Nm]}$$
$$\fallingdotseq 786.4 \text{ [kNm]}$$

[答] 786.4 [kNm]

(4) 重力加速度を g，氷の比重を s_1，海水の比重を s_2，氷全体の体積を V，海面上に浮き出る氷の体積を v，氷の密度を ρ_1，海水の密度を ρ_2，氷山全体の質量を M，氷山に働く浮力を F とする．まず，式 (2.44) より $F = \rho_2 g(V-v)$ であり，また $F = Mg = \rho_1 gV$ であるので $\rho_2 g(V-v) = \rho_1 gV$，この式より $(V-v)/V = \rho_1/\rho_2$．

よって $\dfrac{v}{V} \times 100 = \dfrac{\rho_2 - \rho_1}{\rho_2} \times 100 = \dfrac{1\,050 - 920}{1\,050} \times 100\% \fallingdotseq 12.4\%$

[答] 12.4 [%]

(5) 中心における回転水面の降下高さを h，中心における水面より底面までの深さを h_1，円筒の高さを H，円筒容器の内半径を r_0，回転数を n，円筒の角速度を ω，あふれ出る水の体積を V，回転放物体の体積を V_0，底面の中心における圧力を p_c とする．

$$\omega = 2\pi \frac{n \text{ [rpm]}}{60 \text{ [s]}} \quad (\text{rpm とは round per minutes の略で 1 分間の回転数})$$

の関係がある．

中心における回転水面の降下高さ h は，式 (2.65) より，

$$h = \frac{r_0^2 \omega^2}{2g} = \frac{0.5^2 \times (2\pi \times 80/60)^2}{2 \times 9.81} = 0.893$$

となる（内径とは直径のことなので $r_0 = 0.5$ m となることに注意）．ここで，V は V_0 に等しいから，

$$V = V_0 = \frac{\pi r_0^2 h}{2} = \frac{\pi \times 0.5^2 \times 0.893}{2} \fallingdotseq 0.35 \text{ [m}^3\text{]}$$

また，$h_1 = H - h = 2.0 - 0.893 = 1.107$ [m] である．よって底面の中心における圧力

p_c は，式 (2.13) より，

$$p_c = \rho g h_1 = \rho g (H-h) = 1\,000 \times 9.81 \times 1.107 = 10\,859.67 \, [\text{Pa}] \fallingdotseq 10.9 \, [\text{kPa}]$$

［答］ $V = 0.35 \, [\text{m}^3]$，$p_c = 10.9 \, [\text{kPa}]$（ゲージ圧力）

第 3 章

(1) 流量は，

$$Q = Au = 2.0 \times 3.0 = 6.0 \, [\text{m}^3/\text{s}]$$

したがって，単位時間当りに流れる質量は，

$$\dot{M} = \rho Q = (1.0 \times 10^{-3} \times 10^6) \times 6.0 = 6.0 \times 10^3 \, [\text{kg/s}]$$

(2) まず，断面②における圧力を求めるにあたり，流速 v_1, v_2 を求める．流速は質量保存則より，

$$Q = v_1 A_1 = v_2 A_2 \quad \text{よって} \quad v_1 = \frac{Q}{A_1}, \quad v_2 = \frac{Q}{A_2}$$

断面①と②の間でベルヌーイの定理が成立するから，

$$p_1 + \frac{1}{2}\rho v_1^2 = p_2 + \frac{1}{2}\rho v_2^2$$

上式を p_2 について解くと，

$$p_2 = p_1 + \frac{1}{2}\rho(v_1^2 - v_2^2) = p_1 + \frac{1}{2}\rho\left(\frac{1}{A_1^2} - \frac{1}{A_2^2}\right)Q^2$$

$$= 200 \times 10^3 + \frac{1}{2} 10^3 \left\{ \frac{1}{(6/2)^4} - \frac{1}{(3/2)^4} \right\} \left(\frac{56.5}{3.14}\right)^2 = 170 \, [\text{kPa}]$$

断面②と同様の手順で断面③での圧力を求める．まず，質量保存則より流速を求める．

$$v_1 A_1 = v_3 A_3 \quad \text{よって} \quad v_3 = \frac{A_1}{A_3} v_1 = v_1$$

断面①と③の間でベルヌーイの定理が成立するから，

$$p_1 + \frac{1}{2}\cancel{\rho v_1^2} = p_3 + \frac{1}{2}\cancel{\rho v_3^2}$$

したがって，断面③での圧力は，

$$p_3 = p_1 = 200 \, [\text{kPa}]$$

(3) ピトー管の全圧 p_t と静圧 p_s の差から流速は次式で求められる．

$$V = \sqrt{\frac{2(p_t - p_s)}{\rho_a}}$$

ここで，全圧と静圧の差はマノメータの読みから，
$$p_t - p_s = (\rho_w - \rho_a)gh \simeq \rho_w gh$$
したがって，流速は次のように求められる．
$$V = \frac{\sqrt{2(p_t - p_s)}}{\rho_a} = \frac{\sqrt{2\rho_w gh}}{\rho_a} = \sqrt{\frac{2 \times 10^3 \times 9.8 \times 0.10}{1.2}} \simeq 40.4 \text{ [m/s]}$$

(4) 流体からノズルに力 f が作用するものとする．

右図に示す検査面について運動量保存則を考えると，

  流入する運動量 $= \rho u_1^2 A_1$

  流出する運動量 $= \rho u_2^2 A_2$

   作用する力 $= p_1 A_1 - f$

 （断面 2 における圧力は大気圧なので 0 とおく）

したがって，運動量保存則より，
$$\rho u_2^2 A_2 - \rho u_1^2 A_1 = p_1 A_1 - f$$
よって，
$$f = p_1 A_1 - \rho(u_2^2 A_2 - u_1^2 A_1)$$
ここで，断面 1, 2 についてエネルギー保存則を考えると，
$$\frac{1}{2}\rho u_1^2 + p_1 = \frac{1}{2}\rho u_2^2 \quad \text{よって} \quad p_1 = \frac{1}{2}\rho(u_2^2 - u_1^2)$$
以上より，f を求める．
$$f = \frac{1}{2}\rho(u_2^2 - u_1^2)A_1 - \rho(u_2^2 A_2 - u_1^2 A_1)$$
$$= \rho Q^2 \frac{(A_1 - A_2)^2}{2 A_1 A_2^2} = 1.39 \times 10^3 \text{ [N]}$$

(5) x, y 各方向に運動量保存則を適用すると，

x 方向：$\underbrace{\rho QV \cos\theta}_{\substack{\text{流出する}\\\text{運動量}}} - \underbrace{\rho QV}_{\substack{\text{流入する}\\\text{運動量}}} = \underbrace{pA}_{\substack{\text{断面 1 に}\\\text{作用する}\\\text{圧力}}} - \underbrace{pA\cos\theta}_{\substack{\text{断面 2 に}\\\text{作用する}\\\text{圧力}}} + \underbrace{F_x}_{\substack{\text{管から}\\\text{流体に}\\\text{作用する力}}}$

y 方向：$\underbrace{\rho QV \sin\theta}_{\substack{\text{流出する}\\\text{運動量}}} = \underbrace{-pA\sin\theta}_{\substack{\text{断面 2 に作用}\\\text{する圧力}}} + \underbrace{F_y}_{\substack{\text{管から流体に}\\\text{作用する力}}}$

上式を F について解くことにより流体から管に作用する力を知ることができる．
流体から管に作用する力は上記 F の符号を反転させ，次のように求められる．

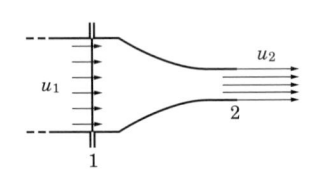

$$\begin{cases} x\text{方向}：-F_x = (\rho QV + pA)(1-\cos\theta) \\ y\text{方向}：-F_y = (\rho QV + pA)\sin\theta \end{cases}$$

これより，管の曲がる角度を変化させることによって作用する力の大きさとその方向が変化することがわかる．角度を 0 度から 180 度まで変化させた場合にそれぞれの方向の力がどのように変化するかを図に示す．

真っ直ぐな管（0 度）ではどちらの方向にも力は作用しない．管の角度が大きくなるにつれていずれの方向の力も増加し，直角になったときに y 方向の力が最大になる．さらに管を曲げていくと y 方向の力は減少するが，x 方向は増加しつづけ，180 度すなわち流れの方向を反転させるような曲がり管で最大となる．このとき，y 方向は力は 0 となる．

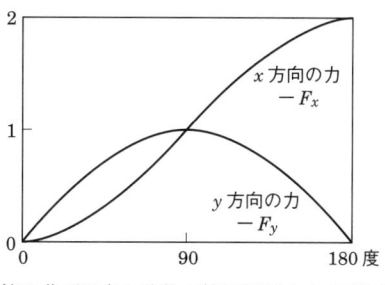

管の曲がり角と流体が管に及ぼす力の関係

第 4 章

(1) 定義より，粘性応力の分布は次式で与えられる．

$$\tau = \mu\frac{du(y)}{dy} = \mu\frac{d}{dy}(2y - y^2) = 2\mu(1-y)$$

$y = 1$〔m〕，$\mu = 0.1$〔Pa·s〕を上式へ代入して，この位置での粘性応力を求める．

$$\tau = 2\mu(1-y) = 2\times 0.1\times(1-1) = 0 \text{〔N/m}^2\text{〕}$$

速度こう配がないところでは粘性応力は作用しない．

(2) ポアズイユの法則，式 (4.14) を圧力こう配について変形する．

$$\alpha = \frac{8\mu Q}{\pi a^4}$$

管両端の圧力差は圧力こう配 α に管の長さを乗ずることによって求められる．

$$\Delta p = \alpha\cdot l = \frac{8\mu Q l}{\pi a^4} = \frac{8\times 8.38\times 10^{-4}\times 3\times 10^{-3}\times 100}{\pi\times(0.02/2)^4} = 64\times 10^3 \text{〔Pa〕}$$

(3) 圧力損失とは，ある区間を流体が通過する間に失う単位体積当りのエネルギーを意味する．したがって，流量，つまり，ある断面を通過する単位時間当りの流体の体積を圧力損失に乗ずると，その区間を通る流体が単位時間当りに失うエネルギーを求めることができる．

流量 × 圧力損失 = 単位時間当りの体積 × 単位体積当りの損失エネルギー

= 単位時間当りの損失エネルギー

したがって，この管内で失われる単位時間当りのエネルギー ΔE は，

$$\Delta E = Q \times \Delta p = 3.0 \times 10^{-3} \times 64 \times 10^{3} = 192 \,[\text{J/s}]$$

(4) 微粒子の液体内での運動方程式は式（4.33）のように表される．

$$\rho' V \frac{dU}{dt} = (\rho' - \rho)Vg - 6\pi a \mu U$$

これを整理して，

$$\frac{dU}{dt} = \alpha - \beta U$$

ここで，$\alpha = \left(1 - \dfrac{\rho}{\rho'}\right)g$　また　$\beta = \dfrac{6\pi a \mu}{\rho'}V$

変数分離法で解くため，上式を次のように整理する．

$$\int \frac{dU}{\alpha - \beta U} = \int dt$$

これを積分して，整理し，速度 U について解くと，

$$\ln|\alpha - \beta U| = -t + C$$
$$|\alpha - \beta U| = e^{-t+C}$$
$$\alpha - \beta U = \pm e^{-t+C}$$
$$U = \frac{\alpha}{\beta}\left(1 \mp C'e^{-t}\right) \quad \left(C' = \frac{e^C}{\alpha}\right)$$

ここで，$t=0$ で $U=0$ より $C'=1$ となる．また，初期に速度が 0 であることより，かっこ内の第二項の符号は負である必要がある．したがって，粒子速度は次式で与えられる．

$$U = \frac{\alpha}{\beta}\left(1 - e^{-t}\right)$$

第5章

(1)

$$\text{Re} = \frac{Ud}{\nu} = \frac{\rho U d}{\mu} = \frac{0.96 \times 1\,000\,[\text{kg/m}^3] \times 0.6\,[\text{m/s}] \times 0.8\,[\text{m}]}{0.49\,[\text{Pa·s}]} = 940$$

流れは層流である．ゆえに，

$$\Delta P = \frac{64}{\text{Re}} \frac{l}{d} \frac{\rho U^2}{2} = \frac{64}{940} \frac{10\,000\,[\text{m}]}{0.8\,[\text{m}]} \frac{0.96 \times 1\,000\,[\text{kg/m}^3] \times (0.6\,[\text{m/s}])^2}{2}$$
$$= 147.1\,[\text{kPa}]$$

(2)
$$\lambda \frac{l}{d} \frac{\rho U^2}{2} \leq \Delta P = 10\,[\text{kPa}]$$

$$U = \frac{Q}{A} = \frac{4Q}{\pi d^2}$$

$$\Delta P \geq \lambda \frac{l}{d} \frac{\rho \left(\frac{4Q}{\pi d^2}\right)^2}{2} = \lambda \frac{l}{d^5} \frac{8\rho Q^2}{\pi^2} \quad \text{ここで } \lambda \text{ を } 0.02 \text{ と仮定する.}$$

$$d \geq \left(\lambda \frac{l}{\Delta P} \frac{8\rho Q^2}{\pi^2}\right)^{1/5} = \left(0.02 \times \frac{100\,[\text{m}]}{10\,000\,[\text{Pa}]} \frac{8 \times 1\,000\,[\text{kg/m}^3] \times \left(\frac{6}{60}\,[\text{m}^3/\text{s}]\right)^2}{\pi^2}\right)^{1/5}$$
$$= 0.277\,[\text{m}]$$

このとき，

$U = 1.66\,[\text{m/s}]$

$\text{Re} = 4.6 \times 10^5$

$\varepsilon/d = 0.1 \times 10^{-3}/0.277 = 3.6 \times 10^{-4}$

ムーディー線図より $\lambda = 0.017$

$$d \geq \left(\lambda \frac{l}{\Delta P} \frac{8\rho Q^2}{\pi^2}\right)^{1/5} = \left(0.016 \times \frac{100\,[\text{m}]}{10\,000\,[\text{Pa}]} \frac{8 \times 1\,000\,[\text{kg/m}^3] \times \left(\frac{6}{60}\,[\text{m}^3/\text{s}]\right)^2}{\pi^2}\right)^{1/5}$$
$$= 0.268\,[\text{m}]$$

$U = 1.77\,[\text{m/s}]$

$\text{Re} = 4.7 \times 10^5$

$\varepsilon/d = 0.1 \times 10^{-3}/0.277 = 3.7 \times 10^{-4}$

ムーディー線図より $\lambda = 0.016$

λ の値がほぼ等しいことから，収束したとみなす．したがって，管の直径は $0.268\,\text{m}$ 以上にする必要がある．

(3)
$$\Delta P = \lambda \frac{l}{d} \frac{\rho U^2}{2}$$

$$U = \frac{Q}{A} = \frac{4Q}{\pi d^2}$$

$$l = \frac{\Delta P}{\lambda \dfrac{1}{d} \dfrac{\rho U^2}{2}} = \frac{\Delta P}{\lambda \dfrac{1}{d} \dfrac{\rho 16 Q^2}{2\pi^2 d^4}} = \frac{30\,000\,[\text{Pa}]}{0.025 \times \dfrac{8 \times 1\,000\,[\text{kg/m}^3] \times (4/60\,[\text{m}^3/\text{s}])^2}{\pi^2 (0.4\,[\text{m}])^5}}$$

$$= 3\,4109\,[\text{m}]$$

(4)

$A = 0.2 \times 0.1 = 0.02\,[\text{m}^2]$

$S = 0.2 \times 2 + 0.1 \times 2 = 0.6\,[\text{m}]$

$m = A/S = 0.02/0.6 = 0.03\,[\text{m}]$

$4m = 0.03 \times 4 = 0.12\,[\text{m}]$

$U = \dfrac{Q}{A} = \dfrac{0.1}{(0.1 \times 0.2)} = 5\,[\text{m/s}]$

$\text{Re} = \dfrac{U \times 4m}{\nu} = \dfrac{5 \times 0.12}{1.14 \times 10^{-6}} = 5.26 \times 10^5$

$\varepsilon/d = 0.5 \times 10^{-3}/0.12 = 4.2 \times 10^{-3}$

ムーディー線図より $\lambda = 0.028$

$h = \dfrac{\Delta P}{\rho g} = \lambda \dfrac{l}{4m} \dfrac{u^2}{2g} = 0.028 \dfrac{50\,[\text{m}]}{0.12\,[\text{m}]} \dfrac{(5\,[\text{m/s}])^2}{2 \times 9.81\,[\text{m/s}^2]} = 14.87\,[\text{m}]$

(5)

$C_c = 0.582 + \dfrac{0.0418}{1.1 - (d_2/d_1)} = 0.582 + \dfrac{0.0418}{1.1 - (300/1\,000)} = 0.63425$

$\zeta = \left(\dfrac{1}{C_c} - 1\right)^2 = \left(\dfrac{1}{0.63425} - 1\right)^2 = 0.333$

$U = \dfrac{Q}{A} = \dfrac{3\,[\text{m}^3/\text{s}]}{\dfrac{\pi}{4} \times 1^2\,[\text{m}^2]} = 3.82\,[\text{m/s}]$

$\Delta P = \zeta \dfrac{\rho u^2}{2} = 0.333 \dfrac{1.25\,[\text{kg/m}^3] \times (3.82\,[\text{m/s}])^2}{2} = 3.04\,[\text{Pa}]$

(6) 広がり角度 6°の場合の ζ は 0.13 であるから,圧力回復率は,

$\xi\left(1 - \dfrac{A_1}{A_2}\right) = 0.130\left[1 - \left(\dfrac{20}{50}\right)^2\right] = 0.11$

(7)
$$h = \lambda \frac{l}{d}\frac{U^2}{2g} + \zeta_{in}\frac{U^2}{2g} + \zeta_{out}\frac{U^2}{2g} = \left(\lambda\frac{l}{d} + \zeta_{in} + \zeta_{out}\right)\frac{U^2}{2g}$$

$$U = \sqrt{\frac{2gh}{\left(\lambda\frac{l}{d} + \zeta_{in} + \zeta_{out}\right)}} = \sqrt{\frac{2 \times 9.81 \times 4}{\left(0.025\frac{5}{0.05} + 0.4 + 1\right)}} = 4.49 \,[\text{m/s}]$$

$$Q = U \times \frac{\pi}{4}d^2 = 4.49[\text{m/s}] \times \frac{\pi}{4}(0.05[\text{m}])^2 = 8.81 \times 10^{-3}\,[\text{m}^3/\text{s}] = 0.53\,[\text{m}^3/\text{min}]$$

トリチェリの式
$$U = \sqrt{2gh} = \sqrt{2 \times 9.81[\text{m/s}^2] \times 4[\text{m}]} = 8.86[\text{m/s}]$$
$$Q = 1.04\,[\text{m}^3/\text{min}]$$

損失がある場合の流量は損失がない場合のおおよそ半分程度である．

(8) ［答］（1）

第6章

(1)

(a) $mg = \frac{1}{2}\rho C_D U^2 A$

（注）厳密には空気による浮力があるが無視できるほど小さい．

(b) $m = \rho\frac{4}{3}\pi r^3 = 2.7 \times 10^3\,[\text{kg/m}^2]\frac{4}{3}\pi \times (0.025[\text{m}])^3 = 0.177\,[\text{kg}]$

(c) $mg = \frac{1}{2}\rho C_d U^2 A$

$$U = \sqrt{\frac{mg}{\frac{1}{2}\rho C_d A}} = \sqrt{\frac{0.177[\text{kg}] \times 9.81[\text{m/s}^2]}{\frac{1}{2}1.1[\text{kg/m}^3] \times 0.5 \times \frac{\pi}{4}(0.05[\text{m}])^2}} = 56.7\,[\text{m/s}]$$
$= 204\,[\text{km/h}]$

(2)

・重力によって花粉に作用する力：$mg = \rho\frac{4\pi R^3}{3}g$ （密度×体積×重力加速度）

・花粉に作用する浮力：$F = \rho\frac{4\pi R^3}{3}g$

・花粉が自然に落下していく場合，重力による力と抵抗および浮力が釣り合っている状態であるから，

$$mg = F + D$$

$$\rho_p \frac{4\pi R^3}{3} g = mg = \rho \frac{4\pi R^3}{3} g + 6\pi\mu R U$$

$$U = (\rho_p - \rho) \frac{2gR^2}{9\mu}$$

数値を代入すると,

$$U = (500 \,[\text{kg/m}^3] - 1.2 \,[\text{kg/m}^3]) \frac{2 \times 9.81 \,[\text{m/s}^2] \times (35 \times 10^{-6} \,[\text{m}])^2}{9 \times 1.8 \times 10^{-5} \,[\text{kg/(ms)}]}$$

$$= 7.4 \,[\text{cm/s}]$$

このときのレイノルズ数は,

$$\text{Re} = \frac{0.074 \,[\text{m/s}] \times 2 \times 35 \times 10^{-6} \,[\text{m}]}{1.5 \times 10^{-5} \,[\text{m}^2/\text{s}]} = 0.34$$

レイノルズ数が 1 より小さいことからストークスの式が適用できる.

(3)

$$L = \frac{1}{2} \rho C_l U^2 A = \frac{1}{2} \times 0.5 \times 1.25 \,[\text{kg/m}^3] \times \left(\frac{450 \times 1\,000}{3\,600} \,[\text{m/s}]\right)^2 \times 10 \times 1.8 \,[\text{m}^2]$$

$$= 87.9 \,[\text{kN}]$$

$$D = \frac{1}{2} \rho C_d U^2 A = \frac{1}{2} \times 0.025 \times 1.25 \,[\text{kg/m}^3] \times \left(\frac{450 \times 1\,000}{3\,600} \,[\text{m/s}]\right)^2 \times 10 \times 1.8 \,[\text{m}^2]$$

$$= 4.39 \,[\text{kN}]$$

(4)

(a) $D = \frac{1}{2} \rho C_d U^2 A = \frac{1}{2} \times 0.25 \times 1.25 \,[\text{kg/m}^3] \times \left(\frac{100 \times 1\,000}{3\,600} \,[\text{m/s}]\right)^2 \times 2.2 \,[\text{m}^2]$

$$= 265.2 \,[\text{N}]$$

(b) $D = \frac{1}{2} \rho C_d U^2 A = \frac{1}{2} \times 1.80 \times 1.25 \,[\text{kg/m}^3] \times \left(\frac{100 \times 1\,000}{3\,600} \,[\text{m/s}]\right)^2 \times 7.11 \,[\text{m}^2]$

$$= 6\,171.9 \,[\text{N}]$$

(5)

$$mg = \frac{1}{2} \rho C_d U^2 A$$

$$U = \sqrt{\frac{mg}{\frac{1}{2}\rho C_d A}} = \sqrt{\frac{(33+75+25)\,[\text{kg}] \times 9.81 \,[\text{m/s}^2]}{\frac{1}{2} \times 1.2 \,[\text{kg/m}^3] \times 1.0 \times 14 \,[\text{m}^2]}} = 12.5 \,[\text{m/s}]$$

(6)
$$D_c = \frac{1}{2}\rho C_{dc} U^2 A_c = \frac{1}{2}\rho C_{dc} U^2 dl$$

$$D_w = \frac{1}{2}\rho C_{dw} U^2 A_w = \frac{1}{2}\rho C_{dw} U^2 CS$$

$D_c = D_w$ より

$$\frac{1}{2}\rho C_{dc} U^2 dl = \frac{1}{2}\rho C_{dw} U^2 CS$$

$$C = \frac{\frac{1}{2}\rho C_{dc} U^2 dl}{\frac{1}{2}\rho C_{dw} U^2 S} = \frac{C_{dc}}{C_{dw}}d = \frac{1.2}{0.005}1\times 10^{-3}\,[\mathrm{m}] = 240\times 10^{-3}\,[\mathrm{m}] = 240\,[\mathrm{mm}]$$

翼弦長は 240 mm となる．翼の厚さを翼弦長の 10 % とすると，直径 1 mm の円柱に作用する抵抗は翼厚さが 24 mm 程度の翼型と同程度である．

付　録

▶ SI 単位系 ◀

基本単位

量	単位の名称	単位記号
長さ	メートル	m
質量	キログラム	kg
時間	秒	s
電流	アンペア	A
熱力学温度	ケルビン	K
物質量	モル	mol
光度	カンデラ	cd

補助単位

量	単位の名称	単位記号
平面角	ラジアン	rad
立体角	ステラジアン	sr

SI 単位と併用する単位

量	単位の名称	単位記号
時間	分	min
	時	h
	日	d
平面角	度	°
	分	′
	秒	″
体積	リットル	l, L
質量	トン	t

接頭語

単位に乗じる倍数	接頭語 名称	記号
10^{18}	エクサ	E
10^{15}	ペタ	P
10^{12}	テラ	T
10^{9}	ギガ	G
10^{6}	メガ	M
10^{3}	キロ	k
10^{2}	ヘクト	h
10	デカ	da
10^{-1}	デシ	d
10^{-2}	センチ	c
10^{-3}	ミリ	m
10^{-6}	マイクロ	μ
10^{-9}	ナノ	n
10^{-12}	ピコ	p
10^{-15}	フェムト	f
10^{-18}	アト	a

固有の名称を持つ組立単位

量	単位の名称	単位記号	基本単位もしくは補助単位による組立または他の組立単位による組立
周波数	ヘルツ	Hz	$1\,\mathrm{Hz} = 1\,\mathrm{s}^{-1}$
力	ニュートン	N	$1\,\mathrm{N} = 1\,\mathrm{kg \cdot m/s^2}$
圧力,応力	パスカル	Pa	$1\,\mathrm{Pa} = 1\,\mathrm{N/m^2}$
エネルギー,仕事,熱量	ジュール	J	$1\,\mathrm{J} = 1\,\mathrm{Nm}$
仕事率,動力,電力	ワット	W	$1\,\mathrm{W} = 1\,\mathrm{J/s}$
電荷,電気量	クーロン	C	$1\,\mathrm{C} = 1\,\mathrm{A \cdot s}$
電位,電位差,電圧,起電力	ボルト	V	$1\,\mathrm{V} = 1\,\mathrm{J/C}$
静電容量,キャパシタンス	ファラド	F	$1\,\mathrm{F} = 1\,\mathrm{C/V}$
抵 抗	オーム	Ω	$1\,\Omega = 1\,\mathrm{V/A}$
コンダクタンス	ジーメンス	S	$1\,\mathrm{S} = 1\,\Omega^{-1}$
磁 束	ウェーバ	Wb	$1\,\mathrm{Wb} = 1\,\mathrm{Vs}$
磁束密度,磁気誘導	テスラ	T	$1\,\mathrm{T} = 1\,\mathrm{Wb/m^2}$
インダクタンス	ヘンリー	H	$1\,\mathrm{H} = 1\,\mathrm{Wb/A}$
セルシウス温度	セルシウス度	℃	$1\,\mathrm{℃} = (1+273.15)\,\mathrm{K}$
光 束	ルーメン	lm	$1\,\mathrm{lm} = 1\,\mathrm{cd \cdot sr}$
照 度	ルクス	lx	$1\,\mathrm{lx} = 1\,\mathrm{lm/m^2}$
放射能	ベクレル	Bq	$1\,\mathrm{Bq} = 1\,\mathrm{s}^{-1}$
質量エネルギー分与,吸収熱量	グレイ	Gy	$1\,\mathrm{Gy} = 1\,\mathrm{J/kg}$
線量等量	シーボルト	Sv	$1\,\mathrm{Sv} = 1\,\mathrm{J/kg}$

付　録

圧　力

Pa	bar	kgf/cm²	atm	mmAq	mmHq(Torr)
1	1×10^{-5}	1.01972×10^{-5}	9.86923×10^{-6}	1.01972×10^{-1}	7.50062×10^{-3}
1×10^5	1	1.01972	9.86923×10^{-1}	1.01972×10^4	7.50062×10^2
9.80665×10^4	9.80665×10^{-1}	1	9.67841×10^{-1}	1×10^4	7.35559×10^2
1.01325×10^5	1.01325	1.03323	1	1.03323×10^4	7.60000×10^2
9.80665	9.80665×10^{-5}	1×10^{-4}	9.67841×10^{-5}	1	7.35559×10^{-2}
1.33322×10^2	1.33322×10^{-3}	1.35951×10^{-3}	1.31579×10^{-3}	1.35951×10	1

仕事率

kW	kgf·m/s	PS	kcal/h
1	1.01972×10^2	1.35962	8.60000×10^2
9.80665×10^{-3}	1	1.33333×10^{-2}	8.43371
7.35500×10^{-1}	7.50000×10	1	6.32529×10^2
1.16279×10^{-3}	1.18572×10^{-1}	1.58095×10^{-3}	1

付　録

SI単位の換算表

量	SI単位 名称	記号	重力系	SI以外のメートル単位系 その他	記号	SIへの換算率
質量	キログラム	kg		トン	t	10^3
力	ニュートン	N	重量キログラム		dyn kgf tf	10^{-5} 9.80665 9806.65
圧力	パスカル	Pa	重量キログラム毎平方メートル 重量キログラム毎平方センチメートル	水柱 mm バール 気圧 水銀柱 mm トル	kgf/m² kgf/cm² mmAq bar atm mmHg Torr	9.80665 9.80665×10⁴ 9.80665 10^5 101 325 101 325/760 101 325/760
応力	パスカル ニュートン毎平方メートル	Pa N/m²	重量キログラム毎平方メートル		kgf/m²	9.80665
エネルギー 熱量 仕事量 エンタルピー	ジュール	J	重量キログラムメートル	カロリー ワット時 仏馬力時	kgf·m cal W·h PS·h	9.80665 4.1868 3 600 2/6478·10⁶
動力・仕事率 電力 冷凍・冷却 加熱能力	ワット	W	重量キログラムメートル毎秒	仏馬力 キロカロリー毎時 冷凍トン	kgf·m/s PS kcal/h USRt JRt	9.80665 735.5 1.163 3 516 3 860
粘度 粘性係数	ポアズ	Pa·s	重量キログラム秒毎平方メートル		kgf·s/m²	9.80665
動粘度 動粘性係数	平方メートル毎秒	m²/s		ストークス	St	10^{-4}
熱伝導率	ワット毎秒平方メートル毎ケルビン	W/(m²·K)		キロカロリー毎メートル毎時毎セルシウス度	kcal/m²·h·℃	1.163
比熱	キロジュール毎キログラム毎ケルビン	kJ/(kg·K)		キロカロリー毎重量キログラム毎セルシウス度	kcal/kgf·℃	4.1868
温度	ケルビン	K		セルシウス度	℃	+273.15

[換算例]　・力　1 kgf = 9.80665 N　　・圧力　1 kgf/m² = 9.80665 Pa　　・熱量　1 cal = 4.1868 J

付　録

SI単位で表した物理定数の例（1986年CODATA調整値）

光速（真空中）	c	2.99792458×10^8 〔m/s〕
真空の透磁率（定義）	μ_0	$4\pi \times 10^{-7}$ 〔H/m〕
真空の誘電率	ε_0	$8.8541878 \times 10^{-12}$ 〔F/m〕
電子の電荷	e	$1.6021773 \times 10^{-19}$ 〔C〕
プランク定数	h	6.626075×10^{-34} 〔J·s〕
アボガドロ定数	N_A	6.022137×10^{23} 〔mol^{-1}〕
ファラデー定数	F	9.648531×10^4 〔C/mol〕
ボーア磁子	μ_B	9.274015×10^{-24} 〔J/T〕
気体定数	R	8.31451 〔J/(mol·K)〕
モル体積（理想気体）	V_0	0.0224141 〔m^3/mol〕
ボルツマン定数	k	1.38066×10^{-23} 〔J/K〕
重力の加速度（標準）	g	9.80665 〔m/s^2〕
水の三重点（定義）	T_{tr}	273.160 〔K（=0.010℃）〕

図，表中における数量の表し方

量を示す記号（イタリック）を単位（ローマン）で割り，図（目盛，表中には数値だけを示すのが望ましい．

（例）

表　示　例	T/K	σ/MPa	C/10^{-2}%	$\log(P$/Pa$)$
数　　値	987	230	11.2	2.48
（実際の値）	（T = 987 K）	（σ = 230 MPa）	（C = 0.112%）	（P = $10^{2.48}$ Pa）

量記号一覧

圧　力	P	比　重	s
力	F	角　度	θ
面　積	A	角速度	ω
質　量	m	半　径	r
加速度	a	直　径	d
重力加速度	g	高　さ	h
体　積	V	分子量	M_0
密　度	ρ	気体定数	R_0
比体積	v	慣性モーメント	I

■■ 付　　録 ■■

ギリシャ文字の読み方一覧

名　称		大文字	小文字
アルファ	alpha	A	α
ベータ	beta	B	β
ガンマ	gamma	Γ	γ
デルタ	delta	Δ	δ
イプシロン	epsilon	E	ε
ゼータ	zeta	Z	ζ
イータ	eta	H	η
シータ	theta	Θ	θ
イオタ	iota	I	ι
カッパ	kappa	K	κ
ラムダ	lambda	Λ	λ
ミュー	mu	M	μ
ニュー	nu	N	ν
クサイ	xi	Ξ	ξ
オミクロン	omicron	O	o
パイ	pi	Π	π
ロー	rho	P	ρ
シグマ	sigma	Σ	σ
タウ	tau	T	τ
ウプシロン	upsilon	Y	υ
ファイ	phi	Φ	ϕ
カイ	chi	X	χ
プサイ	psi	Ψ	ψ
オメガ	omega	Ω	ω

◻◻ 付　　録 ◻◻

▶ 大気圧下での空気と水の密度，粘性係数，動粘性係数 ◀
　（1989年版理科年表（国立天文台編，丸善）より）

大気圧下での空気の密度，粘性係数，動粘性係数

温度 θ 〔℃〕	密度 ρ 〔kg/m³〕	粘性係数 μ 〔×10⁻⁵ Pa·s〕	動粘性係数 ν 〔×10⁻⁵ m²/s〕
−50	1.584	1.460	0.922
−25	1.424	1.590	1.117
0	1.293	1.724	1.333
10	1.249	1.773	1.419
20	1.206	1.822	1.511
25	1.184	1.846	1.559
30	1.166	1.869	1.603
40	1.129	1.915	1.696
50	1.093	1.930	1.766
75	1.014	2.050	2.022
100	0.946	2.160	2.283

大気圧下での純水の密度，粘性係数，動粘性係数

温度 θ 〔℃〕	密度 ρ 〔×10³ kg/m³〕	粘性係数 μ 〔×10⁻³ Pa·s〕	動粘性係数 ν 〔×10⁻⁶ m²/s〕
0	0.9998	1.792	1.792
5	1.0000	1.520	1.520
10	0.9997	1.307	1.307
15	0.9991	1.138	1.139
20	0.9982	1.002	1.004
25	0.9970	0.890	0.893
30	0.9957	0.797	0.800
40	0.9922	0.653	0.658
50	0.9880	0.548	0.555
60	0.9832	0.467	0.475
70	0.9778	0.404	0.413
80	0.9718	0.355	0.365
90	0.9653	0.315	0.326

索 引

ア 行

アスペクト比	211
圧縮性	14
圧縮性流れ	15
圧縮力	14
圧　力	14
――の中心	46
圧力上昇	3
圧力抵抗	200, 201
圧力ヘッド	31
アルキメデス	3
一様な流れ	76
ウォータージェット	6
渦	10
運動方程式	91
運動量保存法則	113
エオリアントーン	10
エオリアンハープ	10
液　体	12
液柱計	36
エネルギー保存法則	95
エルボ	178
遠心力	64
オイラー的方法	88
オイラー方程式	93
応　力	80
横　力	192
大きさ	17

カ 行

外部に取り出されるエネルギー	185
拡張されたベルヌーイ式	134
加速度	17
滑空比	215
カルマン渦列	206
カルマン定数	153
慣性モーメント	46
完全粗面	155
管摩擦係数	135
擬塑性流体	123
気　体	12
キャンバー	211
求心加速度	64
境界層	198
空気抵抗	2
クェット流れ	138
クッタ条件	210
迎　角	212
ゲージ圧力	34
ゲッチンゲン翼	211
検査体積	81
検査領域	81
効　率	186
抗　力	192
抗力係数	192, 195
固　体	12
コールブルック・ホワイトの経験式	163
混合距離	153

混合距離理論	153	前面投影面積	192, 201

サ行

		相対粗度	156
サイホン	109	速　度	17
作動流体	3	損失係数	170

タ行

示差圧力計	39		
実質微分	89	大気圧	14
失　速	214	対数速度分布	152
失速角	214	ダイラタント流体	123
質　量	17	ダランベールのパラドックス	199
質量保存則	82	ダルシー・ワイスバッハ式	135, 158
質量流量	76		
重力加速度	64	ちょう形弁	172
縮流係数	176		
状態方程式	35	翼のそり	211
助走距離	172		
		定常流	74
垂直応力	80	テイラー渦	5
水　頭	101	テイラー展開	87
水力学的に滑らか	155	ディンプル	9
水　流	4		
スカラー量	17	動　圧	100
ストークス近似	142	投影面積	51
ストークスの抵抗法則	142	動粘性係数	124
ストローハル数	208	トリチェリの定理	105
スパン長	211	鈍頭物体	200, 202
滑りなし条件	126		
滑り壁条件	126	ナ行	
		流れの可視化	128
静　圧	101	ナビエ・ストークス方程式	218
絶対圧力	34		
絶対粗度	156	ニクラゼの式	160
零揚力角	213	ニュートンの粘性法則	121
全　圧	101	ニュートン流体	123
せん断応力	80		
せん断力	12, 14	粘　性	120

◻◻ 索 引 ◻◻

粘性応力	121
粘性係数	121, 122
粘性底層	152
粘 度	121

ハ 行

はく離	198, 199
パスカルの原理	24
バッファ領域	153
非圧縮性流れ	15
比 重	20
比体積	19
引張力	14
非定常流	74
ピトー管	106
非ニュートン流体	123
標準大気圧	33, 34
ビンガム流体	123
ファン	3
ブラジウスの式	160
プラント	7
プラントル・カルマンの式	160
プラントルの壁法則	151
浮 力	55
ブロワ	3
平均自由行程	12
ベクトル量	17
ベルヌーイの式	184
ベルヌーイの定理	96
ベンチュリ管	105
ベンド	178
ポアズイユ流れ	131, 139, 146
ポアズイユの法則	133

ボイルの法則	28
方 向	17
ボールバルブ	173
ポンプ	3

マ 行

摩擦速度	150
摩擦損失	133
摩擦抵抗	200, 201
マッハ数	15
マノメータ	36
密 度	19
ムーディー線図	163
モーメント	46
モーメント係数	213

ヤ 行

油膜法	204
揚抗比	212
揚 力	2, 192
揚力係数	192
翼弦長	211
よどみ点	99, 106

ラ 行

ラグランジュ的方法	86
流 管	78
流跡線	78
流線形	202
流 速	75
流 体	12
流体音	10

索　引

流体振動	10
流動曲線	123
流脈線	78
流力平均深さ	167
臨界レイノルズ数	147, 199
レイノルズ数	126, 147
連続の式	84
ワイスバッハの式	178

英　字

NACA翼	211

〈著者略歴〉

飯田明由（いいだ　あきよし）
1988年　豊橋技術科学大学大学院工学研究科修士課程修了
1997年　博士（工学）
現　在　豊橋技術科学大学工学部機械工学系教授
[5章，6章]

小川隆申（おがわ　たかのぶ）
1990年　東京工業大学大学院理工学研究科修士課程修了
1995年　博士（工学）
現　在　成蹊大学理工学部教授
[3章，4章]

武居昌宏（たけい　まさひろ）
1995年　早稲田大学大学院理工学研究科博士課程修了
　　　　博士（工学）
現　在　千葉大学大学院工学研究院教授
[0章，1章，2章]

- 本書の内容に関する質問は，オーム社ホームページの「サポート」から，「お問合せ」の「書籍に関するお問合せ」をご参照いただくか，または書状にてオーム社編集局宛にお願いします．お受けできる質問は本書で紹介した内容に限らせていただきます．なお，電話での質問にはお答えできませんので，あらかじめご了承ください．
- 万一，落丁・乱丁の場合は，送料当社負担でお取替えいたします．当社販売課宛にお送りください．
- 本書の一部の複写複製を希望される場合は，本書扉裏を参照してください．
[JCOPY]＜出版者著作権管理機構　委託出版物＞

基礎から学ぶ　流体力学

2007年8月20日　第1版第1刷発行
2025年3月10日　第1版第21刷発行

著　　者　飯田明由・小川隆申・武居昌宏
発行者　村上和夫
発行所　株式会社オーム社
　　　　郵便番号　101-8460
　　　　東京都千代田区神田錦町 3-1
　　　　電話　03(3233)0641(代表)
　　　　URL　https://www.ohmsha.co.jp/

© 飯田明由・小川隆申・武居昌宏 2007

組版　徳保企画　　印刷・製本　広済堂ネクスト
ISBN978-4-274-20435-7　Printed in Japan

図解版 機械学ポケットブック

機械学ポケットブック編集委員会 [編]

委員長　大石久己
委　員　安達勝之
　　　　飯田明由
　　　　立野昌義
　　　　松本宏行

A5判・960頁
定価（本体9000円【税別】）

基本となる理論と技術をやさしく図解！

学生・技術者の座右の書

目次

1編　機械の設計手順
設計の流れ／設計の基本事項／知的所有権／設計手順の実例

2編　機械学の基礎
力学の基礎／運動の表現／回転を伴う運動

3編　機械のしくみとその動き
力の伝達と増幅／機構の解析／回転機械の運動／往復機械の運動／機械の振動

4編　機械制御と電気・電子技術
電気・電子の基礎／自動制御／シーケンス制御／フィードバック制御／制御の応用例

5編　エネルギーの変換と利用
エネルギー変換／熱機関／流体機械／エネルギー利用

6編　機械に働く力と要素設計
機械に働く力と材料の強さ／機械要素の設計

7編　材料の性質と加工
材料をつくる／機械材料の性質とその利用／材料の加工

8編　加工と管理のための計測技術
機械の計測／測定技術／データ処理方法

9編　各種機械の原理と応用
産業機械／鉄道車両（電車）／自動車／建設機械

10編　生産と加工のための管理技術
生産のための管理／CAD・CAM・CAE

11編　工学解析の基礎
代数の基礎／三角関数／式と曲線／解析学／統計の基礎／有限要素法解析の基礎

付録
機械製図基礎／力学に関する単位／主な工業材料の強度関連データ

◆本書の特長

　今日の機械工学は、電気・電子・制御をはじめとした諸工学（技術）と融合し、「複合工学」ともいうべき色彩を強めているが、その基本となる「基礎機械工学」の重要性・必要性は従来にも増して強まりつつある。
　本書は、今日における機械工学の「基礎」に限定し、基本的な理論・技術について、できるだけ図解化により、わかりやすくまとめた、いわば機械工学の「基礎ハンドブック」である。

もっと詳しい情報をお届けできます。
○書店に商品がない場合または直接ご注文の場合も右記宛にご連絡ください。

ホームページ　http://www.ohmsha.co.jp/
TEL/FAX　TEL.03-3233-0643　FAX.03-3233-3440

（定価は変更される場合があります）